金属表面 SPPs 波激发操控光学异常传输现象及纳米周期结构形成研究

赵　波　著

中国原子能出版社

图书在版编目（CIP）数据

金属表面 SPPs 波激发操控光学异常传输现象及纳米周期结构形成研究 / 赵波著. --北京：中国原子能出版社，2023.11

ISBN 978-7-5221-3277-8

Ⅰ. ①金… Ⅱ. ①赵… Ⅲ. ①纳米材料–光学性质–研究 Ⅳ. ①TB383

中国国家版本馆 CIP 数据核字（2023）第 244312 号

金属表面 SPPs 波激发操控光学异常传输现象及纳米周期结构形成研究

出版发行 中国原子能出版社（北京市海淀区阜成路 43 号 100048）
责任编辑 张 磊
责任印制 赵 明
印　　刷 北京金港印刷有限公司
经　　销 全国新华书店
开　　本 787 毫米×1092 毫米 1/16
印　　张 12.625
字　　数 179 千字
版　　次 2023 年 11 月第 1 版 2023 年 11 月第 1 次印刷
书　　号 ISBN 978-7-5221-3277-8 **定 价** **60.00 元**

网址：**http://www.aep.com.cn** E-mail：**atomep123@126.com**
发行电话：**010-68452845**

作者简介

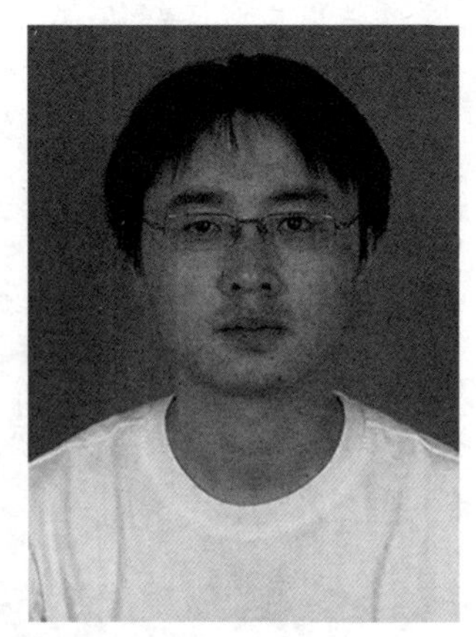

赵波，男，汉族，1986 年 2 月出生，工学博士，山西长治人。现就职于长治学院，副教授，硕士生导师，长治市紫外光电材料技术创新中心主任。2009 年本科毕业于山西师范大学物理与信息工程学院，物理学专业；2012 年硕士毕业于南开大学信息技术科学学院，光学工程专业；2015 年毕业于南开大学电子信息与光学工程学院，光学工程专业；2018—2020 年在中国科学院长春光学精密机械与物理研究所访学，目前主要从事微纳光学和超快激光微纳加工等方面的研究工作。参与国家科技部“十四五”重点研发计划项目 1 项和自然科学基金面上项目 1 项，主持山西省科技厅基础研究计划项目 1 项、山西省教育厅高等学校科技创新计划项目 2 项、山西省教育厅高等学校教学改革项目 1 项、教育部重点实验室开放课题 1 项，先后在 *Applied Surface Science*、*Optics and Laser Technology*、*New journal of Physics*、*Physical Review Research*、*Plasmonics* 等国内外物理和光学期刊上发表学术论文 20 余篇。

作者简介

前 言

光与物质的相互作用是物理学中一个永恒的研究课题，对于基础科学的纵深发展及其广泛应用具有重要意义。进入21世纪后，纳米科学技术快速发展，其与光学、物理学、化学、材料科学等学科交叉融合催生了新的学科——纳米光子学。人们开始在纳米尺度上研究光与物质相互作用的现象、规律和机理，并以此为基础来操控光的产生和传播。由于衍射受限，纳米结构无法将光波捕获并限制在深亚波长尺度进行操控，使得构建纳米光子元件最小尺寸结构与波长相近，极大地阻碍了集成光子器件的进一步小型化。金属纳米结构中自由电子与入射光波相互耦合产生的表面等离激元波可以解决这一技术难题。表面等离激元波具有超衍射极限的电磁能量空间分布、亚波长范围的梯度光场，以及上百倍甚至上千倍的局域电场增强特性，使得在纳米尺度上理解和操控光波成为可能，其依托的纳米金属结构是实现下一代大容量、低损耗、高速率、快响应集成光子器件的理想载体。表面等离激元光子学是纳米光子学研究的一个重要分支，并快速发展成为一门新兴学科，在信息、能源、生物、化学等领域具有广泛的应用前景。

依据激发表面等离激元波的入射光场强度及其与材料作用效果，可分为两种情况：一种是弱光场激发，其结果是改变入射光波的传输特性；另一种是强光场激发，其结果是改变材料表面形貌及物化特性。在弱光场激发下，研究人员深入研究了表面等离激元波与亚波长纳米金属结构相互作用规律，揭示了表面等离激元激发及调控的物理机制，实现了对材料宏观电磁性质的灵活调控。这一突破性研究打破了材料固有性质的限制，获得了一系列在自然界中材料本身不具备的新奇光电现象，如异常透射、局域场增强、纳米聚焦、电磁感应、负折射率、手性光学等。基于表面等离激元的纳米金属光子器件在太阳能电池、超分辨率成像、光准直、光学滤波、光探测、光催化、

生物传感器等方面具有重要的应用前景。同时，表面等离激元波局域场增强特性将增大其在纳米金属器件表面的传输损耗，成为表面等离激元纳米光子器件的劣势。但在强激光光场激发下，表面等离激元波在金属表面的吸收损耗将成为制备大面积周期表面结构的重要机制。飞秒激光由于超短脉冲持续时间和超高峰值，具备对任何材料进行精细加工且无明显的热效应的能力，可突破光学和热学限制，实现前所未有的分辨率和加工特征尺寸。当飞秒激光的能量达到材料烧蚀阈值时，通过激发表面等离激元波，可在材料表面诱导产生亚波长周期表面结构。这种飞秒激光诱导周期表面结构可以改变材料表面的光学、机械、物理和化学等性质，从而获得仿生结构色、减反射、防污染、防结冰、微流控、油水分离、润滑、抗粘、抗菌、生物相容等表面功能化。这些功能化可以通过结构形貌的特征和尺寸来实现灵活调控，解决了在光学、电子学、机械工程以及医学等诸多领域的材料加工难题。飞秒激光诱导周期表面结构已经成为一种先进材料纳米加工技术，具有设备简易、操作环境宽松、操作过程简单灵活、重复率高、效率高等优点，完全符合工业化对加工成本、稳定性和生产效率方面的要求。可见，针对金属表面等离激元波激发调控光波异常传输现象以及亚波长周期表面结构制备研究仍将是非常活跃的研究方向。

基于此，本书在纳米金属结构的异常光学透射现象和飞秒激光诱导周期表面结构的研究进展的基础上，以其中出现且未解决的问题为切入点，展开创新研究。本书第 1 章简要概述了亚波长金属狭缝阵列结构对光波异常传输现象的研究进展以及表面等离激元波激发与光学性质；第 2 章简要介绍了电磁波时域有限差分方法；第 3 章利用时域有限差分方法对非对称纳米金属双狭缝结构在表面等离激元波横向内耦合作用下对光波的选择性增强透射以及透射抑制现象及其物理机制、调控规律展开了理论研究；第 4 章利用时域有限差分方法对级联双纳米超薄金属光栅的近完美光学传输现象及其物理机制展开了理论研究；第 5 章简要介绍了飞秒激光在材料表面制备亚波长周期结构的研究进展；第 6 章实验研究了利用不同线偏振方向的双束飞秒激光在单晶铜表面通过观察诱导周期表面结构形貌特征随时间延迟演化，记录材料非平衡态下声学声子激发、晶格硬化、表面等离激元波非共线激发等超快物理现象；第 7 章实验研究了利用偏振垂直且具有时间延迟的双束飞秒激光在金属表面通过表面等离激元波激发调控制备大面积高规整多形貌周期阵列结构，探索其形成条件、物理机制及应用。

本书是作者在博士期间、参加工作后以及访学期间的科研成果的积累。在此特别感谢导师杨建军教授在作者整个科研生涯上的精心指导。本书中的部分工作得到了山西省基础研究计划（No.20210302124701）、山西省高等学校科技创新计划项目（No.2021L513）、山西省高等学校教学改革创新项目（No.J2021693）、长治市紫外光电材料技术创新项目（No.2022cx002）和长治学院博士科研启动经费的资助。限于作者知识和能力水平，书中不乏问题和欠缺，敬请各位专家批评指正。

目 录

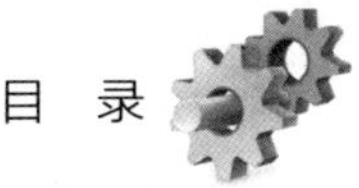

第1章 亚波长金属周期阵列结构的异常光学透射现象概述

1.1 引　言

亚波长孔结构的光传输特性是纳米光刻、荧光光谱学、光阱光镊、超分辨成像等领域研究的核心问题，在先进纳米技术和纳米光学领域具有重要的科学研究意义和应用价值。亚波长孔对光波传输存在最突出的问题是光学衍射受限所导致的极低透射效率。经典衍射理论认为光波通过圆孔的透射效率与直径 r 和入射波长 λ 之间依赖关系为 $T=0.24(r/\lambda)^4$。当孔径尺寸为亚波长甚至深亚波长量级，即远小于入射光波长时，其理论预测透射率极低。1998 年，亚波长金属孔阵列的异常传输（extraordinary optical transmission，EOT）现象的发现，打破了传统孔径理论的限制，颠覆了人们对亚波长孔的光学传输截面小的认识。研究表明，金属表面等离激元（surface plasmon polaritons，SPPs）波激发是 EOT 现象产生的主要原因。SPPs 波是一种金属表面自由电子和光场耦合形成表面电磁波，其能够将光波电磁场超衍射极限束缚在金属表面，实现在亚波长尺度范围内操纵光场，并在局部产生极大的电场增强效应。在过去的几十年里，基于 SPPs 波激发的 EOT 现象以及亚波长金属结构与 SPPs 波作用机制的研究进展为近场操纵、调制、传输和处理光学信号开辟了新的途径。对于层状、周期和非周期亚波长金属结构与光波相互作用的理论和应用研究，已产生了许多超越自然光学材料的异常光学传输现象。

1.2 异常光学透射现象研究进展

1.2.1 单层亚波长金属周期阵列结构

1998 年，Ebbsen 等人首次发现了刻有亚波长周期圆孔阵列的金属薄膜对入射光具有增强透射的异常物理现象[1]，如图 1.1 所示，其光学透射率超出了小孔面积与金属表面积的比值，并且远大于经典衍射理论的预测值。换句话说，亚波长金属孔阵列结构不仅使直接照射在透光圆孔部位的光波得到了透射传输，而且将照射在圆孔之间不透光部位上的光波也进行了透射传输。在此增强透射现象中，刻有亚波长圆孔阵列的金属薄膜不再是一个不透明的挡光屏，而对照射其表面上的光波传输起到一定的推动作用。从物理本质上讲，周期圆孔阵列之间通过某种耦合方式促进了入射光波的传输。随后，科研人员将金属圆孔阵列结构拓展到了其他形状的周期阵列结构，如狭缝、矩形孔、椭圆孔等[2-4]。其目的一方面是探究亚波长阵列结构增强透射现象背后蕴藏的物理机制；另一方面是希望通过优化和设计新型亚波长阵列结构来实现对光波在亚微米和纳米尺度范围内的有效操控。亚波长金属阵列结构的异常光透

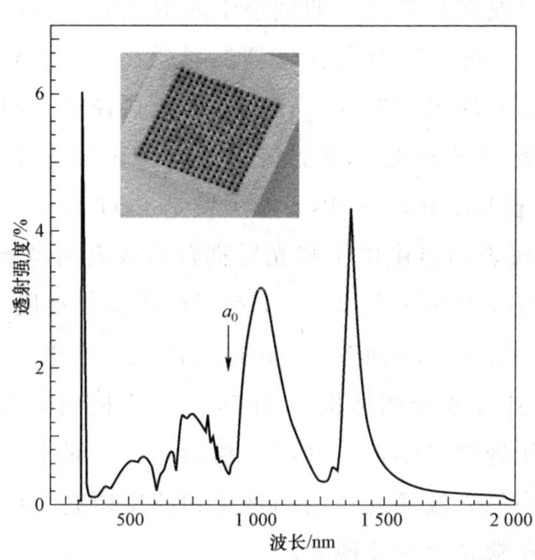

图 1.1 周期性亚波长金属孔阵列结构的增强透射现象[1]

射现象在许多领域展现出广阔的应用前景，如生物传感、光学滤波、表面拉曼增强、超衍射聚焦、材料隐身等[5-8]。大量的研究证实增强透射现象可拓展至多个电磁波段，如微波段、毫米波段、太赫兹波段、近红外波段和可见光波段等[9-11]。研究金属亚波长阵列结构增强透射现象背后所隐藏的物理机制及其潜在应用已成为目前光学研究领域内的一个热门课题。

自从亚波长金属圆孔阵列的增强透射现象被发现以来，国内外很多研究工作聚焦于一维亚波长金属狭缝阵列的增强透射现象。研究表明，亚波长金属狭缝阵列的增强透射现象与入射光波的偏振态有关，且仅在横磁（transverse magnetic，TM）偏振的入射光波照射下存在[12]。当横电（transverse electric，TE）偏振的平面光波照射时，亚波长狭缝对入射光波的传输存在模式截止，其透射率几乎为零。起初人们对该现象背后蕴含的物理机制的解释存在争议。1999 年，Porto 等人提出了 TM 偏振的入射光波传输通过亚波长金属狭缝阵列结构的两种方式：一种是狭缝腔的共振传输模式，另一种是入射和出射面上 SPPs 波之间的直接耦合隧穿传输模式[13]。SPPs 波是指在入射光场激励下金属表面自由电荷的空间移动使得其密度产生周期性涨落和集体振荡的物理行为，从而形成一种沿金属-介质交界面传播的电磁波模式[14]。SPPs 波在狭缝阵列结构表面的共振激发正好对应透射光谱的峰值位置，因此许多研究人员认为金属阵列结构表面 SPPs 波的激发对增强透射现象起促进作用[15-17]。但随后 Cao 等人通过理论研究发现，狭缝阵列结构表面入射波与 SPPs 波的干涉作用以及相邻狭缝单元激发的 SPPs 波之间干涉作用会导致其透射光谱出现极小值，从而认为 SPPs 波激发对光波传输过程起阻碍作用[18-19]。尽管如此，人们都普遍认为在亚波长金属狭缝阵列结构增强透射现象中 SPPs 波的激发扮演着至关重要的角色。

双缝结构可看作是最简单的狭缝阵列结构，研究双缝之间的光波相互作用对于深入理解增强透射现象的物理机制至关重要。Schouten 等人首次在实验上研究了金属薄膜上亚波长量级杨氏双缝结构对入射光波的透射特性，其中双缝间隔为几个波长量级[20]。作者研究发现金属表面上 SPPs 波的激发和传输将引起双缝之间发生电磁场的干涉作用，从而导致在远场的透射光强随入射波长呈周期性增加和减少，如图 1.2 所示。随后，Pacifici 等人通过实验发现，亚波长金属双缝或多缝结构的透射率随狭缝隔层厚度的增加出现周期性增减的变化，其物理原因同样是金属表面上入射光波与 SPPs 波以及 SPPs 波之间的干涉作用[21]。另外，其他科研人员也相继通过改变双缝宽度、填充折射率材料以及改变入射角度等方式实现了对金属狭缝结构表面上近场干涉条纹强度的空间调控[22-24]。需要指出的是，在上述相关研究中，金属狭缝长度均为几百纳米，远大于电磁波在金属材料中的趋附深度（约为十几纳米），且狭缝之间隔层厚度为几个波长量级，因此狭缝内电磁场只能借助金属结构入射/出射面上激发的 SPPs 波进行相互作用。此类 SPPs 波相互作用实际上是金属表面 SPPs 波通过沿垂直于狭缝方向的横向电场分量之间相互叠加而产生，因此可称之为“横向 SPPs 波外耦合”。

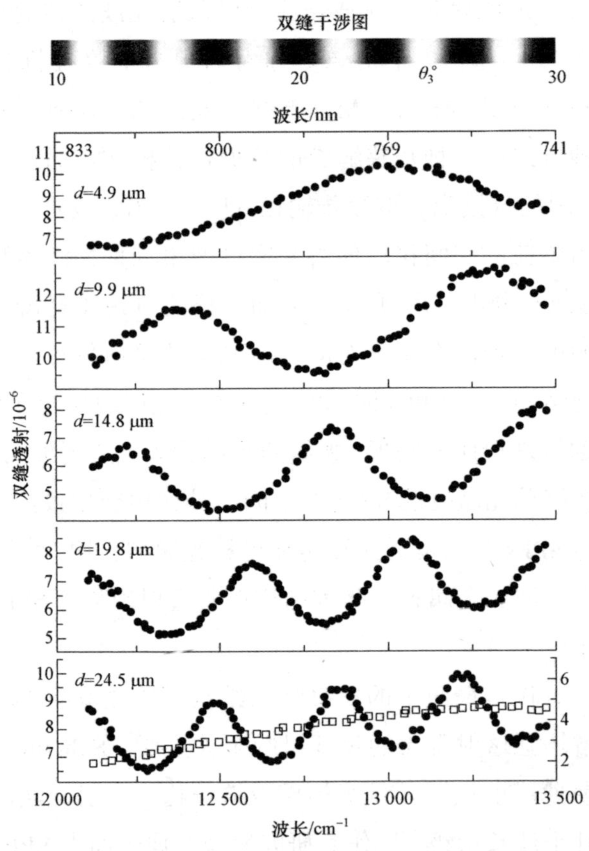

图 1.2　亚波长金属双缝结构在不同隔层厚度情况下的透射谱[20]

与上述情况不同的是，Braum 等人研究发现当刻有亚波长圆孔阵列的金属膜厚度接近入射光波的趋肤深度时，其对特定波长的入射光波产生了透射

抑制作用[25]，结果如图 1.3 所示。作者分析认为金属薄膜上、下表面激发的 SPPs 波通过其电磁场穿透膜层材料发生相互叠加作用而形成了一种新的反对称 SPPs 波耦合模式。该模式的高损耗特性造成透射抑制现象的产生。另外，Spevak 等人在理论研究刻有周期狭缝的超薄金属膜的透射特性时，同样发现了在金属薄膜层上形成的反对称 SPPs 波耦合模式对光波透射起抑制作用[26]。基于反对称 SPPs 波耦合模式的透射抑制效应，Zeng 等人将刻有周期狭缝的超薄金属膜设计成一种减色滤波器[27]，并通过改变结构周期在可见光波段实现了对减色滤波器透射颜色的精确调控。此类 SPPs 波耦合作用实际上是金属薄膜上、下表面 SPPs 波通过沿平行于狭缝/孔方向的纵向电磁分量相互叠加而产生，因此可称之为“纵向 SPPs 波耦合”。

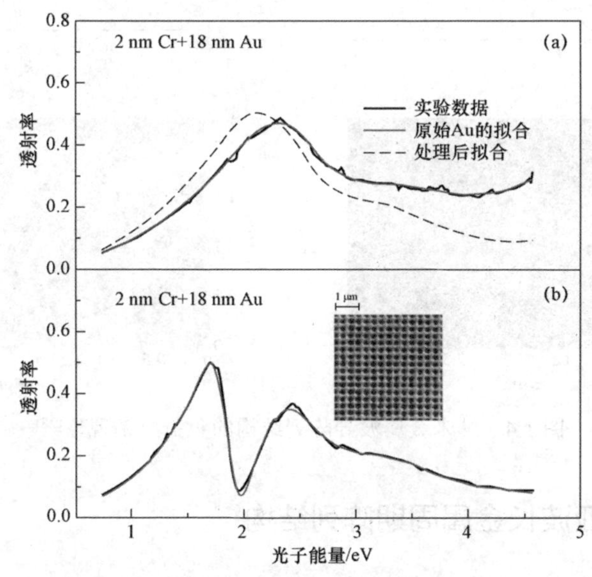

图 1.3　亚波长孔阵列结构化的超薄金属薄膜的透射抑制现象[25]

汪国平教授研究发现超薄间隔的金属纳米波导阵列可在可见光和近红外波段内产生负折射率现象[28]，如图 1.4 所示。作者分析认为负折射率现象产生与金属纳米波导中传播的 SPPs 波之间耦合作用密切相关，通过设计不同几何外形尺寸的纳米金属波导阵列实现了负折射率的光学成像和纳米聚焦等功能[29-30]。另外，Davoyan 等人研究发现缝宽线性啁啾变化的金属纳米波导阵列结构在对空间高斯型入射光波进行传输时表现出了光学布洛赫振荡行

为，并分析认为这同样与在波导中传播的 SPPs 波之间相互耦合作用密切相关[31]。Verslegers 等人利用缝宽啁啾变化的对称型纳米金属波导阵列结构实现了对入射平面波的深亚波长聚焦，焦点尺寸仅为入射波长的百分之一，并且光学聚焦行为可以通过入射波长和角度来进行调控[32]。此类金属波导间的 SPPs 波耦合可称为“横向 SPP 内耦合”。

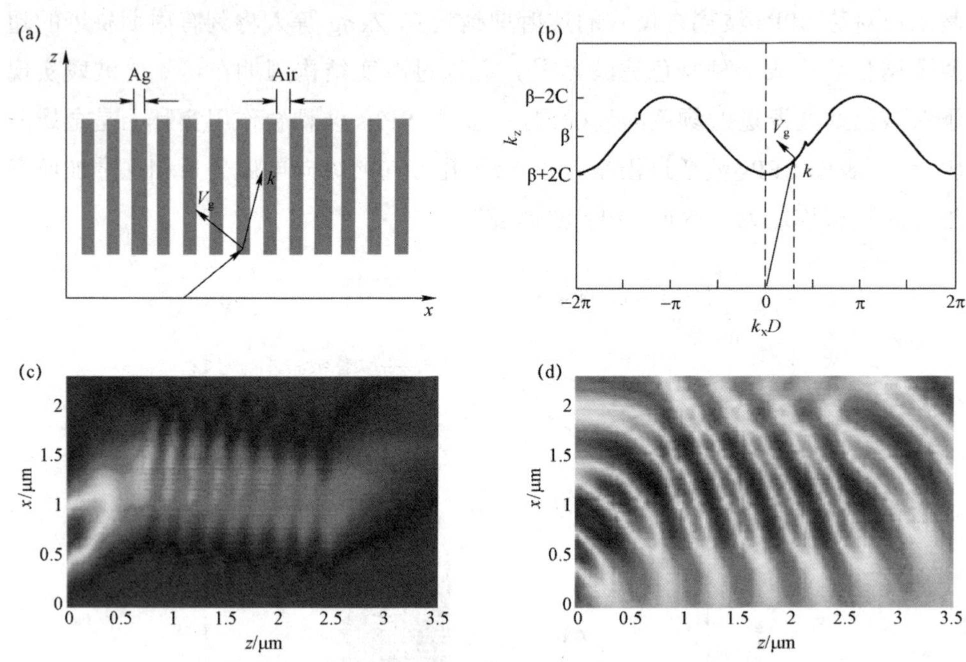

图 1.4　纳米金属波导阵列结构的负折射率现象[28]

1.2.2　多层亚波长金属周期阵列结构

在单层纳米阵列结构化的金属薄膜的透射光谱中，其共振传输峰（谷）的带宽相对较宽（>100 nm），不满足多波长和高分辨光谱成像、滤波、传感等器件的要求。因此，研究人员开始设计开发多层纳米阵列结构化金属薄膜的级联结构，用于产生窄带的透射峰。Xu 等人利用亚波长金属光栅、绝缘介质层、亚波长金属光栅纵向级联形成了金属-绝缘体-金属（metal-insulator-metal，MIM）结构[33]，如图 1.5 所示。该 MIM 结构通过上、下金属光栅上激发 SPPs 波的纵向耦合作用能够在中间介质腔内形成局域化 SPPs 波的共振效应，导致透射光谱出现透射峰，从而选择性地将入射光波进行高效传输。该

MIM 结构的共振透射峰的透射率接近 60%且带宽小于 100 nm。透射峰波长位置可通过改变结构周期进行灵活调控。Fleschman 等利用亚波长金属光栅和绝缘介质层级联形成了五层 MIMIM 结构，该结构通过各金属光栅层激发 SPPs 波的多模纵向耦合作用产生了带宽为 17 nm 的共振传输峰[34]，但透射率减至 40%。上述 MIM 结构不仅能够将白光过滤成可见光波段内任意不同的颜色，而且具备超凑特性（纵向尺寸仅为百纳米量级），因此是高空间分辨率彩色滤波和光谱成像器件的理想候选。

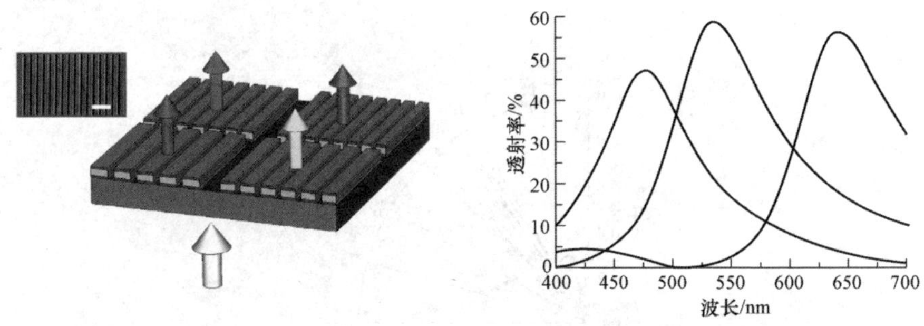

图 1.5　亚波长金属光栅-绝缘体-金属光栅级联结构的增强透射现象[33]

Wang 等人将纵向级联的两个亚波长金属光栅沿横向平移半个周期组成了错位级联 MIM 结构[35]，如图 1.6 所示。该错位 MIM 结构利用局域化 SPPs 波共振激发产生了与入射角度密切相关的反射共振峰。反射峰的角宽度小于 3°，分辨率为 0.15°/nm。该错位 MIM 结构用作空间滤波器可提高光源的空间相干性。Ma 等人设计了一种基于错位级联亚波长金属光栅的中红外波段折射率传感器[36]。该 MIM 结构传感器的透射共振峰波长与环境折射率之间保持良好的线性关系，且灵敏度高达 7 029.5 nm/RIU。Jia 等人设计了一种基于错位级联亚波长金属光栅的两维纳米测距传感器[37]。在该 MIM 结构的测距传感器中，两层金属光栅上激发的局域化 SPPs 波通过纵向耦合作用形成了超窄带法诺（fano）共振效应，造成其近红外波透射谱出现超窄带宽的透射峰。透射峰的波长位置可通过两层错位级联光栅在横向和纵向上的纳米间距进行调谐。该 MIM 结构的测距传感器的设计有利于提高纳米运动控制系统的性能。Liu 等人利用两个错位级联亚波长金属光栅制作成了 SPPs 波单向耦合器[38]，其工作原理是基于两层金属光栅的衍射波之间的干涉作用。该 MIM 结构单向耦合器的 SPPs 波耦合效率在实验上可达到 36%。

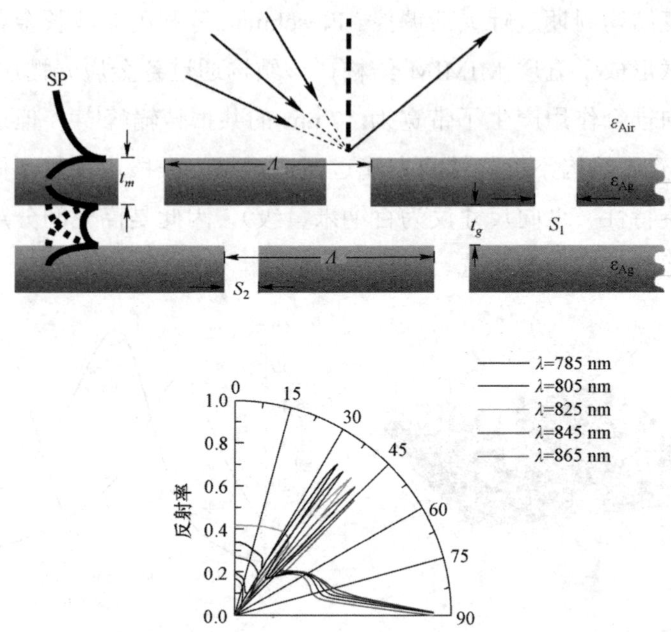

图 1.6　错位级联双亚波长金属光栅的空间滤波现象[35]

Wang 等人将超薄金光栅、绝缘介质层、无缝金膜纵向级联形成三层光栅-绝缘体-金属（grating-insulator-metal，GIM）结构[39]，如图 1.7 所示，其物理本质与 MIM 结构相同。借助金光栅与金膜之间激发的局域化 SPPs 波的磁共振效应，特定波长的入射光波通过无缝金膜的传输效率得到增强。在实验中，GIM 结构使得 900 nm 入射光波透过 10 nm 金膜的效率达到 40%，相比于单层金膜的透射率提高了 3.7 dB。该 GIM 结构的增强透射现象具有偏振依赖、角度不敏感、透射峰波长可调谐等特性，在光学滤波、偏振探测和光电探测等领域具有广泛的应用前景。在上述 GIM 结构基础上，Wang 等人理论设计了一个五层 GIMIG 结构[40]。该 GIMIG 结构利用金膜与上、下金光栅之间激发局域化 SPPs 波磁共振效应之间的耦合作用，将近红外入射光波透过 50 nm 金膜的效率提高到 80%。该高透射效率的 GIMIG 结构在透明电极方面具有潜在的应用。Liu 等人通过在无缝金属薄膜上、下堆叠两层纳米金属圆柱或球阵列，或在两层无缝银膜之间插入两层纳米金属球阵列组成新的表面等离激元结构[41-43]。在两层纳米金属阵列结构激发的局域化 SPPs 波的近场耦合作用下，

该表面等离激元结构在共振透射峰处表现出近完美光学传输现象，使得近红外入射光波透过 20 nm 银膜的效率达到 90%以上。该表面等离激元结构的近完美透射现象具有波长可调谐和无偏振依赖等特性。

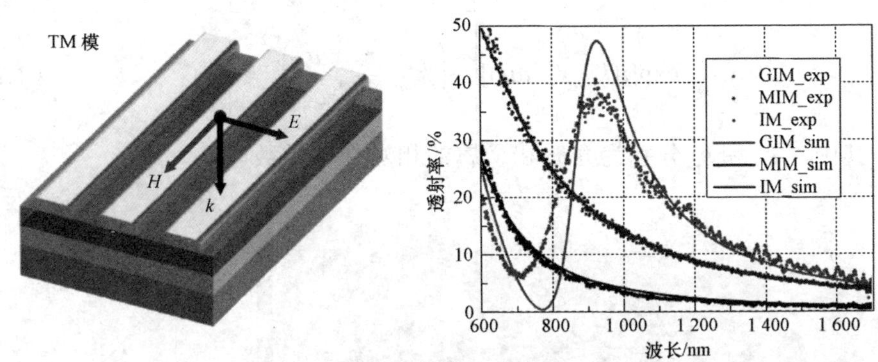

图 1.7　纳米金属光栅-绝缘体-金属薄膜级联结构的增强透射现象[41]

1.3　SPPs 波的光学性质概述

对亚波长金属周期阵列结构的异常光学传输现象及其应用研究离不开对 SPPs 波性质的研究。SPPs 波是一种光与金属表面自由电子紧密结合并束缚在金属表面传播的倏逝电磁波。SPPs 波可突破传统的光学衍射极限，将电磁场局域化在一个亚波长尺度范围，引起强烈的近场增强效应，提供了一种在亚波长尺度下操作光波的途径。

1.3.1　SPPs 波的色散关系

当一束可见光或近红外光波照射金属表面时，金属表面的自由电子将在入射光波电场的诱导下产生空间密度分布的周期性涨落，并以光波的频率发生集体振荡行为。这种由光波和金属表面自由电子相互耦合而形成的电磁波振荡模式称为表面等离激元波，英文名称为“surface plasmon polaritons”，简称 SPPs 波[12,44-45]。SPPs 波以横波沿着金属表面传播，如图 1.8 所示。SPPs 波的场强在垂直于金属表面方向上按指数形式衰减。研究表明，只有 TM 偏振的入射光波才能在金属表面激发 SPPs 波[46]。通过求解麦克斯韦方程组，得到沿金属-介质界面传播的 SPPs 波在介质和金属内电磁场表达式分别为：

$$\exp[i(k_{spp}x-\omega t)]\left[-\left(k_{spp}^2-\varepsilon_d\frac{\omega^2}{c^2}\right)^{1/2}z\right] \tag{1.1}$$

$$\exp[i(k_{spp}x-\omega t)]\left[+\left(k_{spp}^2-\varepsilon_m\frac{\omega^2}{c^2}\right)^{1/2}z\right] \tag{1.2}$$

其中，ε_d 和 ε_m 分别为介质和金属的相对介电常数。

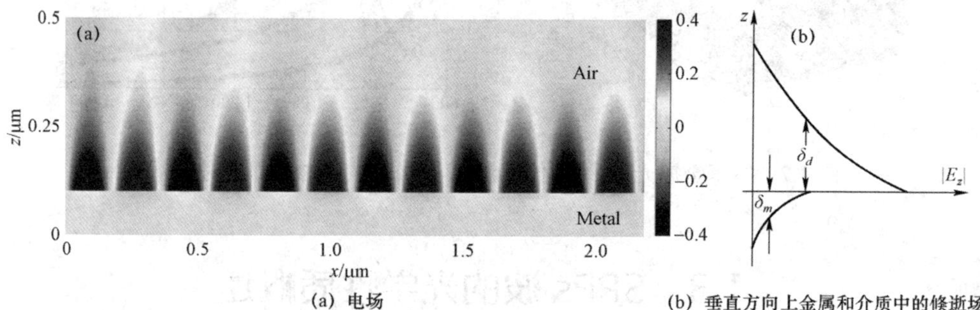

(a) 电场　　(b) 垂直方向上金属和介质中的倏逝场

图 1.8　金属-电介质界面形成的 SPPs 波

根据连续性边界条件得到：

$$\varepsilon_m\left(k_{spp}^2-\varepsilon_d\frac{\omega^2}{c^2}\right)^{1/2}=-\varepsilon_d\left(k_{spp}^2-\varepsilon_m\frac{\omega^2}{c^2}\right)^{1/2} \tag{1.3}$$

整理式（1.3）可得 SPPs 波的色散方程：

$$\omega^2=(ck_{spp})^2\left(\frac{1}{\varepsilon_d}+\frac{1}{\varepsilon_m}\right) \tag{1.4}$$

由式（1.3）和式（1.4）可以推得 SPPs 波的产生条件：金属的介电常数必须满足 $\varepsilon_m<0$ 以及 $|\varepsilon_m|>\varepsilon_d$。

整理式（1.4）可得到色散关系的另一种表达式：

$$k_{spp}=k_0\sqrt{\frac{\varepsilon_m\varepsilon_d}{\varepsilon_m+\varepsilon_d}} \tag{1.5}$$

其中，k_0 为入射光波的波矢量。由 $\varepsilon_m<0$ 和 $|\varepsilon_m|>>1$，可知 $|\varepsilon_m\varepsilon_d|>|\varepsilon_m+\varepsilon_d|$，

因此有 $k_{spp} > k_0$。图 1.9 给出了在金属银和空气交界面上激发的 SPPs 波的色散关系[44]，以及自由空间内传播的平面电磁波的色散关系。

由图 1.9 可以看出，SPPs 波的动量总比入射光波的动量大，因此不论平面光波以多大入射角照射平坦的金属表面，都无法激发 SPPs 波。因此，必须借助一定的耦合机制，为入射光提供一个额外平行于金属表面的动量，满足定量匹配条件，才能激发 SPPs 波。常用的耦合机制有两种：一种在金属表面设置周期结构，通过周期结构的倒格矢提供额外动量，使得入射波的动量与表面 SPPs 波的动量相匹配[45]；另一种为利用介电常数较高的电介质材料产生全内反射的波矢量较大的倏逝波作为激励源激发 SPPs 波产生，如 Otto 和 Kretschmann 棱镜耦合方式[46]。

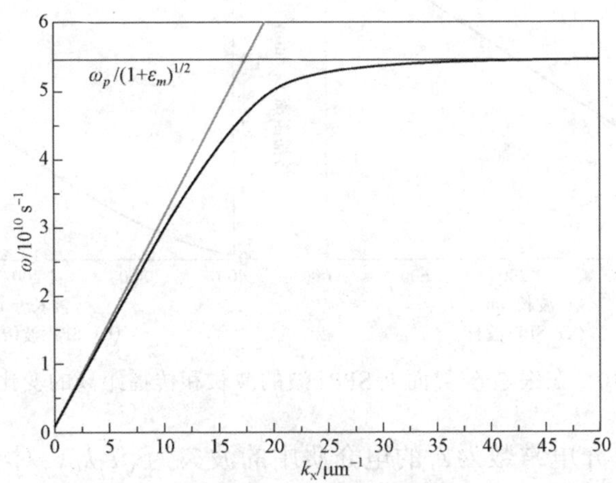

图 1.9　在银-空气界面上激发的 SPPs 的色散曲线[44]

1.3.2　SPPs 波的特征长度

根据波矢量和波长的关系 $k = \dfrac{2\pi}{\lambda}$，由式（1.5）可得：

$$\lambda_{spp} = \lambda_0 \sqrt{\frac{\varepsilon_d + \varepsilon_{mr}}{\varepsilon_d \varepsilon_{mr}}} \tag{1.6}$$

其中，λ_0 为入射光波的波长，ε_{mr} 是金属介电常数的实部。图 1.10（a）给出了金属银与空气界面上激发产生的 SPPs 波长 λ_{spp} 在 400～2 000 nm 范围的变化曲线。

由于金属的介电常数 ε_m 为复数，因此 SPPs 波的传播波矢量也为复数，其虚部 k_{spp}^i 决定了 SPPs 波在金属表面的传播距离 L_{spp}，其定义为电场强度减小至初始值的 1/e 时沿金属界面的传播距离，根据式（1.5）可得到：

$$L_{spp} = \frac{1}{k_{spp}^i} = \lambda_0 \frac{2\varepsilon_{mr}^2}{2\pi\varepsilon_{mi}} \sqrt{\frac{\varepsilon_d \varepsilon_{mr}}{\varepsilon_d + \varepsilon_{mr}}} \tag{1.7}$$

其中，ε_{mr} 为金属介电常数的虚部。图 1.10（b）给出了银与空气界面上 SPPs 波在 400～2 000 nm 范围内的传播长度。

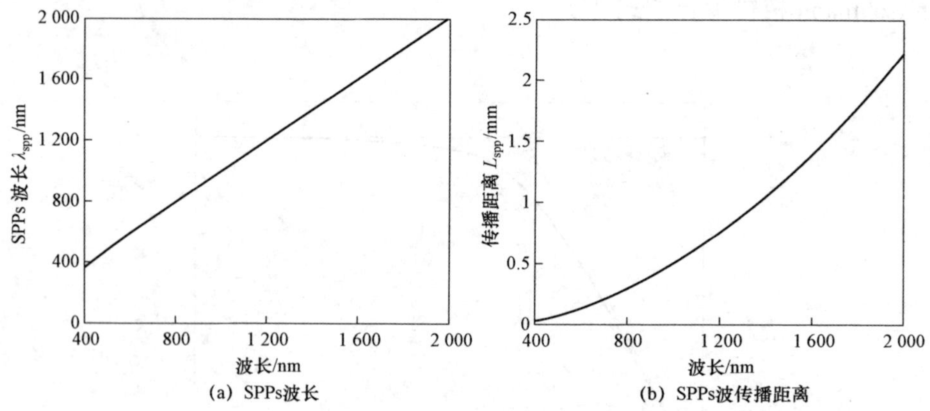

(a) SPPs波长　　(b) SPPs波传播距离

图 1.10　在银-空气界面上 SPPs 波的波长和传播距离的变化曲线

光波在相对介电常数为 ε_i 的电介质中的波矢为 $\sqrt{\varepsilon_i}k_0$。对于沿金属表面传播的 SPPs 波，波矢可分解为沿法向（垂直于金属表面）分量 $k_{n,i}$ 和沿切向（平行于金属表面）分量 k_{spp}。三者之间的关系式为：$\varepsilon_i k_0^2 = k_{spp}^2 + k_{n,i}^2$。由于 $k_{spp} > \sqrt{\varepsilon_i}k_0$，因此沿法向分量 $k_{n,i}$ 为虚数，即在垂直于界面法向上的电磁场强按指数形式衰减。联合 SPPs 波矢量的虚部 k_{spp}^i 和式（1.7），可求得 SPPs 波在介质和金属内的趋肤深度 δ_d 和 δ_m 分别为：

$$\delta_d = \frac{\lambda_0}{2\pi}\left|\frac{\varepsilon_{mr}+\varepsilon_d}{\varepsilon_d^2}\right|^{\frac{1}{2}} \quad \delta_m = \frac{\lambda_0}{2\pi}\left|\frac{\varepsilon_{mr}+\varepsilon_d}{\varepsilon_{mr}^2}\right|^{\frac{1}{2}} \tag{1.8}$$

图 1.11 给出了 SPPs 波在空气和银材料内在 400～2 000 nm 范围的穿透深度。

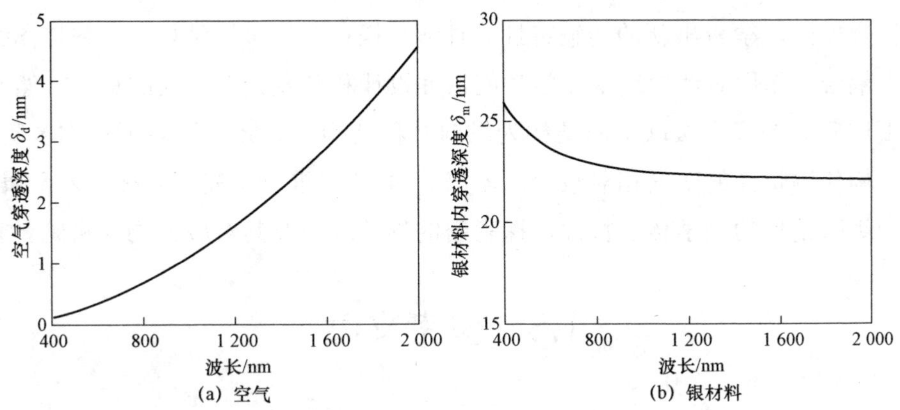

(a) 空气　　(b) 银材料

图 1.11　SPPs 波在空气和银材料中的穿透深度曲线

1.4　总　结

本章中关于亚波长金属周期阵列结构对光波传输特性研究工作论述可总结如下：

（1）在关于单层周期狭缝或双缝的传输特性的研究工作中，相邻狭缝之间的金属间隔厚度通常为波长量级，远大于电磁波在金属材料中的趋附深度（仅为十几纳米），因此狭缝之间仅通过“横向 SPPs 波外耦合”产生微弱的电磁耦合作用。

（2）而在研究超薄间隔的纳米金属波导阵列结构的光学特性时，由于相邻波导之间金属隔层厚度（仅约为 20 nm）接近电磁波的趋附深度，波导之间通过“横向 SPPs 波内耦合”产生了强烈的电磁耦合作用，从而导致许多新颖有趣的光学现象发生。然而，针对金属隔层厚度介于上述两种情况之间，即大于电磁波的趋附深度且小于半个波长的情况下狭缝阵列结构对光波传输特性的研究相对较少。在此情况下，适中的“横向 SPPs 波内耦合”必然会产生新的物理现象，这对新型功能纳米器件的设计和开发是非常必要的。本书第 3 章内容将主要围绕这一问题展开深入的研究，致力于探索新的物理现象和揭示其背后的物理机制。

（3）在关于多层级联金属结构传输特性的研究工作中，不同金属膜层之间通过“纵向 SPPs 内波耦合”产生强烈的电磁耦合效应，形成了新的 SPPs

波耦合模式，孕育出新的传输特性。理解并操控多层金属结构中“纵向 SPPs 波内耦合”作用对新型纳米光学功能器件设计和开发具有重要的意义。然而，已报道研究的多层级联金属结构为纵向对称结构，而针对纵向不对称多层金属结构传输特性的研究相对较少。本书第 4 章将重点研究不对称纳米金属光栅的级联结构的光学传输特性，探索新的物理现象及其对应的物理机制。

1.5 参考文献

[1] EBBESEN T W, LEZEC H J, GHAEMI H F, et al. Extraordinary optical transmission through sub-wavelength hole arrays[J]. Nature, 1998, 391(6668):667-669.

[2] YANG F, SAMBLES J R. Resonant transmission of microwaves through a narrow metallic slit[J]. Physical Review Letters, 2002, 89(8):63901.

[3] GORDON R, BROLO A G, MCKINNON A, et al. Strong polarization in the optical transmission through elliptical nanohole arrays[J]. Physical Review Letters, 2004, 92(3):37401.

[4] MOLEN K L, KOERKAMP K J K, ENOCH S, et al. Role of shape and localized resonance in extraordinary transmission through periodic arrays of subwavelength hole:experiment and theory[J]. Physical Review B, 2005, 72(4):45421.

[5] ZHOU X, FU Y, LI K, et al. Coupling mode-based nanophotonic circuit device[J]. Applied Physcis B, 2008, 91(2): 373-376.

[6] BROLO A G, GORDON R, LEATHEM B, et al. Surface plasmon sensor based on the enhanced light transmission through arrays of nanobole in gold films[J]. Langmuir, 2004, 20(12): 4813-4815.

[7] VERSLEGERS L, CATRYSSE P B, YU Z, et al. Planar lenses based on nanoscale slit arrays in a metallic film[J]. Nano Letters, 2009, 9(1): 235-238.

[8] XU Z, LIN W, KONG L. Controllable metamaterial electromagnetic structure research on applying to stealth technology[J]. Microwave and Optical Technology Letters, 2007, 49(7): 1616-1619.

[9] BERUETE M, SOROLLA M, CAMPILLO I, et al. Enhanced millimeter wave transmission through quasioptical subwavelength perforated plates[J]. IEEE Transactions on Antennas and Propagation, 2005, 53(6): 1897-1903.

[10] WENT H E, HIBBINS A P, SAMBLES J R, et al. Selective transmission through very deep zero-order metallic gratings at microwave frequencies[J]. Applied Physics Letters, 2000, 77(18): 2789-2791.

[11] CAO H, NAHATA A. Influence of aperture shape on the transmission properties of a periodic array of subwavelength apertures[J]. Optics Express, 2004, 12(16): 3664-3672.

[12] RAETHER H. Surface plasmons on smooth and Rough Surfaces and on gratings[M]. New York: Springs-Verlag, 1998.

[13] XIE Y, ZAKHARIAN A R, MOLONEY J V, et al. Transmission light through slit apertures in metallic films[J]. Optics Express, 2004, 12(25): 6106-6121.

[14] PORTO J A, GARCIA-VIDAL F J, PENDRY J B. Transmission resonances on metallic gratings with very narrow slits[J]. Physical Review Letters, 1999, 83(14): 2845.

[15] COLLIN S, PARDO F, TEISSIER R, et al. Strong discontinuities in the complex photonic band structure of transmission metallic gratings[J]. Physical Review B, 2001, 63(3): 331071.

[16] LIU W C, TSAI D P. Optical tunneling effect of surface plasmon polaritons and localized surface plasmon resonance[J]. Physical Review B, 2002, 65(15): 155423.

[17] BARBARA A, QUEMERAIS P, BUSTARRET E, et al. Optical transmission through subwavelength metallic gratings[J]. Physical Review B, 2002, 66(16): 161403.

[18] CAO Q, LALANNE P. Negative role of surface plasmons in the transmission of metallic gratings with very narrow slits[J]. Physical Review Letters, 2002, 88(5): 57403.

[19] XIE Y, ZAKHARIAN A R, MOLONEY J V, et al. Transmission of light through a periodic array of slits in a thick metallic film[J]. Optics Express,

2005, 13(12): 4485-4491.

[20] SCHOUTEN H F, KUZMIN N, DUBOIS G, et al. Plasmon-assisted two-slit transmission: Young's experiment revisited[J]. Physical Review Letters, 2005, 94(5): 53901.

[21] PACIFICI D, LEZEC H J, ATWATER H A. Quantitative determination of optical transmission through subwavelength slit arrays in Ag films: Role of surface wave interference and local coupling between adjacent slits[J]. Physical Review B, 2008, 77(11): 115411.

[22] SHI H, LUO X, DU C L. Young's interference of double metallic nanoslit with different widths[J]. Optics Express, 2007, 15(18): 11321-11327.

[23] XU T, ZHAO Y H, GAN D H, et al. Directional excitation of surface plasmons with subwavelength slits[J]. Applied Physics Letters, 2008, 92(10): 101501-101503.

[24] LI X W, TAN Q F, BAI B F, et al. Experimental demonstration of tunable directional excitation of surface plasmon polaritons with a subwavelength metallic double slit[J]. Applied Physics Letters, 2011, 98(25): 251109.

[25] BRAUM J, GOMPF B, KOBIELA G, et al. How holes can obscure the view: suppressed transmission through an ultrathin metal film by a subwavelength hole array[J]. Physical Review Letters, 2009, 103(20): 203901.

[26] SPEVAK I S, NIKITIN A Y, BEZUGLYI E V, et al. Resonantly suppressed transmission and anomalously enhanced light absorption in periodically modulated ultrathin metal films[J]. Physical Review B, 2009, 79(16): 161406-161409.

[27] ZENG B, GAO Y, BARTOLI F J. Ultrathin nanostructured metals for highly transmissive plasmonic subtractive color filters[J]. Scientific Reports, 2013(3): 2840.

[28] FAN X B, WANG G P, LEE J C W, et al. All-angle broadband negative refraction of metal waveguide arrays in the visible range: theoretical analysis and numerical demonstration[J]. Physical Review Letters, 2006, 97(7): 73901.

[29] FAN X B, WANG G P. Nanoscale metal waveguide arrays as plasmon lenses[J]. Optics Letters, 2006, 31(9): 1322-1324.

[30] KANG Z W, WANG G P. Object distance-independent near-field suvwavelength imaging of metal waveguide arrays[J]. Journal of the Optical Society of America B, 2008, 25(12): 1984-1987.

[31] DAVOYAN A R, SHADRIVOV I V, SUKHORUKOV A A, et al. Plasmonic Bloch oscillations in chirped metal-dielectric structures[J]. Applied Physics Letters, 2009, 94(16): 161105.

[32] VERSLEGERS L, CATRYSSE P B, YU Z F, et al. Deep-subwavelength focusing and steering of light in an aperiodic metallic waveguide array[J]. Physical Review Letters, 2009, 103(3): 33902.

[33] XU T, WU Y, LUO X, et al. Plasmonic nanoresonators for high-resolution colour filtering and spectral imaging[J]. Nature Communications, 2010(1): 59.

[34] FLEISCHMAN D, SWEATLOCK L A, MURAKAMI H, et al. Hyper-selective plasmonic color filters[J]. Optics Express, 2017(25): 27386-27395.

[35] WANG C, CHANG Y, TSAI D. Spatial filtering by using cascading plasmonic gratings[J]. Optics Express, 2009, 17(8): 6218-6223.

[36] MA R, LIU Y, YU Z, et al. The sensing characteristics of periodic staggered surface plasmon gratings[J]. Optics Communications, 2016(381): 391-395.

[37] JIA Z, SHUAI Y, CHEN X, et al. Double directions nanoscale range finding using Fano resonance in coupled gratings[J]. Plasmonics, 2016(11): 1331-1336.

[38] LIU T, SHEN Y, SHIN W, et al. Dislocated double-layer metal gratings: an efficient unidirectional coupler[J]. Nano Letters, 2014, 14(7): 3848-3854.

[39] WANG W, ZHAO D, CHEN Y, et al. Grating-assisted enhanced optical transmission through a seamless gold film[J]. Optics Express, 2014, 22(5): 5416-5421.

[40] WANG Z, HOU Y, LI W, et al. Tunnel light through a continuous optically

thick metal film utilizing higher order magnetic plasmon resonance[J]. Plasmonics, 2016, 11(6): 1-6.

[41] LIU Z, LIU G, HUANG K, et al. Enhanced optical transmission of a continuousmetal film with double metal cylinder arrays[J]. IEEE Photonics Technology Letters, 2013, 25(12): 1157-1160.

[42] LIU G, HU Y, LIU Z, et al. Robust multispectral transparency in continuous metal film structures via multiple near-field plasmon coupling by a finite-difference time domain method[J]. Physical Chemstriy Chemical Physics, 2014, 16(9): 4320-4328.

[43] CHEN Y, LIU G, HUANG K, et al. Enhanced transmission of a plasmonic ellipsoid array via combining with double continuous metal films[J]. Optics Communicaitons, 2013(311): 100-106.

[44] RAETHER H. Surface plasmons on smooth and Rough Surfaces and on gratings[M]. Berlin: Springer-Verlag, 1988.

[45] 李继军，吴耀德，宋明玉. 表面等离子体激元基本特征研究［J］. 长江大学学报（自然科学版：理工卷），2008，4（4）：46-49.

[46] RITCHIE R H, ARAKAWA E, COWAN J J, et al. Surface plasmon resonance effect in grating diffraction[J]. Physical Review Letters, 1968, 21(22): 1530-1522.

[47] KRETSCHMANN E, RAETHER H. Radiative decay of non-radiative surface plasmons excited by light[J]. Zeitschrift für Naturforschung A, 1968, 23(12): 2135-2136.

第2章

电磁波时域有限差分方法简介

2.1 引 言

理论上，任何材料和结构表面上电磁波的空间分布特性都可采用麦克斯韦方程组进行描述。但事实上，受材料和结构界面不规则几何形状的影响，数学解析求解这些麦克斯韦方程边值问题成为一项艰难的任务。目前，人们主要采用数值计算方法解决这一问题，数值计算麦克斯韦方程组的方法有很多种，例如矩量法、有限元法、边值元法、严格波耦合分析法以及时域有限差分方法等。随着电磁波的广泛应用和计算机技术的快速发展，各种数值计算方法的研究更加深入，且每一种数值计算方法都有各自的优缺点。

在上述数值计算方法中，时域有限差分方法（finite-difference time- domain，FDTD）是一种快速、有效、直观化的数值计算方法[1-3]。时域有限差分方法的基本思想是利用中心差分近似方法对时域的麦克斯韦旋度方程在时间上和空间上进行离散差分，得到电磁场各个场分量的时间递推标量公式，然后利用迭代算法使得在每一个时刻，每一空间位置处的电磁场分量值可由其前一时刻和其周围的电磁场分量的值逐步递推求得。在 FDTD 算法中，关键的一个环节是对电磁场分量进行时间和空间上合理抽样。在时间上电场和磁场交替抽样，彼此相差半个时间步长。在空间抽样时引入了 Yee 元胞，电场、磁场分量依次排布在 Yee 元胞的各个节点处，Yee 元胞中的每个磁场（电场）分量周围环绕着四个电场（磁场）分量，电场分量和磁场分量之间彼此相差半个空间步长。在 FDTD 算法中，电磁场分量的时间递推公式比较直观，能够用来研究电磁波传播以及电磁波与物质相互作用的普遍现象。同时，FDTD 算法也存在一些缺点，例如对计算机的运算能力要求高；数值计算区域增大，

计算耗费时间成倍增加；在利用小空间网格模拟计算金属与介质界面处电磁场的快速变化时，FDTD 算法应用受到一定的局限。

2.2 FDTD 基本算法

1966 年华裔科学家 Yee 首次提出了在时间上和空间上利用中心差分近似对时域的麦克斯韦旋度方程进行离散化的有限差分方法，这种方法简称“时域有限差分方法”[1]。在笛卡儿坐标系中，麦克斯韦旋度方程组能够分解为六个相互关联的标量方程。例如，电场分量 E_x 的表达式为：

$$\frac{\partial E_x}{\partial t}=\frac{1}{\varepsilon}\left(\frac{\partial H_z}{\partial y}-\frac{\partial H_y}{\partial z}\right) \tag{2.1}$$

在 FDTD 算法中，为了将时域麦克斯韦旋度方程离散成差分形式，从而求解出电磁场各个分量的时间推进公式，需要引入 Yee 元胞将电磁场各分量排布在 Yee 元胞的各个节点上。在 Yee 元胞中，每个电场（磁场）分量周围环绕着四个磁场（电场）分量，如图 2.1 所示。在时间上电场和磁场采取交替抽样，抽样的时间相差半个时间步长。

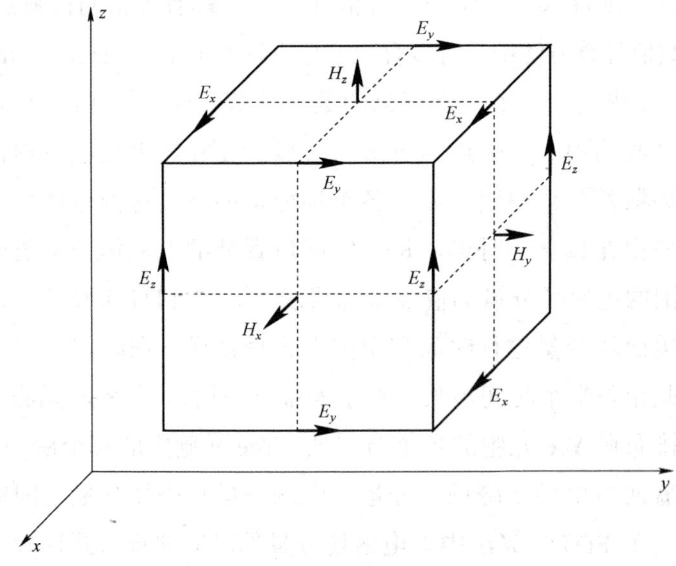

图 2.1　Yee 元胞中电磁场的空间分布[2]

在标准矩形 Yee 氏元胞网格中，$\Delta x,\Delta y,\Delta z$ 分别为直角坐标系中沿 x、y、z 轴三个方向的空间步长，Δt 为时间步长，空间观察点 (i,j,k) 处的电场 $E(i\Delta x, j\Delta y, k\Delta z, n\Delta t)$ 被标定为：$E\Big|_{i,j,k}^{n}$。对式（2.1）进行离散化并整理得到：

$$E\Big|_{i,j+\frac{1}{2},k+\frac{1}{2}}^{n+1} = E\Big|_{i,j+\frac{1}{2},k+\frac{1}{2}}^{n} + \frac{1}{\varepsilon_{i,j+\frac{1}{2},k+\frac{1}{2}}}\left(\frac{H\Big|_{i,j+1,k+\frac{1}{2}}^{n+\frac{1}{2}} - H\Big|_{i,j,k+\frac{1}{2}}^{n+\frac{1}{2}}}{\Delta y} - \frac{H\Big|_{i,j+\frac{1}{2},k+1}^{n+\frac{1}{2}} - H\Big|_{i,j+\frac{1}{2},k}^{n+\frac{1}{2}}}{\Delta z}\right) \tag{2.2}$$

采用同样的方法对其余五个麦克斯韦标量方程组进行离散化处理，可求得其他电磁场分量的时间推进计算公式。

本书着重解决二维电磁场问题，假设所有的物理量均与 z 轴无关，那么所有物理量对 z 的偏导数均为零。因此，电磁场的直角分量可划分为两组：

（1）横电（transvers electric，TE）模式：$\vec{E} = (0, E_y, 0)$，$\vec{H} = (H_x, 0, H_z)$。

（2）横磁（transvers magnetic，TM）模式：$\vec{E} = (E_x, 0, E_z)$，$\vec{H} = (0, H_y, 0)$。

2.3　色散材料的模型

采用 FDTD 数值模拟亚波长金属结构与光波相互作用时，需要考虑金属材料的色散特性。由于电磁波在金属中的穿透深度与金属电导率和频率的平方根成反比，因此对于电导率高的金属来说，在低频波段的穿透深度很小，即此时金属可近似看作理想导体，其内部场强可设置为零。但在红外和可见光波段，电磁场在金属中的穿透深度约为二十纳米量级，因而不可忽略。因此为金属材料选取合适的色散模型成为数值模拟的首要任务。目前已知描述金属色散材料的模型有 Debye 模型[4]、Lorentz 模型、Drude 模型[5]和 Lorentz-Drude 模型及其修正形式。鉴于计算精度和效率以及模型适用的广泛性，本研究采用 Drude 模型作为金属材料的色散模型。

2.3.1　金属材料的 Drude 模型

1900 年 Drude 提出了自由电子模型[5]，即 Drude 模型。它是经典的电传导模型，描述了固体中自由电子的分子运动理论。它假设金属材料由带正电

的原子实和“自由电子气”组成，电子与电子之间以及原子实之间除碰撞外无其他相互作用，电子在其中的运动遵循牛顿运动定律。电子之间以及与原子实之间的碰撞产生阻尼作用，碰撞的概率可以用电子弛豫时间的倒数γ来表示。Drude 模型的表达式为：

$$\varepsilon(\omega)=1-\frac{\omega_p^2}{\omega^2+j\gamma\omega} \tag{2.3}$$

其中，$\omega_p=\sqrt{Ne^2/m\varepsilon_0}$为金属材料中的等离子体共振频率，$N$ 是电子密度，m 是电子质量，e 是电子的带电量，ω为入射光频率。

Drude 模型描述金属材料介电常数的精度并不高。人们通常只对金属材料在某一段频率范围内的光学性质感兴趣，可以对其进行修正，利用数值拟合方法确定其中的各个参数。修正后的 Drude 色散模型为：

$$\varepsilon(\omega)=\varepsilon_\infty-\frac{\omega_p^2}{\omega^2+j\omega\gamma} \tag{2.4}$$

在可见光和红外波段，金属材料的介电常数的实部为负值。本研究选取的金属材料为银，通过对实验数据进行拟合，可得到描述银的介电常数的参数为：$\varepsilon_\infty=3.7$，$\omega_p=1.367\,3\times10^{16}$ rad/s，$\gamma=2.732\,5\times10^{12}$ rad/s[6]。图 2.2 给出了银材料在可见-近红外波段介电常数的实部和虚部的实验测量值和理论计算值，由图可知，实部和虚部理论曲线与实验值相吻合。

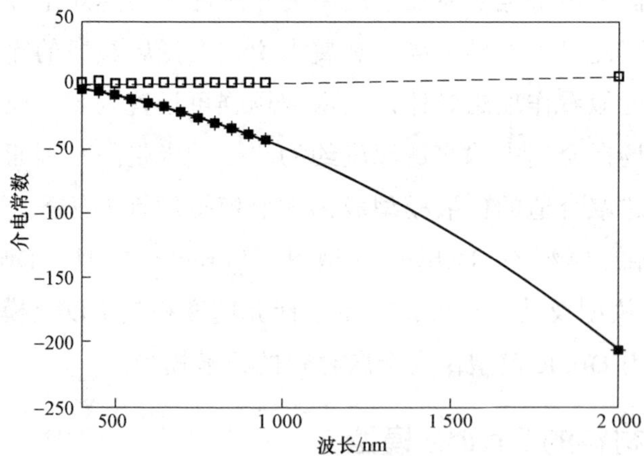

图 2.2　实验测得的银介电常数实部（空心方块）和虚部（实心圆）随波长的变化关系；利用修正的 Drude 模型的拟合数据—实部（实线）和虚部（虚线）[6]

2.3.2 Drude 模型的 FDTD 实现

Drude 模型描述的是金属介电常数在频域内的表达式，进行 FDTD 仿真计算时需要将其转化到时域，而实现这种转化有很多种方法，包括递归卷积法[7]、Z 变化法[8]、逆傅里叶变换法[9]等。本章介绍一种常用的方法：时域辅助差分方程方法（ADE）[10]。时域辅助差分方法相比于其他转化方法具有精度高、收敛性好、推导过程简单等优点。该方法具体实现步骤如下：

根据电位移矢量与电场的关系 $D(\omega)=\varepsilon_0\varepsilon(\omega)E(\omega)$，结合式（2.4）得到：

$$D(\omega)=\varepsilon_0\varepsilon_\infty E(\omega)-\frac{\varepsilon_0\omega_p^2}{\omega^2+j\omega\gamma} \tag{2.5}$$

利用逆傅里叶变换，即 $j\omega\rightarrow\frac{\partial}{\partial t}$，$\omega^2\rightarrow\frac{\partial^2}{\partial t^2}$，可将式（2.5）转化成时域表达式：

$$\gamma\frac{\partial D(t)}{\partial t}-\frac{\partial^2 D(t)}{\partial t^2}=\varepsilon_0\varepsilon_\infty\gamma\frac{\partial E(t)}{\partial t}-\varepsilon_0\varepsilon_\infty\frac{\partial^2 E(t)}{\partial t^2}-\varepsilon_0\omega_p^2E(t) \tag{2.6}$$

对其中的时间偏导数取中心差分离散，得到：

$$\gamma\frac{D^n-D^{n-2}}{2\Delta t}-\frac{D^n-2D^{n-1}-D^{n-2}}{\Delta t^2}=\varepsilon_0\varepsilon_\infty\gamma\frac{E^n-E^{n-2}}{2\Delta t}-\varepsilon_0\varepsilon_\infty\frac{E^n-2E^{n-1}-E^{n-2}}{\Delta t^2}-\varepsilon_0\omega_p^2\frac{E^n+E^{n-1}}{2} \tag{2.7}$$

整理式（2.7）得：

$$E^n=C_1E^{n-1}+C_2E^{n-2}+C_3D^n+C_4D^{n-1}+C_5D^{n-2} \tag{2.8}$$

其中，各系数表达式分别为：

$$C_1=\frac{\varepsilon_\infty(2-\gamma\Delta t)+\omega_p^2\Delta t^2}{\varepsilon_\infty(2+\gamma\Delta t)+\omega_p^2\Delta t^2} \tag{2.9}$$

$$C_2=\frac{4\varepsilon_\infty}{\varepsilon_\infty(2+\gamma\Delta t)+\omega_p^2\Delta t^2} \tag{2.10}$$

$$C_3=\frac{2+\gamma\Delta t}{\varepsilon_0\varepsilon_\infty(2+\gamma\Delta t)+\varepsilon_0\omega_p^2\Delta t^2} \tag{2.11}$$

$$C_4 = \frac{2-\gamma\Delta t}{\varepsilon_0\varepsilon_\infty(2+\gamma\Delta t)+\varepsilon_0\omega_p^2\Delta t^2} \tag{2.12}$$

$$C_5 = \frac{4}{\varepsilon_0\varepsilon_\infty(2+\gamma\Delta t)+\varepsilon_0\omega_p^2\Delta t^2} \tag{2.13}$$

至此，得到了 Drude 模型在 FDTD 算法中的迭代方程。

2.4 FDTD 方法的边界条件

计算机的运算能力以及存储空间的局限性决定了 FDTD 只能模拟有限区域内的电磁波问题。为了准确模拟电磁波在无限大空间的传播问题，需要在计算区域的截断边界位置设置精确且高效的吸收边界条件。

实现吸收边界条件的方法是在计算区域的截断边界处设置吸收介质。Mur 在 1981 年提出 Mur 近似吸收边界的方法[11]，被广泛用于解决实际电磁问题的吸收边界。1994 年，Berenger 提出了一种由损耗介质层构成的更高效率的吸收边界[12-13]。此介质层的吸收效果与入射波的频率和入射角度无关，被称为完全匹配层（perfect match layer，PML）。完全匹配层是建立在数学模型上的假想介质层，其介电常数和磁导率均为张量。真实存在物理介质层是各向异性的，为了避免非物理场分裂技术的引入，Sacks 和 Gendey 等人以麦克斯韦方程为基础，将 PML 的数学模型演变为各向异性介质完全匹配层（UPML）[14-15]。由于两者都是以麦克斯韦方程为基础，因此它们具有相同的电磁场传播特性，但两种匹配层处理的具体问题不同，前者常用于各向同性介质的吸收边界，而后者常用作高损耗介质或有倏逝波时的吸收边界。

2.4.1 各向异性介质完全匹配层（UPML）

在 UPML 中，时域的麦克斯韦微分形式为：

$$\nabla\times\vec{H} = j\omega\varepsilon\overline{\overline{s}}\vec{E} \tag{2.14}$$

$$\nabla\times\vec{E} = -j\omega\mu\overline{\overline{s}}\vec{H} \tag{2.15}$$

其中，$\overline{\overline{S}}$ 为张量，其张量矩阵为：

$$\overline{\overline{S}} = \begin{bmatrix} \dfrac{s_y s_z}{s_x} & 0 & 0 \\ 0 & \dfrac{s_x s_z}{s_y} & 0 \\ 0 & 0 & \dfrac{s_x s_y}{s_z} \end{bmatrix} \tag{2.16}$$

其中，s_x、s_y、s_z 定义为：

$$\begin{aligned} s_x &= k_x + \frac{\sigma_x}{j\omega\varepsilon} \\ s_y &= k_y + \frac{\sigma_y}{j\omega\varepsilon} \\ s_z &= k_z + \frac{\sigma_z}{j\omega\varepsilon} \end{aligned} \tag{2.17}$$

PML 是一种特殊的损耗介质层，该介质层的波阻抗与相邻介质层的波阻抗完全匹配，入射波能够无反射地进入 PML 层，进入 PML 层的透射波将在各个传播方向上呈指数形式衰减，最外层 PML 是一层理想金属导体（perfect electric conductor，PEC）墙。一列波从 PEC 墙反射到主要计算区域的反射误差为：

$$R(\theta) = \exp(-2\eta d \cos\theta \int_0^d \sigma_x(x)\mathrm{d}x) \tag{2.18}$$

其中，η 和 σ_x 分别是完全匹配层在 x 方向的特征波阻抗和电导率，d 为 PML 层的厚度，θ 为入射角度。电导率 $\sigma_x(x)$ 在内边界处（$x=0$）为零，在外边界处（$x=d$）为最大值 $\sigma_{x,\max}$，最外层为理想导体（PEC），形成一梯度层。梯度层为非均匀分层，在 FDTD 计算中，PML 层的电导率为：

$$\sigma_x(x) = \left(\frac{x}{d}\right)^m \sigma_{x,\max} \tag{2.19}$$

本研究选取的衰减系数为：

$$\sigma(x) = \left(\frac{\sigma_{\max}}{\Delta x}\right)\left(\frac{1}{m+1}\right)\left(\frac{1}{d}\right)^m \left[(x+\Delta x)^{m+1} - (x)^{m+1}\right] \tag{2.20}$$

如果要求的反射误差为 $R(0)$，结合式（2.18）和式（2.19）可得：

$$\sigma_{x,\max} = -\frac{(m+1)\ln[R(0)]}{2\mu d} \tag{2.21}$$

在这里取 $m=4$， $R(0)=10^{-8}$ 。

为了将 UPML 引入离散的 FDTD 空间，直接把式（2.16）和式（2.17）转化到时域是非常困难的，因为张量中的系数和电场 $\vec{E}$ 之间存在卷积关系。为了方便得到电场分量的时间推进公式，引入中间变量 $\vec{D}$，其定义为：

$$\begin{aligned} \vec{D}_x &= \varepsilon \frac{s_z}{s_x} \vec{E}_x \\ \vec{D}_y &= \varepsilon \frac{s_x}{s_y} \vec{E}_y \\ \vec{D}_z &= \varepsilon \frac{s_y}{s_z} \vec{E}_z \end{aligned} \tag{2.22}$$

将式（2.22）代入式（2.16）得：

$$\begin{bmatrix} \dfrac{\partial H_z}{\partial y} - \dfrac{\partial H_y}{\partial z} \\ \dfrac{\partial H_x}{\partial z} - \dfrac{\partial H_z}{\partial x} \\ \dfrac{\partial H_y}{\partial x} - \dfrac{\partial H_x}{\partial y} \end{bmatrix} = j\omega \begin{bmatrix} s_y & 0 & 0 \\ 0 & s_z & 0 \\ 0 & 0 & s_x \end{bmatrix} \begin{bmatrix} D_x \\ D_y \\ D_z \end{bmatrix} \tag{2.23}$$

并利用逆傅里叶变换：$j\omega f(\omega) \to \partial f(\omega)/\partial t$，将式（2.23）转化到时域得：

$$\begin{bmatrix} \dfrac{\partial H_z}{\partial y} - \dfrac{\partial H_y}{\partial z} \\ \dfrac{\partial H_x}{\partial z} - \dfrac{\partial H_z}{\partial x} \\ \dfrac{\partial H_y}{\partial x} - \dfrac{\partial H_x}{\partial y} \end{bmatrix} = \frac{\partial}{\partial t} \begin{bmatrix} k_y & 0 & 0 \\ 0 & k_z & 0 \\ 0 & 0 & k_x \end{bmatrix} \begin{bmatrix} D_x \\ D_y \\ D_z \end{bmatrix} + \frac{1}{\varepsilon_0} \begin{bmatrix} \sigma_y & 0 & 0 \\ 0 & \sigma_z & 0 \\ 0 & 0 & \sigma_x \end{bmatrix} \begin{bmatrix} D_x \\ D_y \\ D_z \end{bmatrix} \tag{2.24}$$

利用带损耗的 Yee 网格对阵列方程组（2.24）进行离散化，能够得到中间变量的时间推进公式。例如 D_x 的时间推进公式为：

$$D_x\Big|_{i+1/2,j,k}^{n+1} = \left(\frac{2\varepsilon_0 k_y - \sigma_y \Delta t}{2\varepsilon_0 k_y + \sigma_y \Delta t}\right) D_x\Big|_{i+1/2,j,k}^{n+1} + \left(\frac{2\varepsilon_0 \Delta t}{2\varepsilon_0 k_y + \sigma_y \Delta t}\right) \cdot$$

$$\left(\frac{H_z\Big|_{i+1/2,j+1/2,k}^{n+1/2} - H_z\Big|_{i+1/2,j-1/2,k}^{n+1/2}}{\Delta y} - \frac{H_z\Big|_{i+1/2,j,k+1/2}^{n+1/2} - H_z\Big|_{i+1/2,j,k-1/2}^{n+1/2}}{\Delta x}\right) \tag{2.25}$$

然后，利用中间变量 $\vec{D}$ 求得电场 $\vec{E}$ 。利用逆傅里叶变换将式（2.22）转化到时域形式，再利用 Yee 网格进行离散化，可得到 E_x 的时间推进公式：

$$E_x\big|_{i+1/2,j,k}^{n+1} = \left(\frac{2\varepsilon_0 k_z - \sigma_z \Delta t}{2\varepsilon_0 k_z + \sigma_z \Delta t}\right) E_x\big|_{i+1/2,j,k}^{n} + \left[\frac{1}{(2\varepsilon_0 k_z + \sigma_z \Delta t)\varepsilon_0 \varepsilon_r}\right] \cdot$$
$$\left[(2\varepsilon_0 k_x + \sigma_x \Delta t) D_x\big|_{i+1/2,j,k}^{n+1} - (2\varepsilon_0 k_x - \sigma_x \Delta t) D_x\big|_{i+1/2,j,k}^{n}\right] \tag{2.26}$$

综上，电场 $\vec{E}$ 的时间推进计算需要由式（2.25）和（2.26）的联合求得。电磁场其他分量的时间推进公式同样需要两步的推导过程。

为了验证 UPML 吸收效果以及算法的正确性，本节基于 MATLAB 语言自行编制了 FDTD 数值计算程序，模拟一个二维 TM 波模式下点源在自由空间的传播过程。计算区域的大小为 1.5 μm×1.5 μm，空间步长 $\Delta x = \Delta y = 5$ nm，入射波长为 $\lambda = 600$ nm。UPML 层的厚度为 20 个网格。图 2.3 为程序运行 10 000 个时间步后的磁场以及相位分布图。从图中可以看出场分布和相位分布十分均匀，这说明 UPML 层的吸收效果非常理想。

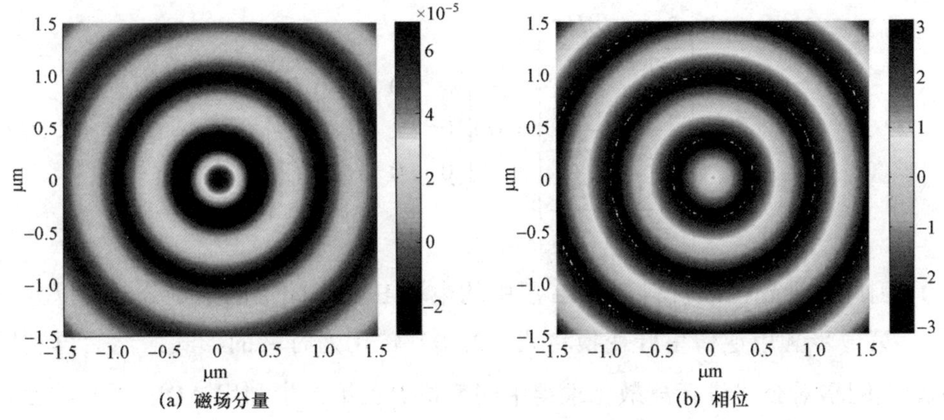

(a) 磁场分量　　(b) 相位

图 2.3　自行编写的基于 UPML 吸收边界的二维 FDTD 程序验证图

2.4.2　UPML 作为色散材料的截断边界

由于本书模拟的部分结构在某个方向是无限延伸的，并且此结构的材料是高色散和高损耗介质，这时需要选择 UPML 作为吸收边界条件。下面介绍利用辅助差分方法（ADE）推导包含有 Drude 模型的 UMPL 的迭代公式。

在上述情况下，引入 Drude 色散模型的 UPML 层可以表示为：

$$\begin{bmatrix} \dfrac{\partial H_z}{\partial y}-\dfrac{\partial H_y}{\partial z} \\ \dfrac{\partial H_x}{\partial z}-\dfrac{\partial H_z}{\partial x} \\ \dfrac{\partial H_y}{\partial x}-\dfrac{\partial H_x}{\partial y} \end{bmatrix} = j\omega\varepsilon_0\varepsilon_r(\omega)\begin{bmatrix} s_y & 0 & 0 \\ 0 & s_z & 0 \\ 0 & 0 & s_x \end{bmatrix}\begin{bmatrix} E_x \\ E_y \\ E_z \end{bmatrix} \tag{2.27}$$

其中，S_x，S_y，S_z 如式（2.17）所示。$\varepsilon_r(\omega)$ 为修正的 Drude 模型描述的介电常数。为了引入中间变量 $\vec{P}$，定义：

$$P_x = \varepsilon_0\varepsilon_r(\omega)\frac{s_z}{s_x}E_x\text{；}\ P_y = \varepsilon_0\varepsilon_r(\omega)\frac{s_x}{s_y}E_y\text{；}\ P_z = \varepsilon_0\varepsilon_r(\omega)\frac{s_y}{s_z}E_z \tag{2.28}$$

利用式（2.22）可得到变量 $\vec{P}$ 和 $\vec{D}$ 的关系式为：

$$D_x = \frac{1}{\varepsilon_r(\omega)}P_x\text{；}\ D_y = \frac{1}{\varepsilon_r(\omega)}P_y\text{；}\ D_z = \frac{1}{\varepsilon_r(\omega)}P_z \tag{2.29}$$

把式（2.28）代入式（2.27）得到：

$$\begin{bmatrix} \dfrac{\partial H_z}{\partial y}-\dfrac{\partial H_y}{\partial z} \\ \dfrac{\partial H_x}{\partial z}-\dfrac{\partial H_z}{\partial x} \\ \dfrac{\partial H_y}{\partial x}-\dfrac{\partial H_x}{\partial y} \end{bmatrix} = j\omega\begin{bmatrix} s_y & 0 & 0 \\ 0 & s_z & 0 \\ 0 & 0 & s_x \end{bmatrix}\begin{bmatrix} P_x \\ P_y \\ P_z \end{bmatrix} \tag{2.30}$$

因此，推导色散材料 UPML 层中的电场 E 在时间上的推进公式可以分三步：第一步利用逆傅里叶变换将式（2.30）转化为时域的形式，然后再利用 Yee 氏网格对公式进行离散化求得中间变量 $\vec{P}$；第二步利用 ADE 对式（2.29）推导求得中间变量 $\vec{D}$；第三步，根据式（2.26）得电场 $\vec{E}$。TM 波模式中电场 E_x 的时间推进公式为：

$$\begin{bmatrix} \dfrac{\partial H_z}{\partial y}-\dfrac{\partial H_y}{\partial z} \\ \dfrac{\partial H_x}{\partial z}-\dfrac{\partial H_z}{\partial x} \\ \dfrac{\partial H_y}{\partial x}-\dfrac{\partial H_x}{\partial y} \end{bmatrix} = j\omega\begin{bmatrix} s_y & 0 & 0 \\ 0 & s_z & 0 \\ 0 & 0 & s_x \end{bmatrix}\begin{bmatrix} P_x \\ P_y \\ P_z \end{bmatrix}$$

$$+\left(\frac{2\varepsilon_0\Delta t}{2\varepsilon_0+\sigma_y\Delta t}\right)\left(\frac{H_z|_{i+1/2,j+1/2}^{n+1/2}-H_z|_{i+1/2,j-1/2}^{n+1/2}}{\Delta y}\right) \tag{2.31}$$

$$D_x|_{i+1/2,j}^{n+1}=\frac{1}{2\tau+\Delta t+\omega_p^2(\Delta t)^2\tau}\{(2\tau+\Delta t)P_x|_{i+1/2,j}^{n+1}+(2\tau-\Delta t)P_x|_{i+1/2,j}^{n-1}-4\tau P_x|_{i+1/2,j}^{n}$$
$$-[2\tau-\Delta t+\omega_p^2(\Delta t)^2\tau]D_x|_{i+1/2,j}^{n-1}+4\tau D_x|_{i+1/2,j}^{n}\} \tag{2.32}$$

$$E_x|_{i+1/2,j}^{n+1}=E_y|_{i+1/2,j}^{n}+\frac{1}{2\varepsilon_0\varepsilon_0}\left[(2\varepsilon_0+\sigma_x\Delta t)D_x|_{i+1/2,j}^{n+1}-(2\varepsilon_0-\sigma_x\Delta t)D_x|_{i+1/2,j}^{n}\right] \tag{2.33}$$

而 $P_y|_{i,j+1/2}^{n+1}$，$D_y|_{i,j+1/2}^{n+1}$ 和 $E_y|_{i,j+1/2}^{n+1}$ 的时间推进公式类似 $P_x|_{i+1/2,j}^{n+1}$，$D_x|_{i+1/2,j}^{n+1}$ 和 $E_x|_{i+1/2,j}^{n+1}$ 的时间推进公式，注意 σ_x 的 σ_y 对偶关系。磁场的时间推进公式与 2.4.1 中的 UPML 中的时间推进公式一样。

2.4.3　周期性边界

利用 FDTD 方法模拟金属亚波长光栅结构与电磁场的相互作用问题将会涉及周期结构，而周期结构的特点是包含无数个相同基本单元。如果对光栅的整个区域进行模拟，那将超出现有计算机的能力范围。因此，引入 Floquet 定理，通过分析周期结构中一个基本单元的电磁场问题，就能够展示整个周期性结构的空间电磁场问题。在二维情况下，假设研究结构在 x 轴方向具有周期性，则该定理表达式为[2]：

$$\psi(x+T_x,z,t)=\psi\left(x,z,t-\frac{T_x}{v_{\phi x}}\right) \tag{2.34}$$

其中，ψ 为电磁场的分量；T_x 为沿 x 方向的周期大小，$v_{\phi x}=c/\sin\theta$ 为电磁波沿 x 方向的相速度。仅考虑垂直入射的情况，入射光沿 z 轴垂直入射（$\theta=0$），则式（2.34）变为：

$$\psi(x+T_x,z,t)=\psi(x,z,t) \tag{2.35}$$

对于二维 TM 模式，周期边界上分布的节点在 FDTD 迭代计算中涉及周围边界外侧的 H_z 和 E_y 节点，如图 2.4 所示，利用上式（2.35）有：

$$E_z^n(1,\ k+1/2)=E_z^n(M+1,\ k+1/2) \tag{2.36}$$

$$H_y^{n+1/2}(1/2,k+1/2)=H_y^{n+1/2}(M+1/2,k+1/2) \tag{2.37}$$

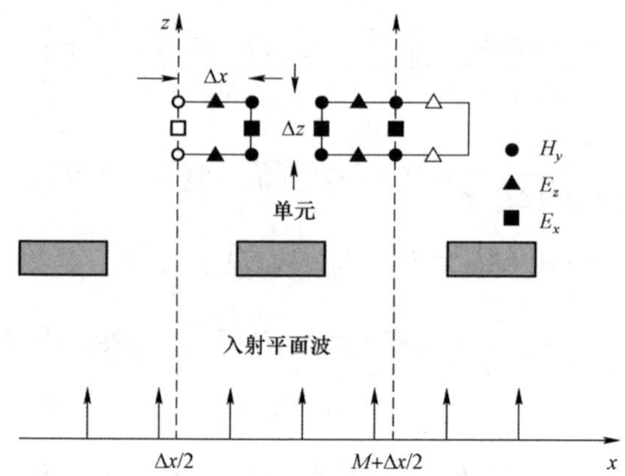

图 2.4　周期性边界示意图[2]

2.5　激励源的设置

在 FDTD 数值模拟中，选择合适的激励源非常重要，即选取合适入射波形式以及恰当的方法将激励源引入 FDTD 迭代算法中。在 FDTD 算法中，随时间变化的激励源分为两类：一类是随时间周期变化的时谐场激励源，另一类是对时间呈脉冲函数的激励源。当数值计算亚波长结构的透射/反射光谱时，通常采用时间脉冲光源。当数值计算亚波长结构在特定波长位置处的电磁场空间分布特性时，采用时谐源作为入射光源。从空间分布来看，激励源又分为面源、线源和点源等。

2.5.1　时谐激励源及开关函数

利用 FDTD 方法模拟计算单色波照射下的电磁问题时，入射激励源为：

$$E(t) = \sin(\omega_0 t) \tag{2.38}$$

其中，$\omega_0 = 2\pi f_0$ 为入射光源角频率，f_0 为入射光源的中心频率。该激励源在时域上是一个无限的正弦波列。

当利用 FDTD 方法模拟式（2.38）描述时谐激励源时，总要经历一段时间才能达到稳态。为了缩短稳态建立所需要的时间和减小冲激效应，需适当引入开关函数，将式（2.38）重写为：

$$E(t) = U(t)\sin(\omega_0 t) \tag{2.39}$$

其中，$U(t)$ 为开关函数，本研究采用升余弦函数作为开关函数，其函数形式为：

$$U(t)=\begin{cases}0 & t<0\\ 0.5\left[1-\cos(\pi t/t_0)\right] & 0\leqslant t<t_0\\ 1 & t\geqslant t_0\end{cases} \tag{2.40}$$

图 2.5 给出了利用一维 FDTD 计算获得的在有无升余弦开关函数作用下的时谐激励源的电场振幅分布，图中横坐标为时间步。由图可知，采用余弦开关函数可使时谐场较好地达到稳态，无开关函数的时谐场会引起附加起伏，引入计算误差。

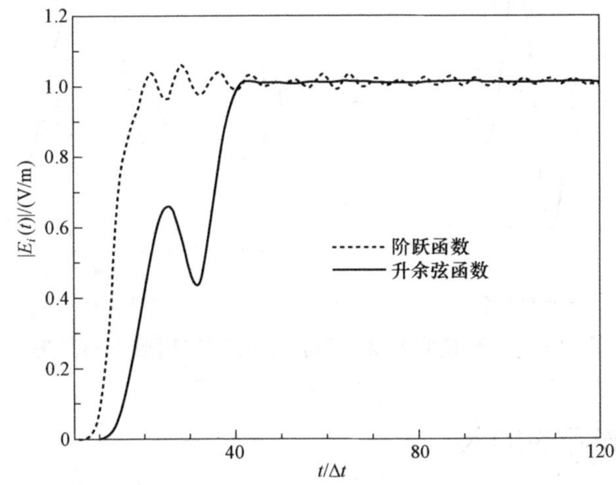

图 2.5　有无开关函数作用下的时谐激励源的电场振幅分布[2]

2.5.2　正弦调制的高斯脉冲激励源

脉冲激励源在频域具有一定的带宽。时间高斯脉冲的频谱包含大量的低频成分，而这些成分在 FDTD 仿真过程中是不必要的，因此需采用正弦调制的方法将低频成分过滤掉。正弦调制的高斯脉冲函数的时域形式为：

$$I(t)=\sin(\omega_0 t)\exp\left(-\frac{4\pi(t-t_0)^2}{\tau^2}\right) \tag{2.41}$$

该式中右边第一项为时谐基波表达式，中心频率为 $f_0=\omega/2\pi$；第二项为时间高斯形式，τ 为脉宽，t_0 为时间延迟，通常取时谐基波的 9/4 个周期，即

$t_0 = 9\pi/(2\omega)$。图 2.6（a）给出了正弦调制高斯脉冲的时域波形。通过对式（2.41）进行傅里叶变换，可得正弦调制高斯脉冲的频谱表达式：

$$\begin{aligned} E(f) = {} & \frac{\tau}{4}\exp\left[-\frac{\pi(f-f_0)^2\tau^2}{4}\right]\exp[-j2\pi(f-f_0)t_0] \\ & +\frac{\tau}{4}\exp\left[-\frac{\pi(f+f_0)^2\tau^2}{4}\right]\exp[-j2\pi(f+f_0)t_0] \end{aligned} \tag{2.42}$$

由上式可知，正弦调制的高斯脉冲的频谱相比于高斯脉冲的频谱从零频率点向两侧移动了 f_0，如图 2.6（b）所示，图中仅绘出大于零的频率成分。

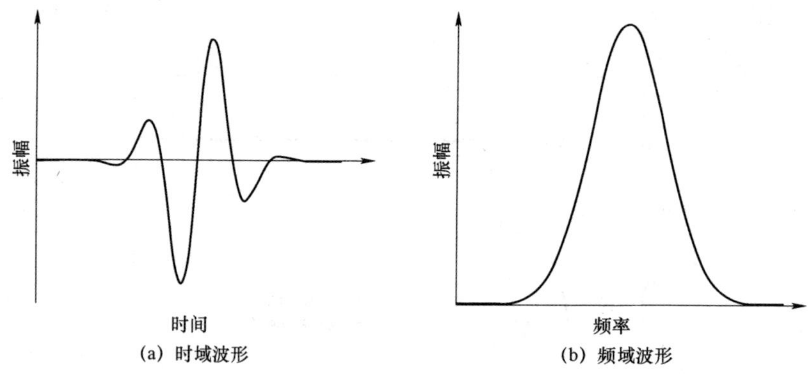

(a) 时域波形　(b) 频域波形

图 2.6　正弦调制的高斯脉冲在时域和频域上的波形

2.5.3　平面光源的加入

当平面波作为入射激励源时，需要将计算区域划分为总场-散射场的区域，从而解决入射波和散射波在进入和散射出计算区域时相互干扰的问题。以线性麦克斯韦方程为基础，电磁散射问题中的空间总场可以写成入射场和散射场之和，即：

$$\vec{E}_{Total} = \vec{E}_{Inc} + \vec{E}_{Scat} \tag{2.43}$$

$$\vec{H}_{Total} = \vec{H}_{Inc} + \vec{H}_{Scat} \tag{2.44}$$

其中，$\vec{E}_{Inc}$ 和 $\vec{H}_{Inc}$ 分别为任意时刻、任意位置处的入射场的电场和磁场；$\vec{E}_{Scat}$ 和 $\vec{H}_{Scat}$ 分别为散射场的电场和磁场。在 FDTD 算法中，上述公式由标准的时间推进公式加入射场的修正项来实现[16]。

下面以二维 TM 波为例进一步说明在 FDTD 算法中平面波的引入。为了

实现空间上无限延展的平面波入射，总场和散射场区域被划分为两个半无限平面，分界线一直延伸到 UPML 层中。连接边界的下边是散射场区域，上边是总场区域，如图 2.7（a）所示。2002 年，Anantha 和 Taflove 等人提出了一个广义的总场-散射场分区方案，其目的是消除当入射激励源延伸到 PML 层时引起的数值误差[16]。在本研究中，引入激励源的总场-散射场的连接边界大部分都设置在自由空间，而在 UPML 层里入射激励源的传播方向垂直于连接边界，因此不需要考虑 UPML 造成的衰减。需要解决的问题是在 UPML 层里新的入射激励源。

在图 2.7（a）中，对于二维的 TM 波模式，$H_y = \mathrm{e}^{j(\omega t-kz)}$ 和 $E_z = \eta \mathrm{e}^{j(\omega t-kz)}$ 为平面波在自由空间内的传播形式。在 UPML 区域，设式（2.23）中磁场 $H_y = \mathrm{e}^{j(\omega t-kz)}$，得到 $E_z = (-j\omega\mu - \mu\sigma_x / \varepsilon)\mathrm{e}^{j(\omega t-kz)}$。这将会导致沿 z 方向传播平面波会发生弯曲，如图 2.7（b）所示。这种弯曲进入计算区域，将严重影响数值模拟结果的准确性。

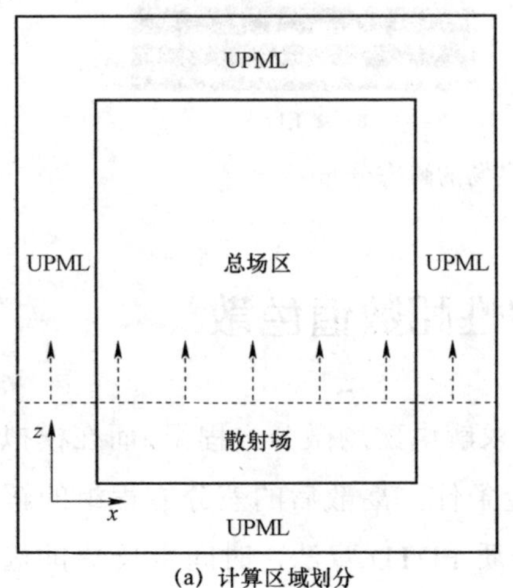

(a) 计算区域划分

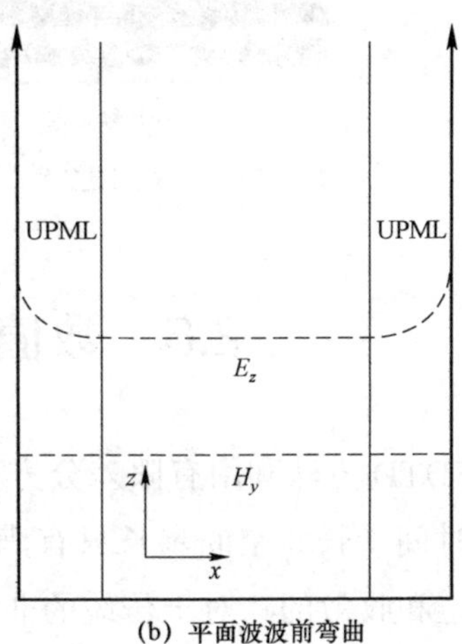

(b) 平面波波前弯曲

图 2.7　计算区域划分示意图和设置平面波源原理图

利用逆傅里叶变换，可将 UPML 层中的电场 E_z 和磁场 H_y 公式转化为时域形式：

$$H_y = \cos(\omega t - kz) \tag{2.45}$$

$$E_z = \eta\left[\cos(\omega t - kz) + \frac{\sigma_x(x)}{\omega\varepsilon}\sin(\omega t - kz)\right] \tag{2.46}$$

在 UPML 层，入射激励源的函数形式如上式所示。无论从理论分析还是数值计算都能够验证：入射波在 UPML 层中沿 x 或 z 方向都不会被吸收。在自由空间的入射波是完整的平面波，而在 UPML 层中电场变得不再平坦，其振幅在 x 方向将不断增加，并伴随一个相对磁场有 π 相位延迟的附加项。

图 2.8 给出了平面波源修正前后的磁场分布图。FDTD 的空间网格大小为 $\Delta x = 5$ nm，入射波的波长为 600 nm。由图 2.8（a）可以看到单色平面波的波前发生弯曲，经过修正的图 2.8（b）中波前保持良好的平整性。

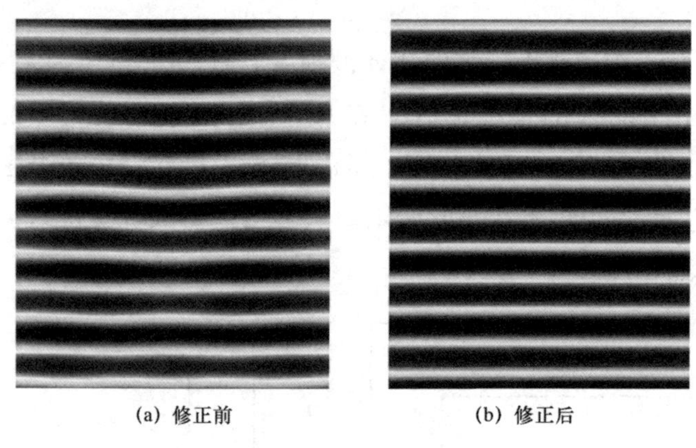

图 2.8　平面波磁场的瞬态分布

2.6　数值稳定性和数值色散

FDTD 方法利用有限差分方程组来求解电磁场微分方程组，而在模拟计算中，时间步长和空间步长只有满足一定条件，离散后的差分方程组的解才会是稳定和收敛的。对于传统的非色散介质 FDTD 算法，时间步长Δt 的选取需满足 Courant 稳定条件[2-3]：

$$c\Delta t \leqslant \frac{1}{\sqrt{\left(\frac{1}{\Delta x}\right)^2 + \left(\frac{1}{\Delta y}\right)^2 + \left(\frac{1}{\Delta z}\right)^2}} \tag{2.47}$$

其中，c 为光在非色散材料中的传播速度。

对于二维的空间均匀网格，$\Delta x = \Delta y$，该条件简化为：

$$\Delta t \leqslant \frac{\Delta x}{\sqrt{2}c} \tag{2.48}$$

通常选取：
$$\Delta t = \Delta x / 2c \tag{2.49}$$

在非色散介质中，平面波的相速与频率无关。但是由于差分方法对麦克斯韦旋度方程进行了空间和时间上的离散，导致平面波的相速度随频率发生变化，进而引入了数值色散，给计算带来了误差。为了减小该误差，要求空间步长Δx 满足：

$$\Delta x \leqslant \lambda / 12 \tag{2.50}$$

在色散介质的情况下，空间步长Δx 的选取同样满足式（2.50）。

2.7 总　结

本章讨论 FDTD 的基本原理，介绍麦克斯韦旋度方程及其在直角坐标系中的FDTD离散形式，Yee元胞对电磁场空间抽样方式，材料色散模型及FDTD实现方法，有限 FDTD 区域截断边界处的各向异性吸收边界条件和周期边界条件，FDTD区域的划分，以及引进入射源类型和方法，从稳定性出发讨论元胞尺寸和离散时间步的选择准则等。在此基础上，作者自行编写了二维 FDTD 程序，并利用该程序在第 3 章和第 4 章中对创新设计的纳米金属结构的光学传输特性展开理论研究。

2.8 参考文献

[1] YEE K S. Numerical solution of initial boundary value problems involving Maxwell equations in isotropic media[J]. IEEE Transactions on Antennas and Propagation, 1966, 14(3): 302-307.

[2] 葛德彪，严玉波. 电磁场时域有限差分方法［M］. 2 版. 西安：西安电子科技大学出版社，2005.

[3] HAGNESS S C, TAFLOVE A. Computational electrodymics: The finite-difference time-domain method[M]. Norwood, MA: Artech House, 2000.

[4] DEBYE P J W. Polar Molecules[M]. New York: Chemical Catalog Co. Inc. , 1929.

[5] DRUDE P. Electronic theory of metals I[J]. Ann. Phys, 1900(1): 566-613.

[6] ORDAL M A, LONG L L, BELL R J, et al. Optical properties of the metals Al, Co, Cu, Au, Fe, Pb, Ni, Pd, Pt, Ag, Ti, and W in the infrared and far infrared[J]. Applied Optics, 1983(22): 1099.

[7] OKONIEWSKI M, MROZOWSKI M, STUCHLY M A. Simple treatment of multiterm dispersion in FDTD[J]. IEEE Microwave and Guided Wave Letters, 1997(7): 121-123.

[8] SULLIVAN D M, MEMBE S. Z transform theory and the FDTD method IEEE[J]. Transatctions on antennas and propagation. 1996(44): 28-34.

[9] GRAY S K, KUPKA T. Propagation of light in metallic nanowire arrays: Finite-difference time-domain studies of sliver cylinders[J]. Physical Review B, 2003(68): 45415.

[10] AL-JABR A A, ALSUNAIDI M A. A general ADE-FDTD algorithm for the simulation of different dispersive materials[R]. Beijing: PIERS Proceeding, 2009.

[11] MUR G. Absorbing boundary condition for the finite-difference time-domain approximation of the time-domain electromagnetic filed equations[J]. IEEE Transactions and Electromagnic Compatibility, 1981(36): 1797-1812.

[12] BERENGER J P. A perfectly matched layer for the absorption of electromagnetic waves[J]. Jorunal of Computational Physics, 1994(114): 185-200.

[13] BERENGER J P. Three dimensional perfectly matched layer for the absorption of electromagnetic waves[J]. Jorunal of Computational Physics, 1996(127): 363-379.

[14] SACKS Z S, KINGSLAND D M, LEE J F. A perfectly matched anisotropic absorber for use as an absorbing boundary condition for FDTD meshes[J]. IEEE Transactions on Antennas and Propagation, 1995(43): 1640-1463.

[15] GEDNEY S D. Anisotropic perfectly matched layer absorbing media for the

FDTD simulation for fields in lossy abd dispersive media[J]. Electromagnetics, 1996(16): 399-415.

[16] ANANTHA V, TAOVE A. Efficient modeling of infinite scatterers using a generalized total-field/scattered-field FDTD boundary partially embedded within PML[J]. IEEE Transactions on Antennas and Propagation, 2002(50): 1337-1349.

第3章 非对称纳米金属双缝结构的光学传输特性

3.1 引　言

自 1998 年异常光学透射现象被首次报道以来[1]，亚波长金属周期阵列结构的异常透射现象成为纳米光子学领域的研究热点。尽管对异常光学透射现象的物理机制的解释存在一定争议，但人们一致认为金属表面激发的 SPPs 波在该现象中扮演着至关重要的角色[2-4]。研究表明，通过设计亚波长金属周期阵列结构的形状，能够在纳米尺度下对 SPPs 波进行操控，使其具备光子分光[5]、光学传感[6]、纳米聚焦[7]、光学滤波[8]和负折射率[9]等光学特性。这些光学特性与亚波长金属周期阵列结构中各散射单元激发的 SPPs 波之间的相互耦合作用密不可分。研究亚波长金属周期阵列结构中各散射单元激发 SPPs 波之间的相互作用过程对于深入理解异常光学透射现象的物理机制以及设计开发新功能的光学器件至关重要。目前在关于亚波长金属周期阵列结构的异常光学传输特性的研究中，各散射单元激发的 SPPs 波间的耦合方式可分为两类：一类是在厚金属薄膜、厚单元间隔周期阵列结构的入射/出射界面上相向传播的 SPPs 波之间的横向外耦合作用。该 SPPs 波横向外耦合作用可实现对近场干涉条纹[10]，远场透射光谱[11-12]，以及 SPPs 波激发方向的灵活调控[13-14]；另一类是在超薄金属薄膜、厚单元间隔的周期阵列结构上、下界面激发的 SPPs 波通过渗透膜层材料发生相互纵向耦合作用。该纵向耦合作用可形成反对称 SPPs 波束缚模式，从而产生光学透射抑制现象[15-16]。在这些研究中，亚波长金属周期阵列结构激发的 SPPs 波耦合作用强度发生在两个极端情况下：一是金属界面上 SPPs 波的“微扰型”耦合作用；二是 SPPs 波完全渗透金属材料产生的强烈的耦合作用。然而，针对在“适中”的 SPPs 波耦合作用下，即在

隔层厚度大于两倍光波趋附深度而小于 SPPs 波渗透耦合作用的截止厚度[17]情况下，亚波长周期阵列结构对光波传输特性的研究相对较少。

本章将利用自行编写的二维 FDTD 计算程序研究在薄隔层厚度下非对称纳米金属双缝结构的透射光谱特性，探索双缝中传导的 SPPs 波之间“适中”的电磁场横向渗透耦合作用对光波传输的影响，揭示 SPPs 波横向耦合作用的物理本质，掌握结构参数对透射光谱的调控规律。

3.2　数值模拟方法

图 3.1 为非对称纳米金属双缝的结构示意图。在厚度为 L 的金属薄膜上刻有宽度为 w_1 和 w_2 的双缝，双缝间金属隔层的厚度为 d。一束 TM 偏振的正弦高斯脉冲平面波从双缝结构的下表面垂直入射。为避免入射光波在计算区域边界上的反射效应，其四周设置 UPML 作为截断边界。在距离双缝结构出射面 1 μm 处设置线性观测器记录每个时间步的数据，并对其进行傅里叶变换即可获得双缝结构的透射率光谱，观察距离只影响透射谱的相对强度，不影响透射谱的轮廓特性。在计算特定波长下双缝结构的电磁场空间分布图时，入射光源采用单色正弦时谐波。另外，通过对计算区域每个时间步的数据在指定波长处进行傅里叶变换同样也可以得到其相应的电磁场分布图。金属材料为银，其介电常数的色散特性由 Drude 模型 $\varepsilon(\omega)=\varepsilon_\infty-\omega_p^2/(\omega^2+j\omega\gamma)$ 来表述，其中 $\varepsilon_\infty=3.7$，$\omega_p=1.367\times10^{16}$ rad/s 和 $\gamma=2.735\times10^{13}$ rad/s[18]。

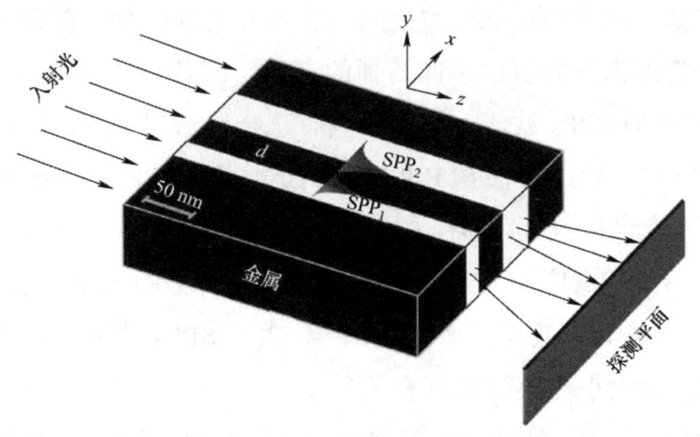

图 3.1　非对称金属纳米双缝结构示意图

在计算双缝结构的透射光谱时，透射光谱的波长范围从可见光延伸到近红外波段（500～2 000 nm）。入射脉冲的中心波长为 800 nm，脉冲持续时间为中心波长对应时间周期的 2.2 倍，入射延迟时间为中心波长对应时间周期的 9/4 倍。傅里叶积分时间为中心波长对应时间周期的 100 倍。计算区域为 500×500 网格，网格大小为 2.5 nm×2.5 nm。归一化的光谱透射率定义为：

$$T=\frac{\int S^{trans}\mathrm{d}l}{\int S^{inc}\mathrm{d}l} \tag{3.1}$$

其中，S^{trans}，S^{inc} 分别为透射和入射光场坡印廷矢量的时间平均值，即能流密度。其计算公式为：

$$S=\frac{1}{2\mu_0}\Re\left[\vec{E}\times\vec{H}^{*}\right] \tag{3.2}$$

3.3 透射光谱特性

在研究非对称纳米金属双缝结构的透射光谱特性之前，本节将先简要论述亚波长金属单缝对入射光波传输的物理机制[19-20]。当入射光波照射到金属单缝结构表面时，入射光波在狭缝入口处在狭缝边缘的散射作用下耦合形成 SPPs 波，并沿金属表面传播进入狭缝内。由于狭缝内外波阻抗不匹配，则在狭缝的两个端口之间形成一个等效法布里-珀罗（fabry-perot，F-P）腔，使得其中前行和被端口反射的 SPPs 波之间发生相互干涉作用。在狭缝出射端口透射的 SPPs 波将退耦合为自由空间传播的光波，即获得透射光波。F-P 腔根据腔长对不同波长的 SPPs 波或入射光波具有选择性透射作用，从而决定了单缝透射光谱的特点。当 SPPs 波在 F-P 腔内满足共振条件时，单缝透射率将达到最大值。SPPs 波的共振条件为：$k_{sp}L+\varphi=m\pi$，其中，k_{sp} 为 SPPs 波矢量，m 为级数，φ 为附加相移[21]。在单缝中沿两金属壁传播的 SPPs 波将会在腔内发生相互耦合并导致其有效折射率的变化[22]。由于 SPPs 波耦合强度与狭缝宽度有关，因此 k_{sp} 的大小与狭缝宽度有关。

利用 FDTD 方法计算获得非对称纳米金属双缝结构在不同隔层厚度 d 下

的透射光谱，如图 3.2 所示，其中模拟参数设置如下：$w_1=20$ nm，$w_2=40$ nm 和 $L=350$ nm。图 3.2 中还给出了缝度分别为 $w_s=20$ nm 和 $w_s=40$ nm 的金属单缝的透射光谱。由图可以看出，两个金属单缝的透射光谱分别出现一个共振峰，其对应的波长分别为$\lambda=1\ 260$ nm 和$\lambda=1\ 480$ nm。当两个非对称单缝组合称为双缝结构并在空间上逐渐靠近时，随着隔层厚度的减小，双缝结构的透射光谱呈现出一个类马鞍状轮廓，即包含两个波长不同的共振峰和一个位于两峰之间透射率几乎为零的透射凹陷。当 $d=20$ nm 时，透射光谱中的两个共振峰强度相差较大，具有明显的不对称性，且两个共振峰的波长 $\lambda_{short}=1\ 280$ nm 和$\lambda_{long}=1\ 640$ nm 相对于两个单缝的共振峰波长均发生红移。更为重要的是，在波长$\lambda_{dip}=1\ 470$ nm 处出现了一个明显的透射凹陷，其透射率均小于两个单缝在该波长位置的透射率，而非两个单缝透射率的简单线性叠加。随 d 增加，长波共振峰强度迅速增高，而短波共振峰强度基本保持不变，且两个共振峰强度的差值逐渐变小，趋近于对称分布。同时长波共振峰的波长向短波方向大幅度移动，而短波共振峰的波长也向短波方向发生轻微移动，最终长波共振峰的波长相对于其单缝共振波长发生红移，而短波共振峰的波长相对于其单缝共振峰波长发生了轻微蓝移。显而易见，在 d 从 40 nm 增加到 100 nm 的过程中，双缝结构透射光谱的共振峰呈现线性窄化现象，并且透射凹陷逐步加深且变窄，其透射率接近于零值。此结果表明超薄间隔非对称纳米金属双缝结构对透射凹陷波长位置的入射光波产生了明显透射抑制现象。该结果表明双缝之间的电磁场发生了一种新的近场耦合作用，并且对其光波透射特性产生了重要的影响。实际上，这种耦合作用是指双缝内传播的不同波矢大小 SPPs 波的电磁场通过渗透金属隔层材料而发生的横向内耦合作用，而非在金属狭缝端口外侧界面上传播 SPPs 波而发生的横向外耦合作用。当 $d\geqslant400$ nm 时，透射谱中凹陷深度变浅，同时两个共振峰强度再次变得不对称。当 $d=800$ nm 时，双缝结构的透射光谱仅出现一个较宽的共振峰。在此情况下，在双缝内传播的 SPPs 波的近场横向内耦合作用消失，取而代之的是沿金属狭缝端口外侧界面上 SPPs 波横向外耦合作用。如果 d 继续增加，在这种 SPPs 波横向外耦合作用下，双缝结构的透射谱将会出现峰值和凹陷的周期变化，其凹陷-波峰的对比度将越来越小，该结果与已有文献中报道的在金属间隔较大时双缝结构的实验结果相一致[10,23-25]。

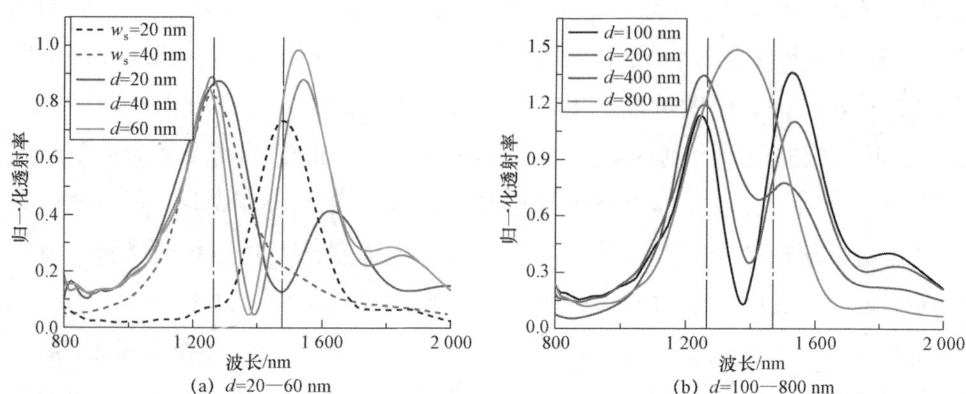

注：双缝结构参数分别为 w_1 = 20 nm，w_2 = 40 nm，L = 350 nm。虚线代表单个金属狭缝的透射谱，虚线标记共振峰位置。

图 3.2　非对称纳米金属双缝随金属隔层厚度 d 变化的透射光谱

为了清晰地观察非对称纳米金属双缝结构透射光谱的极值与金属隔层厚度 d 之间的依赖关系，图 3.3（a）给出了在不同 d 的情况下长波和短波共振峰相对于其单缝共振峰波长的变化量。对于两个透射共振峰，随 d 增加，其波长变化量$\Delta\lambda$展现出先迅速减小然后保持不变的趋势，且在 d 较大的情况下，短波共振峰的蓝移量增大而长波共振峰的红移量减小。图 3.3（b）给出了透射凹陷中心波长和强度对比度随 d 的变化情况。显然，在 d<100 nm 时，透射凹陷向短波方向移动；而当 d>100 nm 时，则向长波方向移动。根据透射凹陷的变化趋势，将双缝之间 SPPs 波的电磁场耦合划分为两个区间，即在 d<100 nm 时为近场内

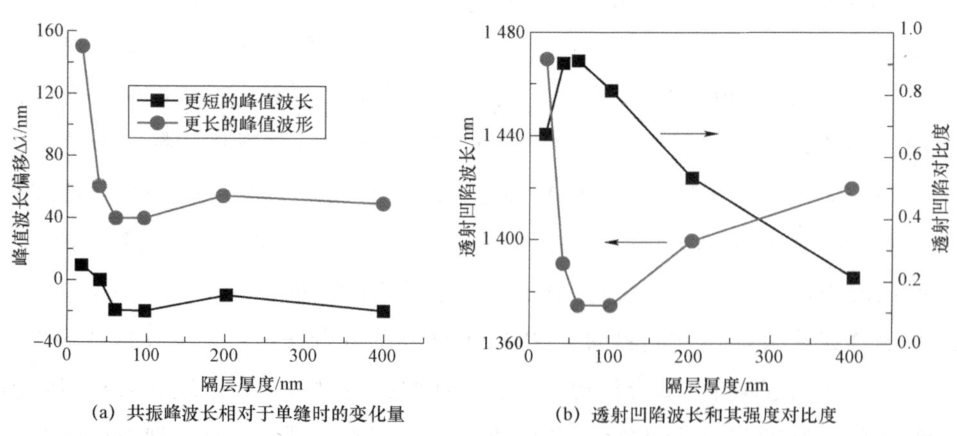

图 3.3　非对称纳米金属双缝结构的透射极值波长随金属隔层厚度 d 的变化情况

耦合效应，而在 d>100 nm 时为外耦合效应。仿照传统光学干涉条纹对比度的定义，将透射凹陷对比度定义为$V=(I_{peak}-I_{dip})/(I_{peak}+I_{dip})$。从图 3.3（b）中可以看出，透射凹陷对比度随 d 增加先增大而后减小，该变化说明双缝结构对透射凹陷光波的抑制作用随 d 增加先增后减直至消失。在 d=40～60 nm 时，金属双缝结构对透射凹陷光波的抑制效果达到最佳。

3.4　透射极值处电磁场空间分布特性

3.4.1　透射峰位置

双缝结构透射光谱中出现共振峰波长移动以及透射凹陷现象背后蕴含的物理机制是本节研究的重点。为了深刻揭示其物理过程，本节将以 d=100 nm 为例来计算分析双缝结构在其透射极值处的电磁场空间分布特性。图 3.4 是该双缝结构在短波共振峰波长λ_{short}=1 240 nm 处的磁场强度$|H_y|$、电场强度$|E_z|$、磁场相位Φ（H_y）和电场相位Φ（E_x）的分布图。从图 3.4（a）可看出，磁场强度$|H_y|$主要集中分布在宽缝（w_2=40 nm）中，而在窄缝（w_1=20 nm）内的磁场强度$|H_y|$几乎为零。

作为对比，图 3.5 给出宽度分别为 w_s=20 nm 和 w_s=40 nm 的单缝在波长λ=1 240 nm 处的磁场强度$|H_y|$分布情况。相比之下，在双缝结构中，宽缝中磁场强度$|H_y|$基本不变而窄缝中磁场强度$|H_y|$受到了一定的抑制。该结果是由沿金属隔层两侧的双缝内传播的 SPPs 波渗入隔层内发生相互耦合而引起的，进一步的理论分析将会在理论解释部分详细阐述。从图 3.4（b）中电场强度$|E_z|$分布可以看出表面电荷主要分布在宽缝端口。已有文献研究表明，金属单缝对光波的增强透射效应与沿狭缝两壁分布的电流密度和在狭缝端口分布的电荷密度密切相关[19]。由此可以推断，双缝结构中宽缝对波长为λ=1 240 nm 入射光波的传输起主导作用。此外，在该透射峰值处，双缝结构中宽缝和窄缝端口的角点上积累的电荷密度差别较大，因此双缝结构在金属隔层两端界面上的电磁场耦合作用相对较弱，其电场值最小只有$|E_z|$=1.4。从图 3.4（d）中位相Φ（E_x）分布可以看出，宽缝中自由电荷主要分布在狭缝的上下端口，而窄缝中自由电荷主要分布在上下端口和距离端口

$z=L/3$ 的三个不同位置。此结果说明宽缝中的 SPPs 波模式接近一阶共振波导模式，而在窄缝中 SPPs 波模式是非共振的二阶波导模式。在金属隔层上表面的两个角点处分布的电荷电性相同，但在其下表面角点处分布的电荷电性相异。从图 3.4（c）中位相Φ（H_y）分布可以看出，沿隔层左右两侧传播的 SPPs 波或表面电流之间存在小于 0.5 π 位相延迟。该结果说明双缝之间的电荷和电流为同相组合。另外，由于双缝中 SPPs 波导模式的阶数不同，并且两者强度差别较大且存在一定的位相差，因此在此波长处双缝中电磁场之间的耦合情况比较复杂。

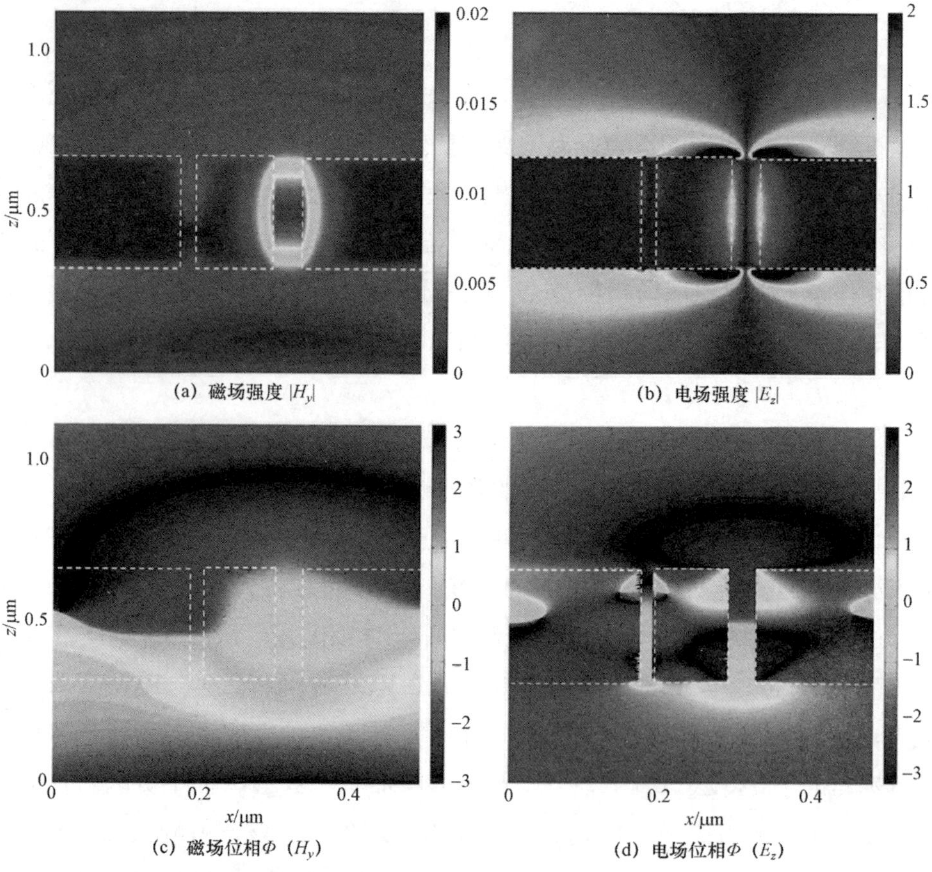

(a) 磁场强度 $|H_y|$

(b) 电场强度 $|E_z|$

(c) 磁场位相Φ（H_y）

(d) 电场位相Φ（E_z）

注：虚线标记双缝结构的几何边界。

图 3.4 非对称纳米金属双缝结构在短波共振峰$\lambda_{\text{short}}=1\ 240$ nm 处的电磁场强度和位相分布图

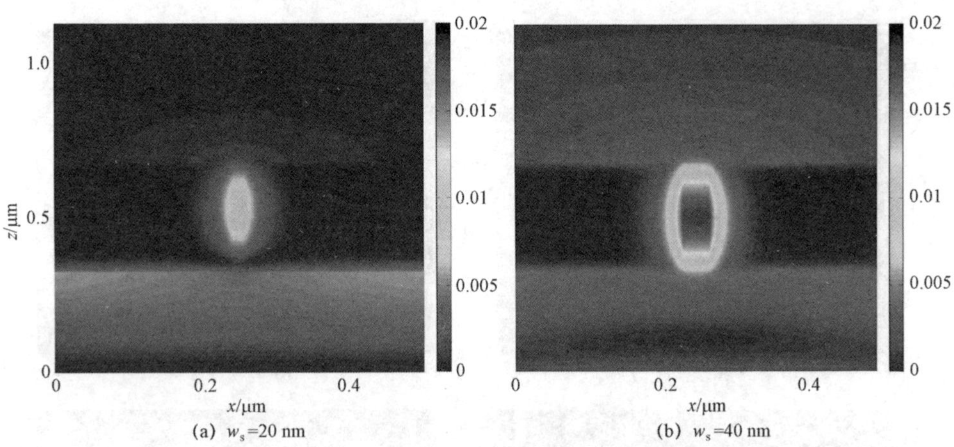

图 3.5　缝宽分别为 $w_s = 20$ nm 和 $w_s = 40$ nm 的金属单缝在入射波长 $\lambda = 1\ 240$ nm 处的磁场强度 $|H_y|$ 分布图

图 3.6 为非对称金属纳米双缝在长波共振峰 $\lambda_{long} = 1\ 525$ nm 处的电磁场分布图。与短波共振峰的情况相比，该波长的电场强度 $|E_z|$ 和磁场强度 $|H_y|$ 主要集中分布在窄缝内。窄缝内壁上分布着较强的表面电流密度，且其端口处分布有较大的电荷密度。而对于宽缝情况，则无论是其中 SPPs 波导模式的强度还是内壁上分布的电流密度或者端口处分布的电荷密度都相对较弱。因此，在双缝结构中，窄缝对波长为 $\lambda = 1\ 525$ nm 入射光波的传输起主导作用。在此情况下，在隔层两端左右角点上分布的电荷密度相差悬殊，因此沿隔层上下界面分布的电场耦合强度相对较弱，其电场强度最小值为 $|E_z| = 0.4$。从电场相位 $\Phi(E_x)$ 分布图可以看出，在金属隔层两端左右角点上分布着符号相同的电荷。磁场位相 Φ（H_y）分布图表明沿隔层左右两侧传播的 SPPs 波的相速度相同，位相差为零。该结果说明双缝中的电磁场以及金属隔层上分布的表面电流和电荷都是同相组合。与单缝情况相比（图 3.7），在双缝结构中窄缝的磁场强度 $|H_y|$ 略微减小而宽缝的磁场强度 $|H_y|$ 却明显减弱。

3.4.2　透射凹陷位置

图 3.8 是非对称金属纳米双缝结构在透射凹陷波长 $\lambda_{dip} = 1\ 375$ nm 处的磁场强度 $|H_y|$、电场强度 $|E_z|$、磁场相位 Φ（H_y）和电场相位 Φ（E_x）分布图。在此情况下，双缝结构中电磁场强度相差不大。

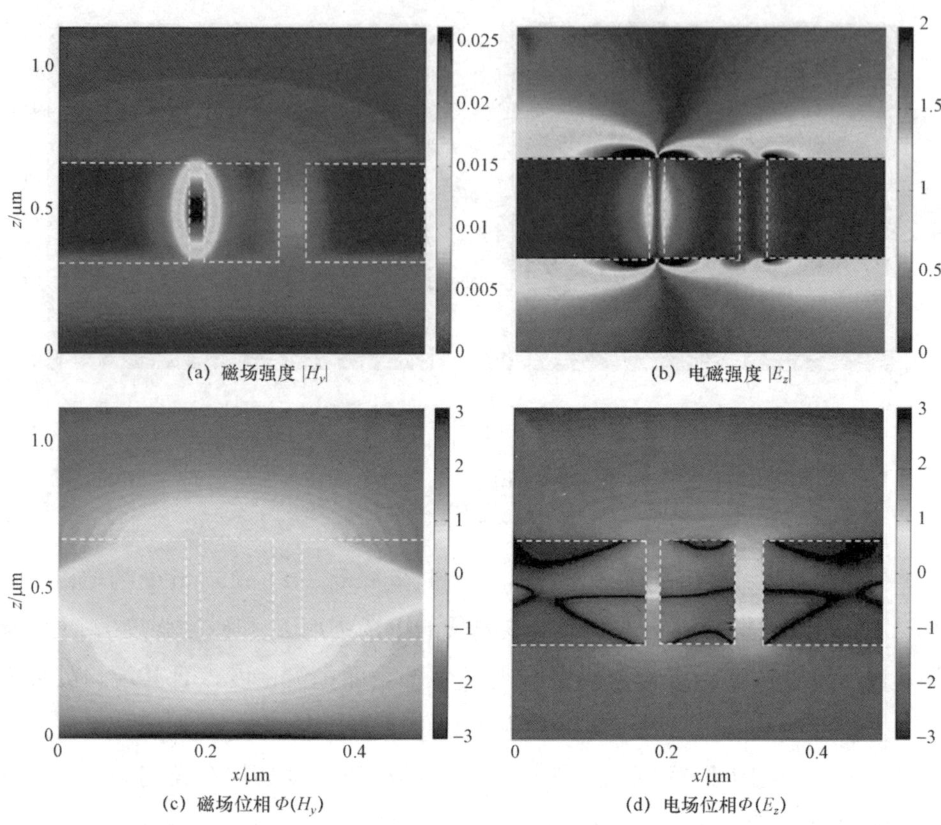

图 3.6 非对称纳米金属双缝在长波共振峰 $\lambda_{\text{long}}=1\ 525$ nm 处的电磁场强度和位相分布图

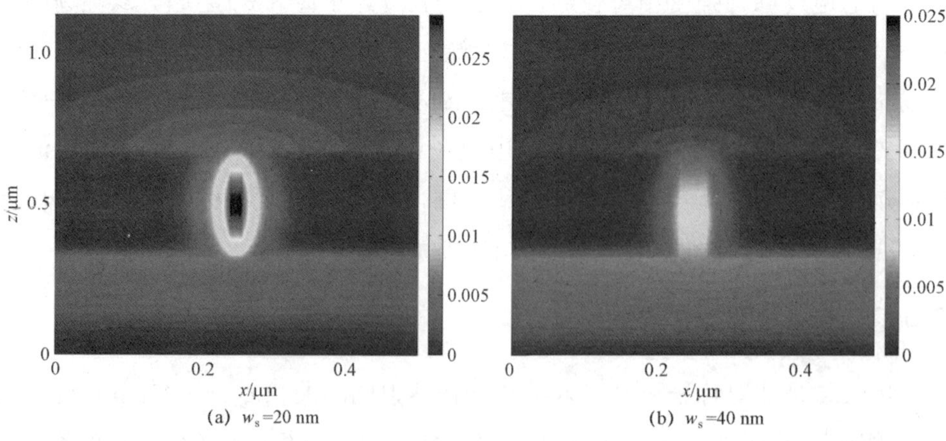

图 3.7 缝宽分别为 $w_s=20$ nm 和 $w_s=40$ nm 的金属单缝在入射波长 $\lambda=1\ 525$ nm 处的磁场强度$|H_y|$分布图

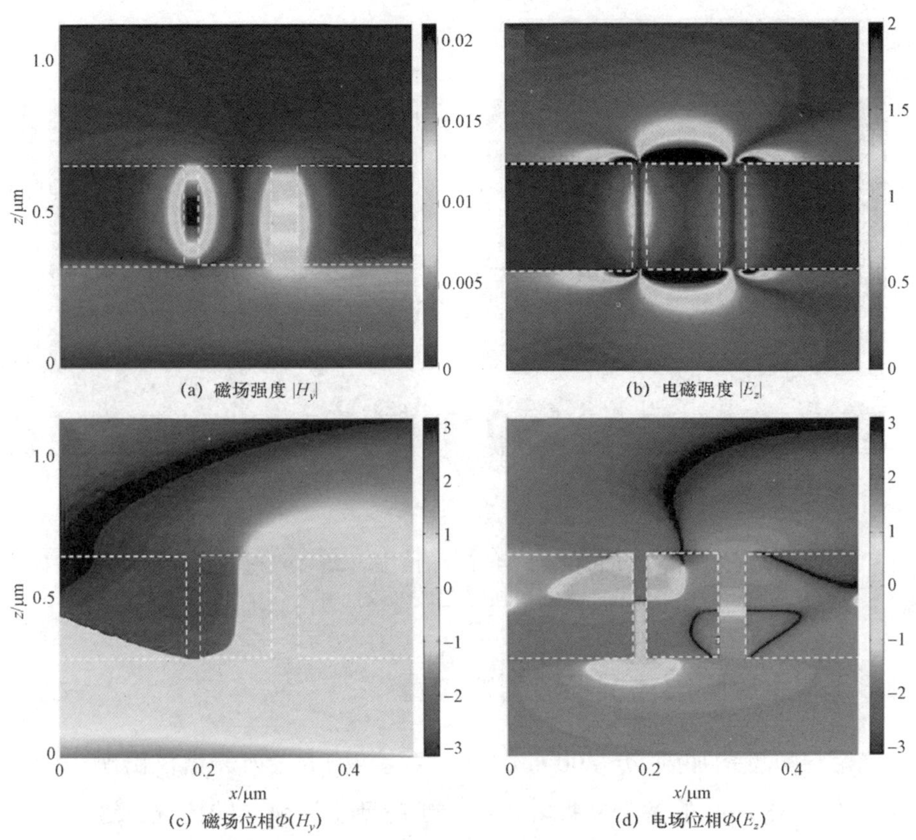

图 3.8　非对称纳米金属双缝在透射凹陷波长 $\lambda_{\mathrm{dip}}=1\ 375$ nm 处的电磁场强度和位相分布图

事实上，在单个金属窄缝和宽缝情况下，它们对波长 $\lambda=1\ 375$ nm 入射光波的透射率总和能够达到 80%，其对应的磁场强度 $|H_y|$ 分布如图 3.9 所示。在双缝内传播的 SPPs 波渗透金属隔层产生横向内耦合作用下，双缝结构对该入射光波的透射率几乎为零（仅 6%），即 94%的入射光波被反射和吸收。此时，在双缝结构中，窄缝中磁场强度 $|H_y|$ 相比于其单缝情况得到了增强，而宽缝中磁场强度 $|H_y|$ 相比于其单缝情况几乎不变。与透射共振峰的情况不同，在透射凹陷处金属隔层两端左右角点处分布的表面电荷密度相同，双缝中电场强度在金属隔层上下界面的耦合强度增加，电场强度 $|E_z|$ 的最小值为 2.9。电场位相 $\boldsymbol{\Phi}(E_x)$ 分布图表明金属隔层两端左右角点处的电荷电性相反。磁场相位 $\boldsymbol{\Phi}(H_y)$ 分布图说明沿金属隔层两侧双缝中传播的 SPPs 波或表面电流之间存在π 的相位差，即双缝中电磁场为反相组合。因此，双缝结构透射率为零的凹陷是由

双缝中电磁场的干涉相消作用所致。

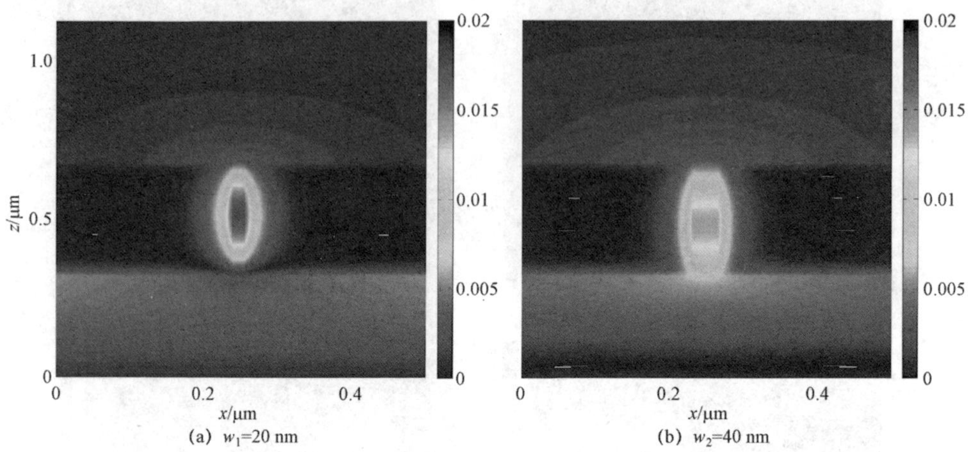

(a) w_1=20 nm (b) w_2=40 nm

图 3.9 缝宽分别为 $w_1=20$ nm 和 $w_2=40$ nm 的金属单缝在入射波长 $\lambda=1\ 375$ nm 处的磁场强度$|H_y|$分布图

3.4.3 厚金属隔层情况下透射峰位置

当隔层厚度增加到 $d=800$ nm 时，双缝结构的透射光谱仅出现一个中心波长为$\lambda=1\ 350$ nm 的宽带共振峰，不同于超薄金属隔层的情况。这种差异在根本上是由双缝内电磁场分布不同导致。图 3.10 是在 $d=800$ nm 时，双缝结构在共振波长$\lambda=1\ 350$ nm 处的磁场强度$|H_y|$、电场强度$|E_z|$、磁场相位$\boldsymbol{\Phi}$（H_y）和电场相位 $\boldsymbol{\Phi}$（E_x）分布图。从磁场强度$|H_y|$和电场强度$|E_z|$分布图可以看出，不同宽度的双缝中虽然均有一定的电磁场强度分布，但窄缝中电磁场强度略大于宽缝中电磁场强度，这类似于图 3.8 中透射凹陷的情况。但是，在此情况下，沿金属隔层两侧双缝内传播的 SPPs 波的横向内耦合作用消失，从而使得双缝在对入射光波的传输过程中形成的 SPPs 波导模式相对对立。此时，除了狭缝端口分布的电荷偶极子外，在金属隔层两端界面上传播的表面电流使得双缝之间有一定的能量交换，其作用结果对双缝中波导模式分布的影响较小。从位相$\boldsymbol{\Phi}$（H_y）和$\boldsymbol{\Phi}$（E_x）分布图可以看出，在双缝中分布的 SPPs 波导模式之间存在小于 0.5 π的位相差，小于其在薄金属隔层厚度下π的位相差。因此，在此情况下，双缝中电磁场通过沿金属隔层两端界面上传播的 SPPs 波发生干涉相长，从而导致透射峰的出现。

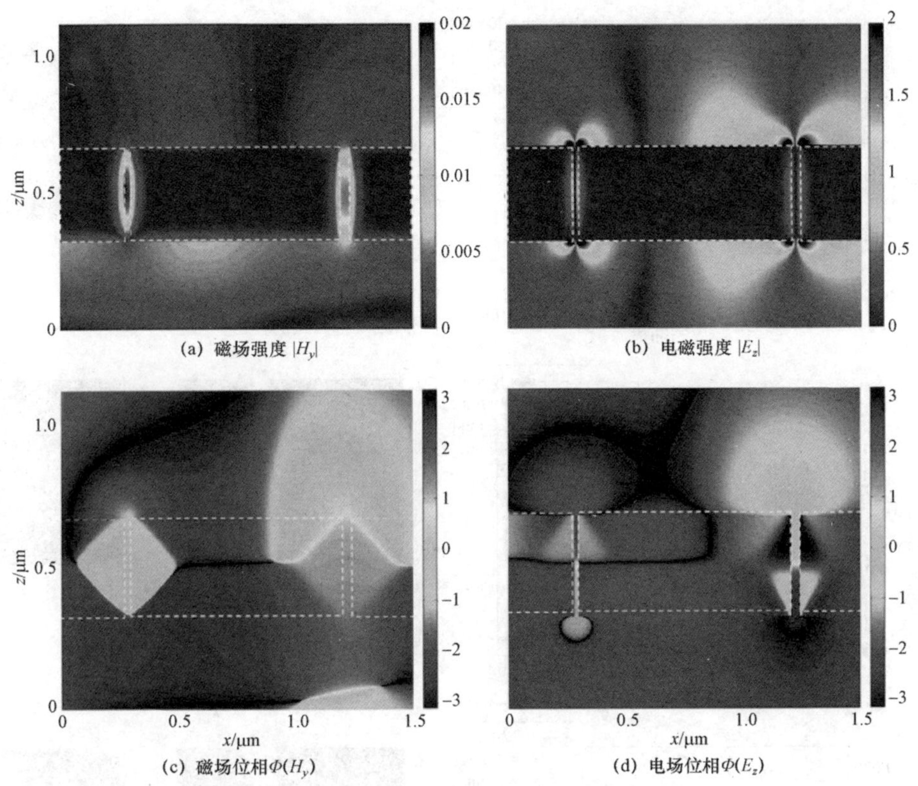

图 3.10　非对称金属纳米双缝在透射共振峰λ= 1 350 nm 处的电磁场强度和位相分布图，其中双缝间隔层厚度为 d= 800 nm

3.5　光学传输物理机制分析

已有的研究表明，金属狭缝中 SPPs 波导模式的电磁场强度值取决于在狭缝内壁上分布的表面电荷密度以及表面电流密度[19,26]。本节将从微观角度讨论非对称纳米金属双缝结构在超薄隔层情况下的 SPPs 波横向内耦合作用。

3.5.1　SPPs 波内耦合的物理模型

为了直观地展示双缝的横向内耦合作用对其表面电荷密度和电流密度的影响，本节定量比较了在耦合前后双缝中磁场强度值$|H_y|$的变化。在图 3.11 中，左列分别给出了双缝在透射共振峰以及透射凹陷情况下沿其纵向中垂线上磁场强度$|H_y|$的分布情况（虚线代表耦合前的情况，实线代表耦合后的情况）；

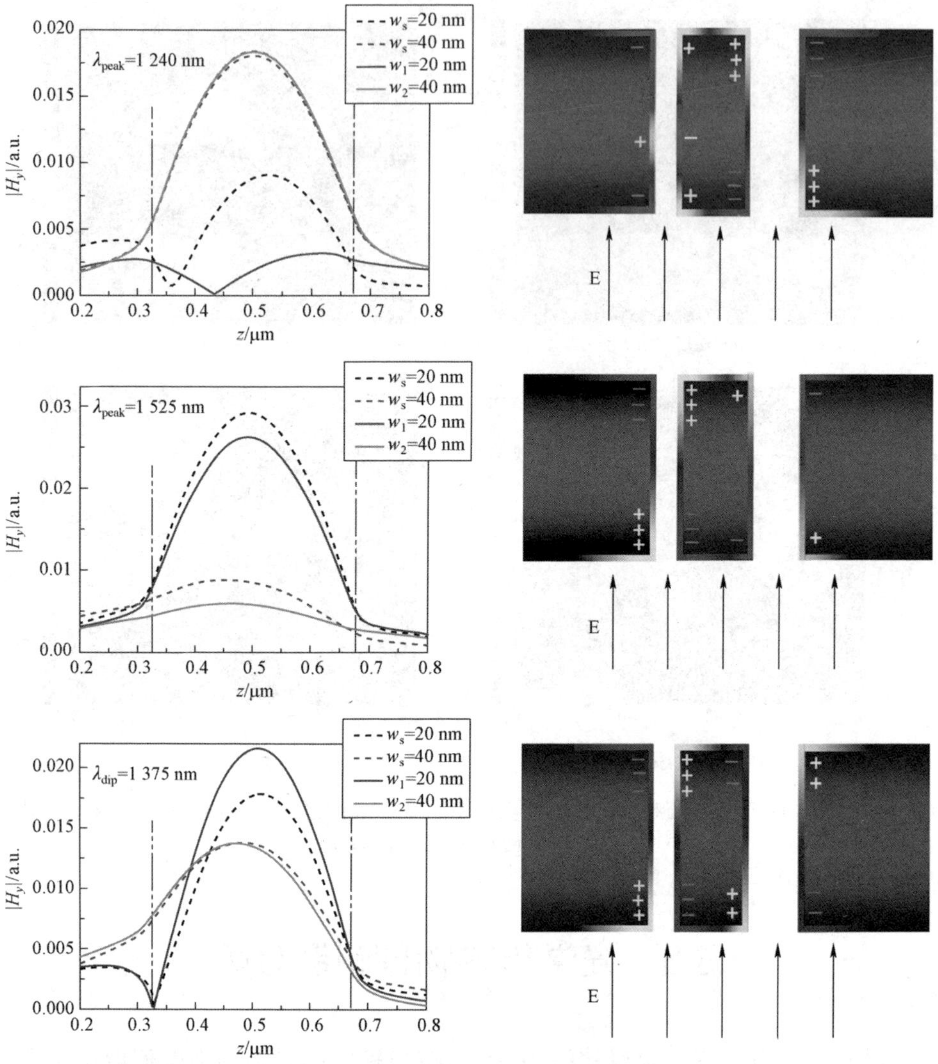

图 3.11 左列图表示在有（实线）和没有（虚线）SPPs 波横向内耦合作用情况下，沿宽窄双缝的纵向中垂线上磁场强度$|H_y|$分布。垂直的虚线代表狭缝入口和出口位置。右列图表示在 SPPs 横向内耦合作用下非对称纳米金属双缝中表面电荷分布的示意图。从上往下分别代表短波透射峰$\lambda_{\rm short}=1\ 240$ nm，长波透射峰$\lambda_{\rm long}=1\ 525$ nm 以及透射凹陷$\lambda_{\rm dip}=1\ 375$ nm 的情况

右列描绘了双缝在三个透射极值下的电荷分布示意图。首先，在短波共振峰$\lambda_{\rm short}=1\ 240$ nm 下，对于金属单缝情况而言，不同缝宽导致其电磁场分布模式不同。由于该波长接近于单宽缝（$w_{\rm s}=40$ nm）的共振波长，因此宽缝中电磁场强度大于窄缝中磁场强度。在金属间隔为 $d=100$ nm 的双缝结构中，窄缝

中电磁场强度大幅度减弱并趋近于零，同时其电磁场空间分布模式也发生了变化；相反，宽缝中电磁场强度仅得到一定的增强，且其空间分布模式无明显变化。双缝的电磁场强度及其空间分布模式的变化是由沿金属隔层两侧双缝内传播的 SPPs 波之间的横向内耦合作用所引起的。Martin 等人的研究表明[27]，在外加磁场作用下金属狭缝中 SPPs 波矢量会发生变化，即 $k_{spp}=k_{spp}^{0}\pm\Delta k_{spp}(\Delta|H_{y}|)$，其中，$k_{spp}^{0}$ 是无外加磁场下狭缝中 SPPs 波矢量，Δk_{spp} 表示外加电磁场作用引起的 SPPs 波矢量的增量。在双缝结构中，每个狭缝的外加磁场实际上是指来自其相邻狭缝的磁场干扰。Δk_{spp} 的正、负值取决于在 SPPs 波横向内耦合作用下狭缝中磁场强度的增加或减小。当入射波长为$\lambda_{\text{short}}=1\ 240$ nm 时，在双缝结构中宽缝对该入射光波的传输起主导作用，在相邻窄缝的磁场作用下其磁场强度得到增强，从而使得 SPPs 波矢量增加，导致透射光谱中宽缝共振峰发生蓝移现象。由于窄缝中磁场强度受宽缝中磁场的影响而明显减弱，因此其对该波长的入射光波传输贡献可忽略不计。此现象不同于在厚金属隔层的金属狭缝结构中通过入射和出射界面上传播的 SPPs 波之间横向外耦合所引起的增强透射现象。因此，这种沿金属隔层两侧双缝内传播的 SPPs 波通过穿透隔层材料产生横向内耦合作用的物理过程被称为双缝间的 SPPs 波杂化效应。因此，宽窄双缝在传输光波的过程中，其缝内传播的 SPPs 发生相互干涉作用从而形成新的 SPPs 波耦合模式。

当入射波长为长波透射峰波长$\lambda_{\text{long}}=1\ 525$ nm 时，由于它接近于单窄缝的共振波长，则在单缝情况下窄缝中电磁场强度高于宽缝中电磁场强度。当宽窄双缝的距离足够近时，其缝内传播的 SPPs 波将透射中间隔层材料发生横向内耦合作用，使得双缝内电磁场强度同时减弱，且宽缝中磁场强度趋近于零。在此情况下，双缝内 SPPs 波杂化效应引起窄缝中电场强度降低，导致其 SPPs 波矢量减小，造成透射谱中长波共振峰发生红移现象。

当入射波长为透射凹陷波长$\lambda_{\text{dip}}=1\ 375$ nm 时，宽窄双缝中均有一定的电磁场强度分布。由于表面电荷的反相组合，双缝间 SPPs 波的杂化效应导致窄缝中磁场强度明显增大，而宽缝中磁场强度略微减弱。同时该 SPPs 波杂化效应引起双缝中电磁场产生额外的相移，造成宽窄双缝角点上电荷密度发生变化，最终导致双缝结构对该波长的入射光波产生透射抑制作用。

3.5.2 SPPs 波内耦合的色散关系

Nordlander 和 Halas 等人的研究发现[28]，不同尺寸的金属纳米球壳表面可以激发不同共振波长的局域化 SPPs 波，它们之间的耦合作用会形成两种新的 SPPs 共振模式：一种低能量的对称模式和一种高能量的反对称模式。借鉴分子轨道耦合理论，Nordlander 和 Halas 首次提出了金属纳米颗粒的局域化 SPPs 波杂化概念。类似地，宽窄双缝内传播的 SPPs 通过横向内耦合作用而形成的新耦合模式也可归为两类：对称 SPPs 耦合模式和反对称 SPPs 耦合模式，它们的磁场分布特性如图 3.12（a）和图 3.12（b）所示。对一个金属薄膜而言，

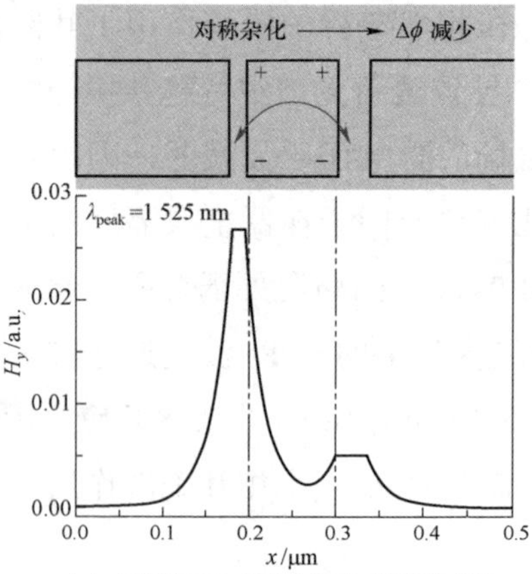

(a) 在对称 SPPs 波杂化模式下沿双缝结构的横向平分面内磁场实部 H_y 分布图

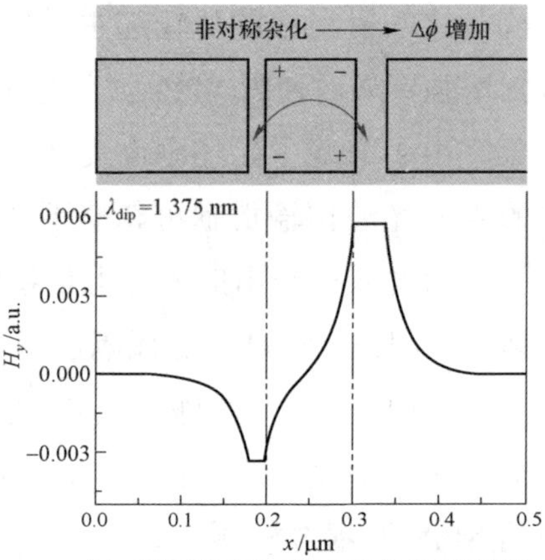

(b) 在非对称 SPPs 波杂化模式下沿双缝结构的横向平分面内磁场实部 H_y 分布图

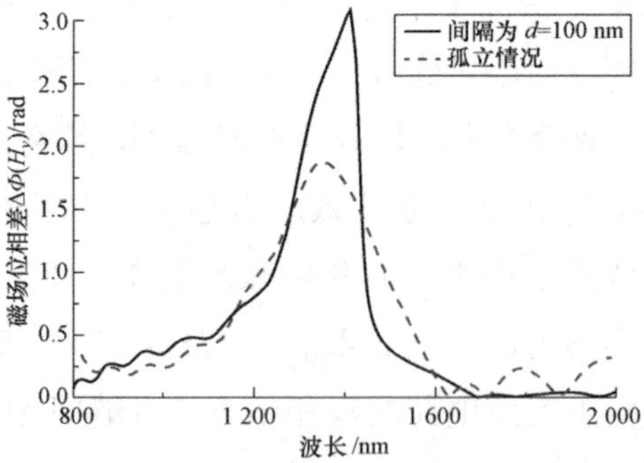

(c) 在SPPs波杂化耦合前后，双缝中电磁场的位相差随波长变化关系，虚线代表耦合前后的情况，实线代表耦合后的情况

图 3.12 双缝结构中形成的对称 SPPs 耦合模式和反对称 SPPs 耦合模式的磁场及位相分布特性

注：图中垂直的虚线用于标记金属隔层的界面，正上方的插图用于说明不同 SPPs 波杂化模式下的电荷分布示意图。

在其表面激发的 SPPs 波的传播速度和衰减系数与表面电荷分布和邻近的电介质环境有关。考虑到宽窄双缝中传导的 SPPs 波具有相同频率但不同波矢量，且它们的电场分量 E_z 和磁场分量 H_y 在金属材料中具有一定的穿透深度，因此它们在金属隔层材料内必然产生场叠加耦合效应。从麦克斯韦方程出发并利用连续性边界条件可推导出双缝结构中 SPPs 波耦合的色散关系。

在二维坐标系中非对称纳米金属双缝结构的位置坐标如图 3.13 所示。

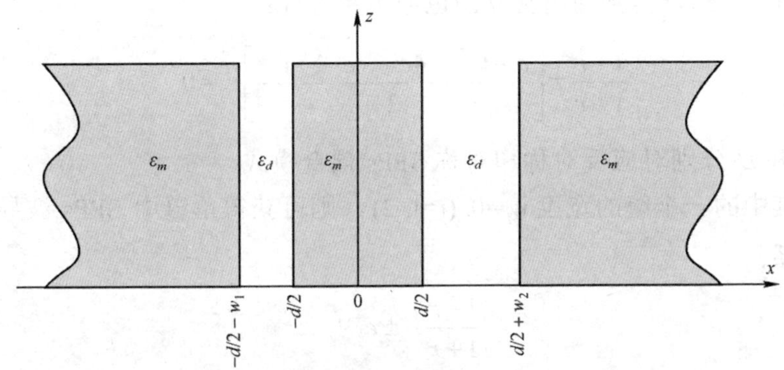

图 3.13　二维非对称纳米金属双缝结构的示意图

SPPs 波的横向磁场分量 H_y 在不同区域内表达式如下[29-30]：

$$H_y=\begin{cases} A_0e^{p(x+w_1+d/2)}, & x<-w_1/2-d/2 \\ B_0e^{-k(x+w_1+d/2)}+C_0e^{k(x+d/2)}, & -w_1/2-d/2<x<-d/2 \\ D_0e^{-p(x+d/2)}+E_0e^{p(x-d/2)}, & -d/2<x<d/2 \\ F_0e^{-k(x-d/2)}+G_0e^{k(x-w_2-d/2)}, & d/2<x<d/2+w_2/2 \\ H_0e^{-p(x-w_2-d/2)}, & x>d/2+w_2/2 \end{cases} \tag{3.3}$$

其中，$k=\sqrt{k_0^2-\omega^2\varepsilon_d/c^2}$ 和 $p=\sqrt{k_0^2-\omega^2\varepsilon_m/c^2}$ 分别为在缝内和金属材料中的横向（沿 x 轴方向）传播常数，k_0 为入射光在自由空间的传播常数。A_0、B_0、C_0、D_0、E_0、F_0、G_0 和 H_0 分别表示磁场在介质和金属不同界面处的振幅。由磁场的连续性边界条件可得：

$$\begin{cases} A_0=B_0+C_0e^{-kw_1} \\ B_0e^{-kw_1}+C_0=D_0+E_0e^{-pd} \\ D_0e^{-pd}+E_0=F_0+G_0e^{-kw_2} \\ F_0e^{-kw_2}+G_0=H_0 \end{cases} \tag{3.4}$$

同理，通过麦克斯韦方程和连续性边界条件可得到电场分量 E_z 的方程组。联合两个方程组可求得到超薄间隔下非对称纳米金属双缝中 SPPs 波的色散关系：

$$\left(\frac{1-r}{1+r}\right)^4 - c\left(\frac{1-r}{1+r}\right)^2 + e^{-2kw_1}e^{-2kw_2} = 0 \tag{3.5}$$

其中，$r=(p/\varepsilon_m)/(k/\varepsilon_d)$，$c=e^{-2k_d w_1}+e^{-2k_d w_2}+e^{-2k_m d}(1-e^{-2k_d w_1})(1-e^{-2k_d w_2})$。通过简化方程（3.5），得到两组独立的色散关系方程：

$$\frac{1-r}{1+r} \pm \left[\frac{c-(c^2-4e^{-2kw_1}e^{-2kw_2})^{1/2}}{2}\right]^{1/2} = 0 \tag{3.6}$$

L^- 和 L^+ 分别对应反对称和对称 SPPs 耦合模式。

设其中的一个缝的宽度 $w_i=0, (i=1, 2)$，则可获得单缝中 SPPs 波导模式的色散关系：

$$\frac{1-r}{1+r} = \pm e^{-kw_i} \tag{3.7}$$

在金属单缝中，由于沿狭缝内两壁上传播的 SPPs 波会发生相互耦合作用，从而造成 SPPs 波矢量与缝宽密切相关，即：

$$k_{spp}=\sqrt{\varepsilon_d}\,(1+(\lambda\sqrt{1-\varepsilon_d/\varepsilon_m})/(\pi w\sqrt{-\varepsilon_m}))^{1/2} \tag{3.8}$$

狭缝中 SPPs 波的有效折射率为[5]：

$$n_w = \frac{k}{k_0} = \sqrt{\varepsilon_d}\left(1+\frac{\lambda}{\pi w\sqrt{-\varepsilon_m}}\sqrt{1+\frac{\varepsilon_d}{-\varepsilon_m}}\right)^{1/2} \tag{3.9}$$

由式（3.8）可知，非对称金属纳米双缝结构中窄缝（$w_1=20$ nm）的 SPPs 波矢量大于宽缝（$w_2=40$ nm）的波矢量，即 $k_{spp1} > k_{spp2}$。在这种非对称的物理条件下，反对称 SPPs 耦合模式很容易被诱导形成[31]。由于反对称 SPPs 耦合模式具有高损耗特性，因此是造成透射抑制现象的主要原因。上述推导过程为金属双缝结构中对称和反对称 SPPs 波杂化耦合模式的形成提供了理论依据。

在对称 SPPs 杂化耦合模式下，金属隔层两侧缝壁上分布表面电荷电性相同，且复合磁场 H_y 在隔层材料中的取值并不为零，如图 3.12（a）所示。这种耦合方式产生了一个额外的作用力导致宽窄双缝中 SPPs 波的相对位相延迟

减小。相反，在反对称 SPPs 杂化耦合模式下，金属隔层两侧缝壁上分布的电荷电性相反，且在隔层中复合磁场 H_y 出现了零值，如图 3.12（b）所示。因此，双缝中 SPPs 波在金属隔层材料中杂化耦合时将会产生一个外加作用力使得双缝电磁场的相对位相延迟增加。图 3.12（c）给出了在杂化耦合作用前后非对称纳米金属双缝中磁场位相差$\Delta\Phi$（H_y）随波长的变化关系。显然，在波长λ= 1 375 nm 处，SPPs 波通过杂化耦合作用产生了一个额外的位相延迟使得双缝中磁场之间的位相差达到π，从而导致双缝中电磁场发生干涉相消作用。而对于λ= 1 525 nm 的入射光波，双缝之间 SPPs 波杂化耦合作用将会导致双缝中电磁场的位相差减小，从而发生了干涉相长作用。而对于λ= 1 240 nm 的入射光波，由于窄缝和宽缝中波导模式分别为高阶和一阶模式，因此双缝之间 SPPs 波杂化耦合作用过程将变得更加复杂。双缝电磁场之间位相差在 SPPs 波杂化耦合前后变化不明显，耦合之后电磁场位相差小于 0.5 π，使得双缝中电磁场发生干涉相长作用，从而导致透射率微弱增加。

3.5.3 SPPs 波内耦合的特征长度

为了探索双缝结构中 SPPs 波杂化耦合效应与金属隔层厚度 d 之间的依赖关系，本研究定义了一个隔层厚度的特征值用来说明双缝中 SPPs 波能否通过穿透隔层材料发生杂化耦合作用。当 d 小于该特征长度时，宽窄双缝中 SPPs 波的电磁场将渗透隔层材料发生杂化耦合作用；而当 d 大于该特征长度时，则宽窄双缝中 SPPs 波在隔层材料内的耦合消失，取而代之的是 SPPs 波在隔层两端界面上的外耦合作用。判断 SPPs 波杂化耦合作用消失的物理依据是查看在隔层材料中 SPPs 波的复合电磁场强度值是否为零。对于反对称 SPPs 波耦合模式，隔层内 SPPs 波的复合电场分量 E_z 强度出现零值，如图 3.14（a）所示；而对于对称耦合模式，隔层内 SPPs 波的复合磁场分量 H_y 强度出现零值，如图 3.14（b）所示。对于由宽度为 w_1 = 20 nm 和 w_2 = 40 nm 的单缝组成的双缝结构来说，图 3.14（c）给出了在五个不同波长下隔层厚度的特征长度（方块）。作为对比，图 3.14（c）中的黑线给出了表面波的电磁场在金属材料内的趋附深度随波长的变化关系。由图可知，隔层厚度的特征长度大约是趋附深度的十倍，并且此倍数关系随波长不同而改变。

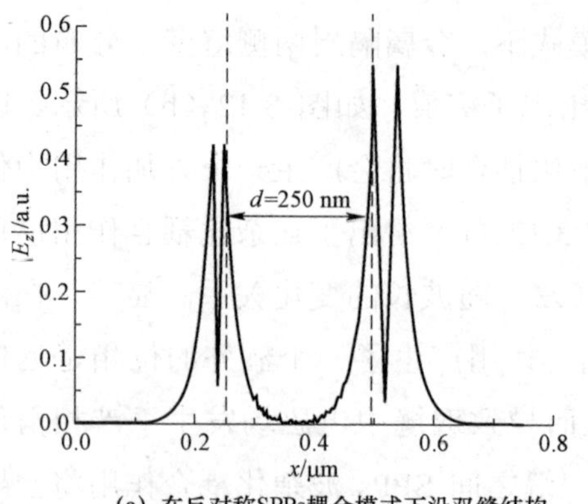

(a) 在反对称SPPs耦合模式下沿双缝结构横向平分线上的电场分量$|E_z|$分布图

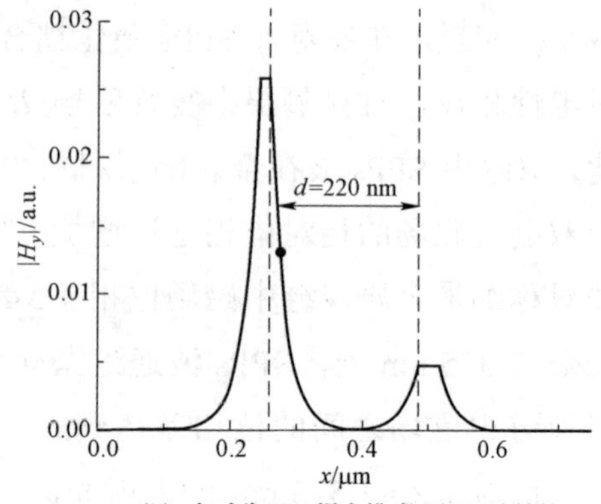

(b) 在对称SPPs耦合模式下沿双缝结构横向平分线上的磁场分量$|H_y|$分布图

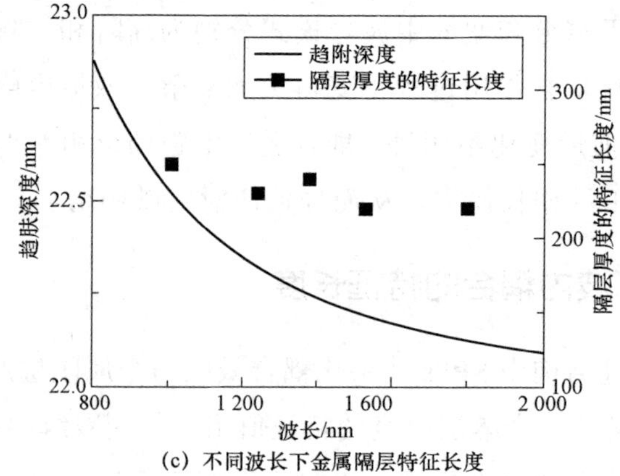

(c) 不同波长下金属隔层特征长度

图 3.14 表征双缝间产生 SPPs 杂化耦合作用的金属隔层特征长度

3.5.4 SPPs 波内耦合模型的验证

双缝间 SPPs 波杂化耦合作用实际上就是金属隔层两侧壁上分布的电荷在电场力作用下（或表面电流在磁场力作用下）相互结合并重新分布的物理过程。随着双缝间隔层厚度的增加，电荷之间的作用力逐渐减小，从而使得双缝间 SPPs 波杂化耦合强度逐渐减弱。当金属隔层厚度增加到足够大时，例如 d=400 nm，这种双缝间的 SPPs 波杂化耦合作用将会被隔层完全阻断，双缝结构透射光谱中凹陷将会消失，导致两个透射峰合并为一个宽带透射峰，如图 3.2（b）所示。由于在双缝间 SPPs 波杂化耦合作用过程中隔层两侧分布的表面电荷发生了转移、中和或者抵消，与纳米颗粒二聚体的 SPPs 波杂化情况相比较[32-34]，双缝中 SPPs 波杂化耦合过程相对会更加复杂。为了进一步验证

双缝结构透射光谱中凹陷是由 SPPs 波杂化耦合作用引起的，本研究在 $d=100$ nm 的隔层材料中增添设置了一个用于阻断 SPPs 杂化耦合的完全匹配层（PML），相应的计算结果如图 3.15（a）所示。从该图中可看出，此时的透射谱仅包含一个宽带共振峰，与前面所述的类马鞍状透射谱完全不同。该结果清楚地表明双缝间 SPPs 杂化耦合效应在超薄间隔双缝结构的相互作用过程中扮演着非常重要的角色。

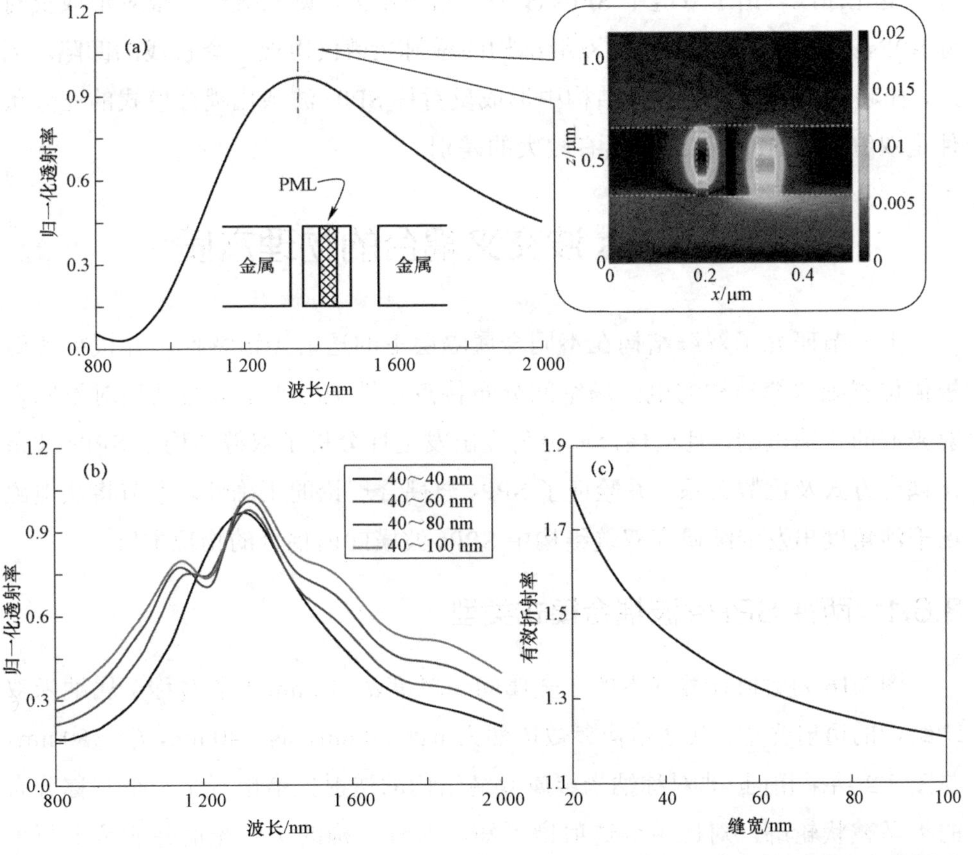

图 3.15 （a）通过设置一个 PML 吸收层阻断 SPPs 波杂化耦合作用后，非对称纳米金属双缝结构的透射光谱，其中隔层厚度为 $d=100$ nm。右边插图为在透射峰 $\lambda=1\ 350$ nm 处的磁场强度；（b）不同狭缝宽度组合的非对称纳米金属双缝结构的透射光谱；（c）单缝中 SPPs 波有效折射率随缝宽的变化曲线

另外，本研究还讨论了双缝中传导的 SPPs 波矢量相对大小对其杂化耦合作用的影响。图 3.15（b）给出了不同缝宽组合的双缝结构的透射光谱，其结

构参数设置为：一个狭缝的宽度保持 $w_1=40$ nm 不变，而另外一个狭缝宽度依次改变为 $w_2=40$、60、80 和 100，金属隔层厚度为 $d=100$ nm。由图可知，当双缝宽度相同时，透射谱仅出现一个共振峰。而在其他不同缝宽的组合情况下，在主透射峰的左侧出现了一个较小的凹陷。另外，狭缝中 SPPs 波的有效折射率随缝宽增加而逐渐减小，即 SPPs 波矢量会减小，且缝宽越大，波矢量变化量越小。图 3.15（c）给出了在$\lambda=1\,375$ nm 时 SPPs 波有效折射率随缝宽的变化曲线。由于双缝中 SPPs 波矢量相差不大，则双缝结构很难形成反对称 SPPs 杂化耦合模式，因此双缝结构的透射光谱仅出现一个较浅的凹陷。因此，在超薄金属间隔的双缝结构中形成反对称 SPPs 波杂化耦合模式的充分条件是双缝中的 SPPs 波矢量具有较大的差别。

3.6 SPPs 波交叉耦合的物理本质

上一节研究了双缝结构在不同金属隔层下的透射光谱特性，并根据透射极值位置处双缝结构的电磁场空间分布特点定性地分析了双缝结构对不同入射光波的传输机制，且从耦合理论角度出发定性分析了双缝结构中 SPPs 波杂化耦合方式及色散关系，并验证了 SPPs 波耦合理论的正确性。本节将从电磁场干涉角度出发继续研究双缝结构中 SPPs 波横向内耦合的物理本质。

3.6.1 两种 SPPs 波耦合模式类型

图 3.16 为数值计算获得的在金属间隔厚度 $d=50$ nm 下非对称金属纳米双缝结构的透射光谱，其他结构参数依然为 $w_1=20$ nm，$w_2=40$ nm，$L=350$ nm。与图 3.2 结果相同，非对称纳米金属双缝结构的透射光谱出现了一个对称分布的类马鞍状轮廓。对比单缝透射谱可知，双缝结构的透射光谱并非是由两个单缝透射谱的简单线性叠加结果。在双缝结构的透射光谱中，两个峰的波长 $\lambda_{short}=1\,240$ nm 和$\lambda_{long}=1\,530$ nm 相对于各自单缝透射峰波长$\lambda_s=1\,260$ nm 和 $\lambda_s=1\,480$ nm 分别发生了蓝移和红移现象，且在两个透射峰之间波长 $\lambda=1\,375$ nm 处出现了一个透射率零的透射凹陷，其透射率均小于两个单缝在该波长处的透射率。该双缝结构透射光谱的波形特征与纳米结构的自感应透明现象的光谱波形相类似[35-36]。但是，随 d 不断增加，窄带透射凹陷逐渐变

浅直至消失[37]，如图 3.2 所示。这种与间隔厚度密切相关的透射光谱变化现象表明在超薄隔层厚度下，在双缝中传播的 SPPs 波之间发生了新奇的耦合现象，并能够对入射光波的传输过程进行影响和调控，从而导致透射峰的位置移动，且在特殊波长处产生了新的 SPPs 波束缚模式，抑制该波长入射光波的传输。

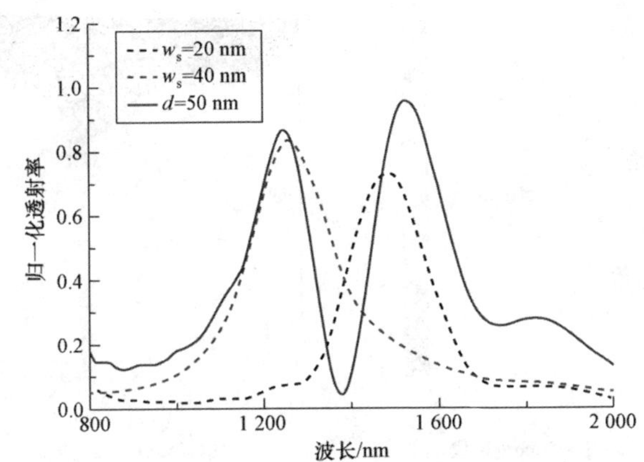

图 3.16　非对称金属纳米双缝结构的透射光谱

注：结构参数为：$w_1 = 20$ nm，$w_2 = 40$ nm，$d = 50$ nm 和 $L = 350$ nm，w_s 代表金属单缝结构的透射光谱。

为了揭示双缝结构中电磁场之间相互耦合的物理本质，图 3.17（a）给出在透射波凹陷波长$\lambda_{\text{dip}} = 1\ 375$ nm 处磁场 H_y 的空间分布模式。由该图可知，在宽窄狭缝中磁场 H_y 强度值几乎相同但符号相反，这表明双缝中磁场为反相组合模式。相应地，双缝中复合电磁场分布模式可认为是反对称 SPPs 波耦合模式。

为了对反对称 SPPs 波耦合模式有一个全面的认识，图 3.18（a）给出了在此耦合模式下沿双缝结构横向中垂面上的电磁分量 E_z、E_x 和 H_y 的分布曲线，该结果与文献[38]中反对称 SPPs 波耦合模式的电磁分量分布情况一致。由图 3.18（a）可以看出，在金属隔层中宽窄双缝的电场 E_z 和磁场 H_y 均产生互相叠加，这意味着在宽窄双缝中传播的 SPPs 波通过其电磁场渗入隔层中发生叠加作用，耦合形成一个新的复合反对称模式。因此，可认为这种反对称 SPPs 耦合模式的形成使得双缝结构对该波长入射光的传输能力减弱，从而造成透射抑制现象。图 3.17（b）给出了双缝结构在透射峰波长$\lambda_{\text{long}} = 1\ 530$ nm 处的磁场 H_y 空间分布。由图可知，宽窄双缝中磁场强度不同但符号相同，这

说明在双缝中 SPPs 波通过其横向电磁场耦合作用形成了对称耦合模式。在此模式下沿双缝结构横向中垂面的电磁分量分布如图 3.18（b）所示。总之，无论在哪种 SPPs 波耦合模式下，双缝结构对入射光波的传输特性都与双缝中 SPPs 波的电磁场渗透进入金属隔层内发生交叉耦合作用密切相关。

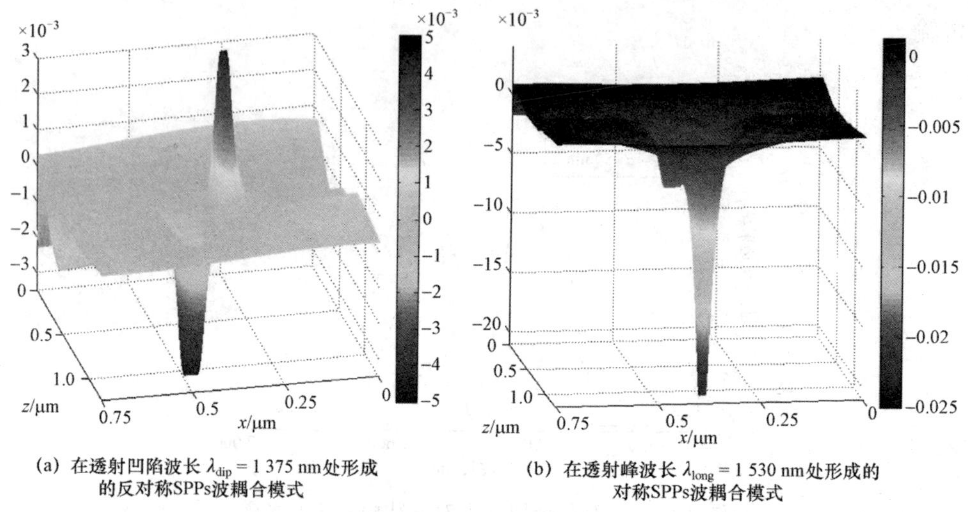

(a) 在透射凹陷波长 λ_{dip} = 1 375 nm处形成的反对称SPPs波耦合模式

(b) 在透射峰波长 λ_{long} = 1 530 nm处形成的对称SPPs波耦合模式

图 3.17 非对称金属纳米双缝结构中形成的两种 SPPs 波耦合模式的磁场分量 H_y 分布图

3.6.2 金属隔层对 SPPs 波交叉耦合作用的影响

由于金属内部的电磁场强度在法线方向上按指数形式衰减，因此双缝结构中 SPPs 波电磁场的交叉耦合作用强度必然依赖于金属隔层厚度 d。为了研究 d 对双缝结构中 SPPs 波交叉耦合作用的影响，图 3.19 给出了在波长 λ= 1 375 nm 处双缝结构中宽窄狭缝内电场强度增量$\Delta|E_z|$随 d 的变化曲线，其中增量$\Delta|E_z|$指双缝内电场强度$|E_z|$在耦合前后的差值。图中$|E_z|$取自金属隔层左右两壁纵向中点位置处的电场强度值。由图可知，宽缝和窄缝中$\Delta|E_z|$变化趋势刚好相反，换而言之，一个狭缝中$|E_z|$增加同时另一个狭缝中$|E_z|$会减小。总体上讲，$\Delta|E_z|$的变化趋势可分为三个区间。首先，当 d<50 nm 时（50 nm 大约是趋肤深度的 2 倍），随 d 增加，窄缝中$\Delta|E_z|$从负值迅速增加到正值，与之相反，宽缝中$\Delta|E_z|$从正值向负值变化。数值拟合结果显示，在此情况下宽窄双缝中$\Delta|E_z|$与 d 的三次方成反比，如图 3.19（a）中虚线所示。此时，双缝中 SPPs 波的耦合作用类似于静电场耦合作用，其耦合强度可用电偶极子方程来

描述[39]。其次，在 $d=50\sim200$ nm 范围内，窄缝中$\Delta|E_z|$从正值开始单调递减，而宽缝中$\Delta|E_z|$先减至一个极小的负值然后再向正值方向增加。在此区间内，由于 d 小于双缝中 SPPs 波杂化耦合特征厚度 $d=250$ nm[17]，因此双缝中 SPPs 波电磁场能够通过渗入金属隔层内发生杂化耦合作用。类似于电子线路和光通信的信号串扰现象，以金属隔层材料为媒介的双缝中电磁场之间的耦合作用可以称作为 SPPs 横向杂化或交叉耦合作用。最后，当 $d>200$ nm 时，窄缝中$\Delta|E_z|$呈先减小后增加的非单调变化趋势，而在宽缝中$\Delta|E_z|$的变化情况正好相反。图 3.19（b）是双缝中磁场强度增量$\Delta|H_y|$随 d 的变化趋势图。其中$\Delta|H_y|$相对于单缝磁场强度$|H_y|$进行了归一化处理。由该图可知，$\Delta|H_y|$变化趋势与$\Delta|E_z|$的结果相一致。

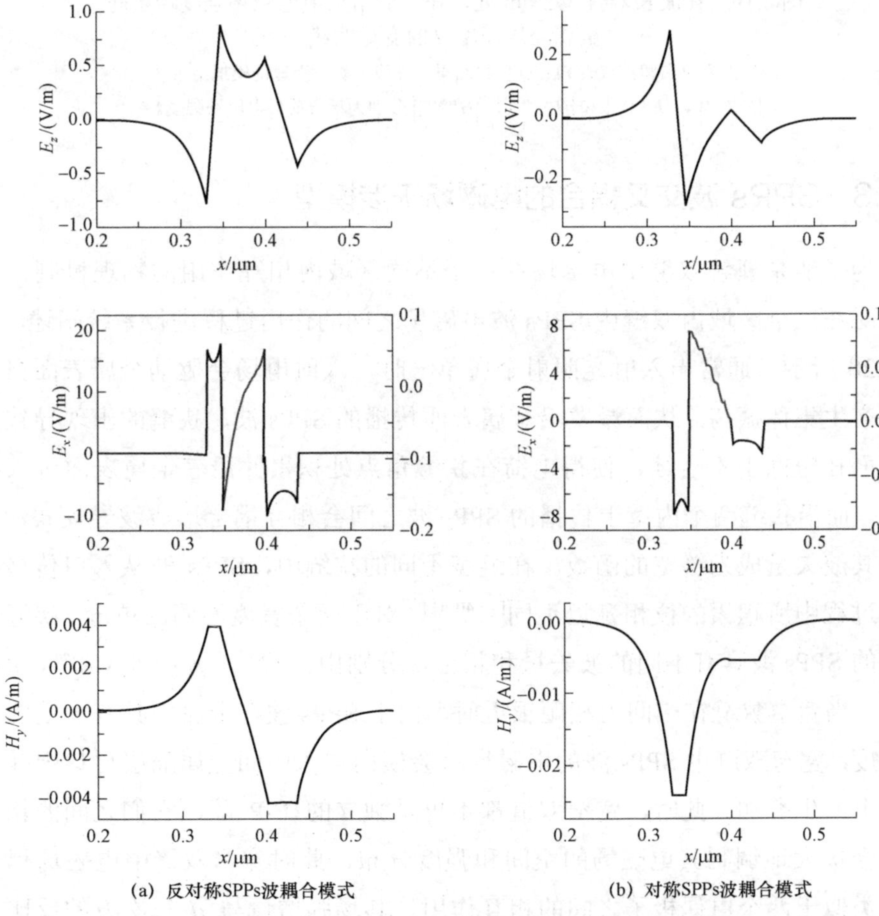

(a) 反对称SPPs波耦合模式　　(b) 对称SPPs波耦合模式

图 3.18　在两种 SPPs 波耦合模式下沿金属双缝结构横向中垂线上电磁分量 E_z，E_x 和 H_y 的分布曲线

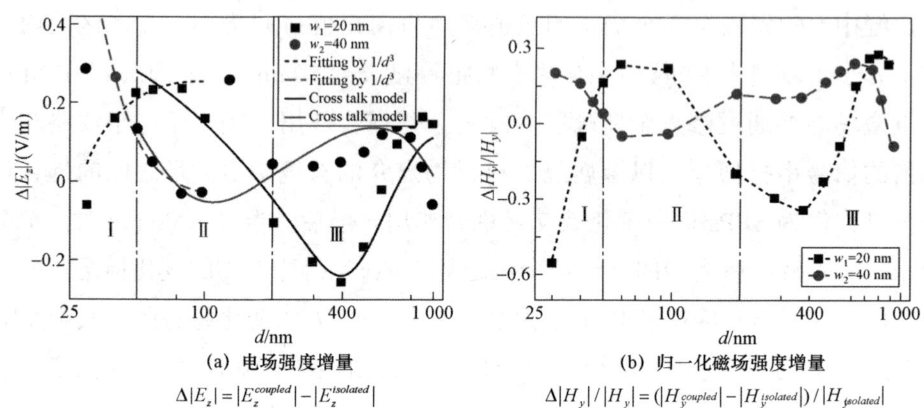

(a) 电场强度增量

$\Delta|E_z| = |E_z^{coupled}| - |E_z^{isolated}|$

(b) 归一化磁场强度增量

$\Delta|H_y|/|H_y| = (|H_y^{coupled}| - |H_y^{isolated}|)/|H_y^{isolated}|$

图 3.19 在波长λ= 1 375 nm 处，在双缝结构中电磁场强度增量随金属隔层厚度 d 的变化曲线

注：方块和圆点代表 FDTD 模拟结果，虚线和实线为理论模拟结果，$|E_z^{isolated}|$，$|E_z^{coupled}|$ 和 $|H_y^{isolated}|$，$|H_y^{coupled}|$ 分别为耦合前后电磁场强度。

3.6.3 SPPs 波交叉耦合的电磁场干涉模型

为了清楚理解双缝中电磁场在三个不同区域内相互作用的物理机制，本节将对在三个区域内双缝中 SPPs 波电磁场之间的作用过程进行系统阐述，如图 3.20 所示。通常当入射光照射金属单缝时，入射电场会驱动金属表面自由电荷产生集体振荡，从而激发沿金属表面传播的 SPPs 波，狭缝的出现导致金属界面在空间上不连续，使得电荷在狭缝角点处积累并沿着金属表面进入狭缝中。而沿狭缝两个内壁上传播的 SPPs 波之间会相互耦合形成波导模式，并导致其波矢量成为缝宽的函数。在缝宽不同的狭缝中，SPPs 波从入口传播到出口过程中所积累的位相延迟不同[19,40-41]。对于两个宽度不同的单缝，狭缝内传播的 SPPs 波具有不同的波矢量和相位，分别由（k_1^{spp}，ϕ_1）和（k_2^{spp}，ϕ_2）表示。当宽窄狭缝在空间上相距很近时，由于 SPPs 波在金属中具有一定的穿透深度，宽窄双缝中 SPPs 波的电磁场将会横向渗入中间金属隔层材料中并在空间上产生叠加。此时，宽窄双缝都不再是独立的 F-P 腔，它们之间的相互耦合会极大地调制其电磁场的空间和强度分布，此时宽窄双缝中电磁场耦合作用类似于两个电偶极子之间的相互作用，其场强增量与 d 三次方的反比系很好地验证了该理论模型。

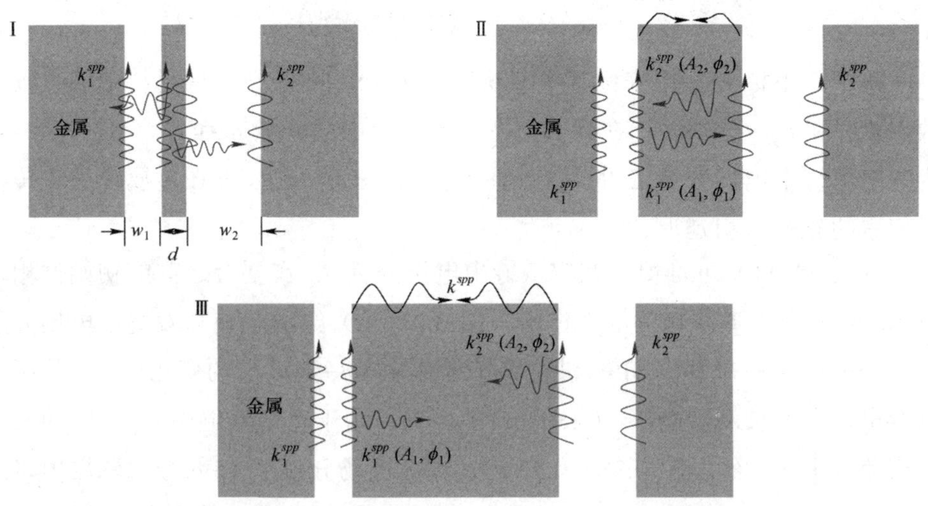

图 3.20　金属双缝结构在三个不同间隔区间内发生 SPPs 波耦合作用的物理模型

在 $d = 50 \sim 200$ nm 范围内，宽窄双缝中 SPPs 波的电磁场耦合强度将逐渐减弱。双缝结构中每个狭缝在一定程度上可以作为一个相对独立的 F-P 腔。宽窄双缝中 SPPs 波的电磁场对金属隔层的横向渗入使得它们在物理上相互连接。换而言之，宽窄双缝之间的耦合作用主要通过 SPPs 波电磁场对金属隔层的横向渗透而实现[24]。因此，宽窄双缝中 SPPs 波通过电磁场渗透到金属隔层内部产生交叉干涉作用，将改变宽窄狭缝内初始电荷数目、电流强度以及腔内 SPPs 波的强度和空间模式分布。该变化可认为是对双缝中初始 SPPs 波强度和空间模式分布的一个反馈作用。但改变后的宽窄双缝中 SPPs 波的强度和空间模式分布处于一个非稳定状态，它们在各自狭缝 F-P 腔的自调节作用下会再次发生改变。改变后的宽窄双缝中 SPPs 波的电磁场会重新引发交叉干涉作用。上述过程反复循环发生直到宽窄双缝中形成稳定的 SPPs 波耦合新模式，即反对称或对称 SPPs 波耦合模式。因此，双缝结构中反对称和对称 SPPs 波耦合模式的形成是由于宽窄双缝中传播的 SPPs 波的电磁场横向渗透到金属隔层内发生相互干涉的结果。在这种交叉干涉作用中，宽窄双缝中 SPPs 波的电场横向分量 E_z 强度和位相的表达式为：

$$E_{z,i}^2 = E_{z0,i}^2 + E_{z0,j}^2 \exp(-2\alpha d) + 2E_{z0,i}E_{z0,j} \exp(-\alpha d)\cos(\Delta\phi_0 + k_j^{spp} d), \tag{3.10}$$

$$\Delta\psi_i = \mathrm{arctg}\frac{\sin(\Delta\phi_0 + k_j^{spp}d)}{E_{z0,i}/E_{z0,j}\exp(-\alpha d) + \cos(\Delta\phi_0 + k_j^{spp}d)} \tag{3.11}$$

其中，下标 i，j 用来标记宽窄狭缝，α为 SPPs 波在金属材料中的吸收系数，$E_{z0,i}$ 和 $E_{z0,j}$ 分别表示在耦合前宽窄单缝中电场分量 E_z 强度，$\Delta\phi_0 = \phi_j - \phi_i$ 为宽窄单缝中电场分量 E_z 的初始相位差，$k_j^{spp}d$ 是 SPPs 波在金属隔层中传播时积累的额外位相延迟。

从式（3.11）可推得，宽窄双缝中电场分量 E_z 在耦合之前的初始位相差对 SPPs 波交叉干涉起关键性作用。图 3.21（a）给出了宽窄双缝中电场分量 E_z 之间的位相差在发生 SPPs 波交叉干涉作用前后随波长的变化情况。从图可以看出，在波长λ=1 260～1 480 nm 范围内，由于宽窄双缝中 E_z 之间的初始位相差很小（大约$\Delta\Phi$=0.38～0.57 π），因此电场分量 E_z 渗入金属隔层内将发生干涉相长作用。此干涉相长作用反过来又会导致宽窄双缝中电场分量 E_z 之间的位相差减小。通过在超薄金属隔层的宽窄双缝中引入 SPPs 波交叉干涉作用，最终造成宽窄双缝中电场分量 E_z 之间的位相差减小为零。由于电场分量 E_z 的位相对于磁场分量 H_y 的位相超前 0.5π，则宽窄双缝中磁场位相差与电场位相差之间存在 π 相移，如图 3.21（c）所示。因此，在 SPPs 波交叉干涉作用下，宽窄双缝中磁场分量 H_y 的相位差在波长λ=1 260～1 480 nm 范围内接近 π。由图 3.17（a）可知，在此情况下，双缝结构中电磁场将产生复合的反对称 SPPs 波耦合模式。在其他波长处，双缝中电场分量 E_z 在耦合前的初始位相差相对较大（＞0.6π），使得渗入金属隔层内的电场分量 E_z 之间发生干涉相消作用，结果导致宽窄双缝中电场分量 E_z 之间的位相差增加到 π。与之相反，在干涉相消作用下，宽窄双缝中磁场分量 H_y 的位相差从 0.5π 减小到 0。由图 3.17（b）可知，在此情况下，双缝结构中电磁场将产生一个复合的对称 SPPs 波耦合模式。与 Nordlander 和 Halas 提出的杂化模型不同[28]，本研究提出了用场干涉理论来解释宽窄双缝中 SPPs 波电磁场之间耦合作用的物理本质。因此双缝结构中形成的反对称或者对称 SPPs 波耦合模式是由其中传播的 SPPs 波沿横向渗入金属隔层内的电场分量 E_z 的干涉相长或相消所导致的。依据该干涉理论模型，本研究数值计算了宽窄双缝中电场分量 E_z 的强度增量随金属隔层厚度 d 的变化关系，如图 3.19（a）图中实线所示。干涉模型的理论计算结果与 FDTD 数值计算结果相一致，从而进一步证实本节所提干涉理论模型的正确性。

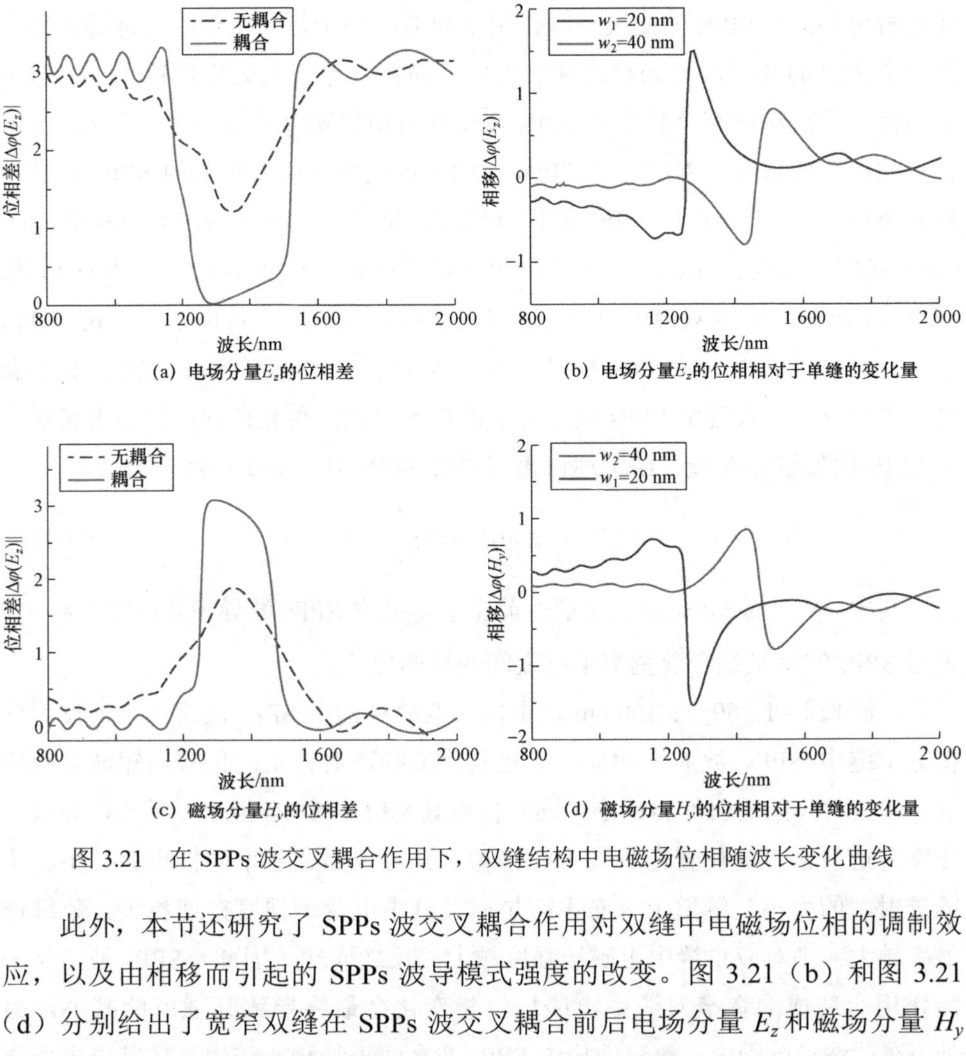

(a) 电场分量E_z的位相差

(b) 电场分量E_z的位相相对于单缝的变化量

(c) 磁场分量H_y的位相差

(d) 磁场分量H_y的位相相对于单缝的变化量

图 3.21　在 SPPs 波交叉耦合作用下，双缝结构中电磁场位相随波长变化曲线

此外，本节还研究了 SPPs 波交叉耦合作用对双缝中电磁场位相的调制效应，以及由相移而引起的 SPPs 波导模式强度的改变。图 3.21（b）和图 3.21（d）分别给出了宽窄双缝在 SPPs 波交叉耦合前后电场分量 E_z 和磁场分量 H_y 的位相的对变化量。由图可以看出，对于 $w_1 = 20$ nm 窄缝，在波长$\lambda < 1\,240$ nm 时，SPPs 波交叉干涉作用使得电场分量 E_z 的位相减小，而在波长接近$\lambda = 1\,240$ nm，即接近宽缝（$w_s = 40$ nm）的共振波长时，E_z 位相从较小的负值突变化为一个正的极大值，然后随波长增加逐渐减小为一个接近于零的正值。而磁场分量 H_y 的位相先从正值突减至一个极小的负值，然后逐步增加到一个接近零的负值。对于 $w_2 = 40$ nm 的宽缝，电场分量 E_z 的位相在波长$\lambda = 1\,460$ nm（接近单缝 $w_s = 20$ nm 的共振波长）附近发生从负到正的剧烈变化，而磁场分量 H_y 的位相同样在该波长附近经历从正值到负值的突变。由上

述分析可知，在 SPPs 波交叉干涉作用下双缝结构中每个狭缝中电磁场相移在另一个狭缝的共振波长处将达到最大值，而在其他波长处变化较小。该结果表明在双缝结构的每个狭缝中 SPPs 波相移与相邻狭缝的电场强度有关，其中相移的正负值取决于双缝之间 SPPs 波的干涉类型（或者形成的 SPPs 波耦合模式类型）。对于反对称 SPPs 波耦合模式，窄缝中电场（磁场）位相$\boldsymbol{\Phi}$（E_z）[$\boldsymbol{\Phi}$（H_y）] 将增加（减小），而宽缝中电场（磁场）位相$\boldsymbol{\Phi}$（E_z）[$\boldsymbol{\Phi}$(H_y)] 将减小（或增加）。宽窄双缝中电场位相$\boldsymbol{\Phi}$(E_z)的增加或减小可由干涉公式（3.11）推得。对于对称 SPPs 波耦合模式，由于其变化情况更为复杂，因此在此不做进一步的讨论。双缝中 SPPs 波交叉干涉作用导致的位相变化，又会引起狭缝中 SPPs 波矢量的改变，由上述讨论可得出 SPPs 波矢增量的经验公式：

$$\Delta k_i^{spp} \propto \mathrm{sign}(\phi_j - \phi_i)\frac{I_{0j}}{I_{0i}}k_j^{spp} \tag{3.12}$$

其中，$I_{0i,j}$ 为 SPPs 波交叉耦合前宽窄单缝中 SPPs 波导模式强度，$\phi_j - \phi_i$ 表示 SPPs 波交叉耦合前宽窄单缝之间的初始位相差。

在波长λ= 1 260～1 460 nm 范围内，双缝结构中 SPPs 波交叉干涉作用使得其窄缝中 SPPs 波矢量增加，导致其在窄缝透射谱上的位置向短波方向移动，即其对应的透射率将减小；同时使得其宽缝中 SPPs 波矢量减小，导致其在宽缝透射谱上的位置向长波方向移动，其对应的透射率同样也会减小。狭缝透射率的大小与缝壁上分布电荷量以及缝中电磁场强度密切相关。狭缝透射率越大，则对应狭缝中电磁场强度越大，反之亦然。因此，SPPs 波交叉干涉作用所造成的宽窄双缝中电磁场位相变化会最终导致其强度的减小。另外，在此波长范围内，双缝结构中 SPPs 波之间干涉相长作用造成其电磁场强度增加。因此，在 SPPs 波交叉干涉作用下，宽窄双缝中电磁场强度最终取决于上述两个不同物理过程之间的相互竞争。例如，在波长λ= 1 360 nm 处，耦合前宽窄双缝中电磁场强度大致一样，在 SPPs 波交叉干涉作用下，宽窄双缝中相移导致的电磁场强度减小量小于在金属隔层中由于 SPPs 波场干涉引起的电磁场强度增加量，因此最终导致宽窄双缝中电磁场强度相比于单缝均获得增强。但当入射波长接近任意一个单缝的共振波长时，在 SPPs 波交叉干涉作用前，宽窄狭缝中电磁场强度差别很大且具有一定的位相差。对于电磁场强度较低的狭缝，在 SPPs 波交叉干涉作用下，相移导致的电磁场强度增加量远

大于 SPPs 波场干涉引起的电磁场强度增加量。因此，在电磁场强度较小的狭缝中，相移作用引起的电磁场强度的减小量将起主导作用，并最终导致其电磁场强度进一步受到抑制。但是，对电磁场强度原本较高的狭缝，相移效应相对较弱，SPPs 波干涉效应所导致的场强增加将占得优势，其电磁场强度也得到进一步增强。在此状况下，SPPs 波交叉干涉作用将使得原本电磁场强度较低狭缝的电磁场受到进一步抑制，而电磁场强度高狭缝的电磁场反而会得到进一步增强。

当金属隔层厚度 $d>200$ nm 时，SPPs 波交叉干涉作用将被金属隔层所阻断，此时狭缝之间的相互作用只能通过在入射/出射界面上传播的 SPPs 波横向外耦合作用来进行。在这种情况下，每个缝中 SPPs 波均无法通过穿透金属隔层发生直接的电磁场交叉干涉作用。如果隔层厚度继续增加，图 3.19 中电场强度增量$\Delta|E_z|$和磁场强度增量$\Delta|H_y|$将会出现周期性振荡，其振荡振幅随金属隔层厚度增加而减小，并直至最终消失。

3.7　空间分光波应用

图 3.22 给出在 SPPs 波交叉干涉作用下双缝中归一化磁场强度增量$\Delta|H_y|$随入射波长的变化关系，其中$\Delta|H_y|$是指在耦合前后电磁场强度差值，它为前面的理论分析提供一个量化的佐证。由图可知，在波长$\lambda=1\,260$ nm 处，窄缝中磁场强度完全被抑制，此时双缝结构对该波长入射光波的传输主要由宽缝主导，此时，双缝结构中窄缝和宽缝的磁场强度比值从耦合前的 1∶2 降低到了耦合后的 1∶7。但在波长$\lambda=1\,460$ nm 处，情况正好相反，即宽缝中的磁场强度得到了有效抑制，而窄缝成为该波长入射光波传输的主要通道。上述现象类似于一对共振频率相近的弹簧振子之间的相互耦合，当它们的耦合强度适度时，弹簧振子的振荡可以从一个模式跳转另外一个模式。在光电子学领域，该现象为在空间上选择性激发 SPPs 波提供了一个新途径。值得注意的是，在 SPPs 波交叉干涉作用下，可以将金属双缝结构当作一个分光路由器或色散元件，如图 3.22（b）所示，其中分光波长可通过改变狭缝的长度来获得调节。

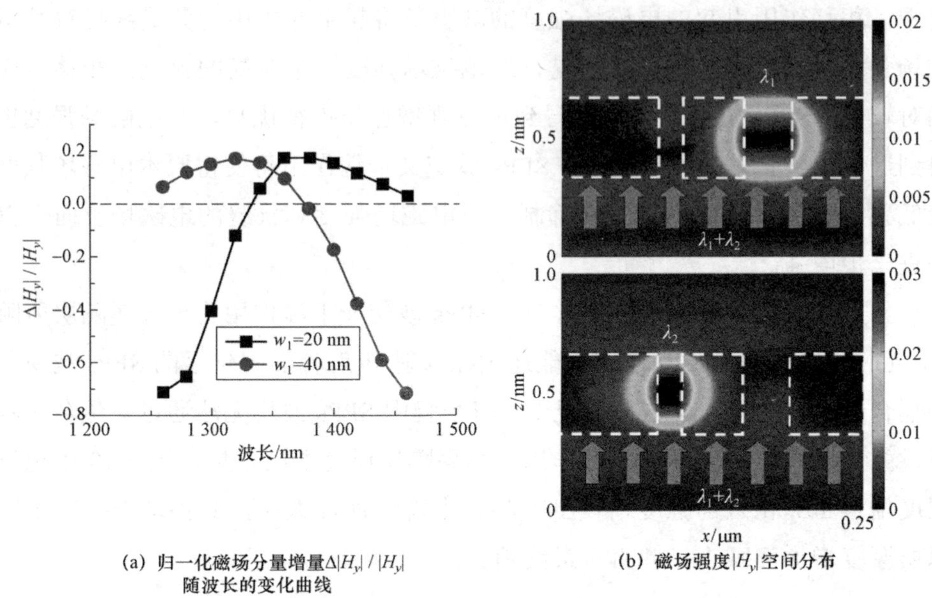

(a) 归一化磁场分量增量$\Delta|H_y|$ / $|H_y|$随波长的变化曲线

(b) 磁场强度$|H_y|$空间分布

图 3.22　非对称金属纳米双缝结构的空间色散效应

3.8　高阶 SPPs 波交叉耦合作用

上一节的模拟结果是关于非对称纳米金属双缝结构在近红外波段的透射光谱特性。在此波段处，SPPs 波在双缝结构中仅形成一阶波导共振模式。当入射波长缩短至可见光波段时，或者将金属狭缝长度增加一倍时，SPPs 波将在狭缝中形成二阶波导共振模式。本节将研究在二阶波导模式下双缝中 SPPs 波交叉耦合作用对其透射光谱的影响。

图 3.23 给出了非对称纳米金属双缝结构的透射光谱，其中入射波长范围在短波方向扩展至 500 nm，结构参数为 $w_1=20$ nm，$w_2=40$ nm，$L=350$ nm，$d=50$ nm。从图可以看出，在波长$\lambda=600\sim800$ nm 范围内透射光谱出现另一个对称的类马鞍状轮廓，其中两个透射峰的波长分别为$\lambda_{\text{short}}=620$ nm 和$\lambda_{\text{long}}=770$ nm，相对于各自单缝的共振波长分别发生了蓝移和红移现象。另外，透射凹陷出现在波长$\lambda_{\text{dip}}=720$ nm 处，其透射率均小于两个单缝在此波长处的透射率，并且仅为两个单缝透射率总和的 10%。该结果说明在 SPPs 波交

叉耦合作用下双缝结构对该波长的入射光具有 90%的抑制效应。此外，在可见光范围内双缝结构的透射效率仅为近红外波段透射效率的 1/3，但是透射波凹陷强度对比度为 $V_{visible}=0.98$，略大于红外波段透射凹陷的对比度 $V_{infrared}=0.91$。

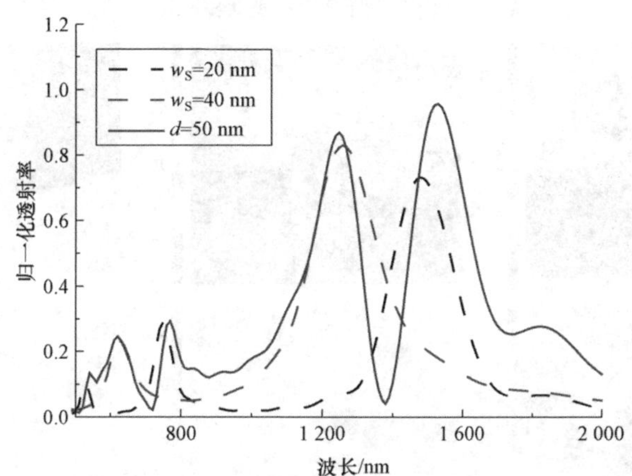

图 3.23　非对称纳米金属双缝结构的透射光谱

注：结构参数为：$w_1=20$ nm，$w_2=40$ nm，$d=50$ nm，$L=350$ nm。

图 3.24 是非对称纳米金属双缝结构在可见光波段范围透射极值下的磁场强度$|H_y|$、电场相位$\Phi(E_x)$以及磁场实部 $Re(H_y)$分布图。从图可以看出，在短波共振峰波长 $\lambda_{short}=620$ nm 处，磁场强度$|H_y|$主要集中在宽缝中，这表明宽缝对该波长的入射光传输起主导作用。另外，双缝中 SPPs 波交叉耦合实际是二阶共振和三阶非共振波导模式耦合。从电场位相Φ（E_x）可以看出宽窄双缝之间的位相差几乎为零。从磁场实部 Re（H_y）可以看出双缝结构中电磁场为对称模式组合，其中磁场极性相同但强度差别很大。同理，在长波共振峰波长 $\lambda_{long}=770$ nm 处，双缝结构对该波长入射光波的传输主要由窄缝主导，它们之间 SPPs 波交叉耦合为二阶共振与二阶非共振导模式耦合。电场相位Φ（E_x）显示双缝中磁场位相差小于 0.5π，因此双缝中电磁场组合为对称模式。与一阶模式相比较，此时的位相差分布略有差别。在透射凹陷波长$\lambda_{dip}=720$ nm 处，双缝中的磁场强度大小接近但其位相差为 π，相应的电磁场组合为反对称模式，这与一阶波导模式耦合情况相类似。

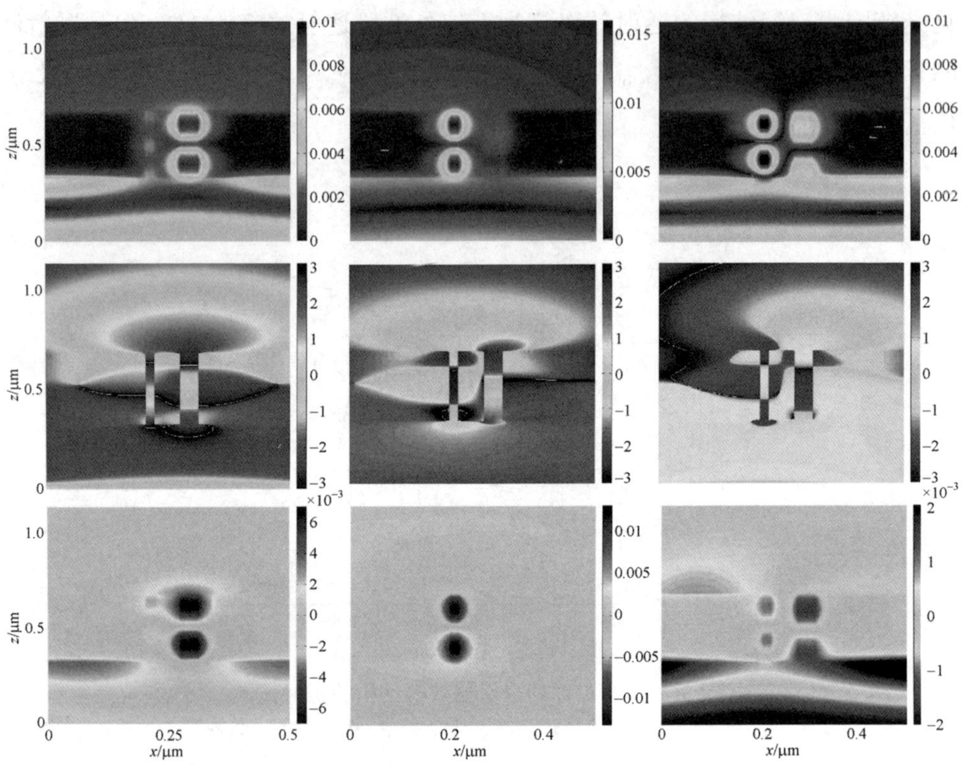

图 3.24　非对称纳米金属双缝结构在可见光波段透射极值处的电磁场分布图

注：从左往右依次为：短波共振峰波长$\lambda_{short}=620$ nm，长波共振峰波长$\lambda_{long}=770$ nm 和透射凹陷波长$\lambda_{dip}=720$ nm。从上到下依次为：磁场强度$|H_y|$，电场相位Φ（E_x）和磁场实部 Re（H_y）。

总之，无论是透射峰值还是透射凹陷，双缝中 SPPs 波的二阶波导模式的磁场强度相比于一阶波导模式情况明显降低，这意味着在狭缝端口电荷数目的减小和狭缝内壁上的电流密度的降低，从而造成在可见光波段内透射率低于红外波段的情况。已有文献研究表明[42]，在狭缝端口处自由空间入射波和 SPPs 波的转化效率与狭缝宽度以及入射波长有关。另外，从双缝结构入射界面上附着的磁场强度分布也可以看出，在可见光波段的磁场强度较高。该结果说明双缝结构对入射光的反射率增大，入射光波与 SPPs 波的转化效率降低。

3.9　结构参数对透射光谱的影响

本节将分析非对称纳米金属双缝结构的几何参数对透射光谱的影响，其中涉及狭缝长度和狭缝数目。

3.9.1　狭缝长度

通过 FDTD 数值模拟获得了非对称纳米金属双缝结构在不同狭缝长度下的透射光谱，如图 3.25 所示，其他结构参数分别为 $w_1=20$ nm，$w_2=40$ nm 和 $d=100$ nm。由图可以看出，当狭缝长度不同时，双缝结构的透射光谱均出现类马鞍状轮廓，其包含两个透射共振峰和一个透射凹陷。随着狭缝长度增加，这种透射光谱轮廓将整体向长波方向移动。图 3.25（b）显示透射谱凹陷波长位置与狭缝长度呈线性变化关系。透射光谱轮廓红移现象是由狭缝长度增加导致 SPPs 波共振波长增加而引起的。另外，从图 3.25（a）还可看出，狭缝长度越短，透射凹陷透射率越大，双缝结构对透射凹陷波长位置的入射光波的抑制作用越差，两个透射峰强度变得越不对称，透射凹陷的对比度降低，如图 3.25（b）所示。

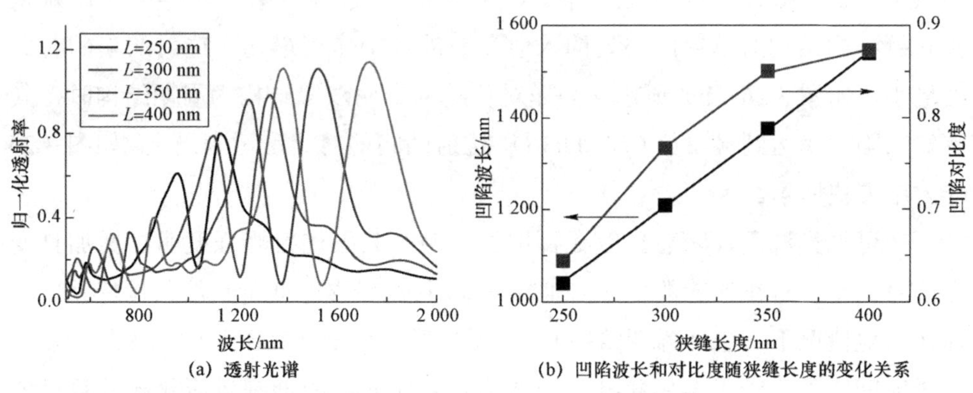

(a) 透射光谱　　(b) 凹陷波长和对比度随狭缝长度的变化关系

图 3.25　非对称金属纳米双缝结构在不同狭缝长度下的透射光谱

注：结构参数分别为 w_1=20 nm，w_2=40 nm 和 d=100 nm。

3.9.2 狭缝数目

本节将研究狭缝数目对非对称纳米金属狭缝阵列结构透射光谱的影响。对于非对称纳米金属双缝结构，在 SPPs 波交叉耦合作用下，与窄缝相关的长波共振峰透射率略大于与宽缝相关的短波共振峰透射率。为了使类马鞍状透射光谱中两个共振峰强度对称，本节在设置奇数个狭缝数目时宽缝数目比窄缝多一个。图 3.26（a）给出了狭缝数目从 $n=2$ 增至无穷大（即周期结构）时非对称纳米金属狭缝阵列结构的透射光谱，其中狭缝长度为 $L=350$ nm，金属隔层厚度 $d=100$ nm，当狭缝数目为偶数时，窄缝 $w_1=20$ nm 和宽缝 $w_2=40$ nm 在空间上依次排列；当狭缝数目为奇数时，宽缝 $w_1=40$ nm 和窄缝 $w_2=20$ nm 在空间上依次排列，并以宽缝 $w_1=40$ nm 结束。由图可以看出，狭缝数目增加时，纳米金属狭缝阵列结构仍然出现类马鞍状的透射光谱，且整体轮廓基本保持不变。在入射光波总能量不变的情况下，随着狭缝数目增加，纳米金属狭缝阵列结构总透射率增加。在近红外波段，当狭缝数目 $n\leqslant4$ 时，两个共振透射峰强度变得不对称，其中短波共振峰强度低于长波共振峰强度。当狭缝数目增加至 $n=5$ 时，短波共振峰强度开始大于长波共振峰强度。当狭缝个数增加至无穷时，即为周期结构时，短波共振峰强度高于长波共振峰强度。三个透射极值的波长位置随狭缝数目增加几乎保持不变。透射凹陷的效率在狭缝数目 $n=4$ 时达到最大，换而言之，在狭缝数目 $n=4$ 时，纳米金属狭缝阵列结构对透射凹陷处的入射光波的抑制作用最弱，透射凹陷的对比度最小，如图 3.26（b）所示。当非对称纳米金属双缝结构为周期结构时，其透射凹陷效率达到最小值（$T=0.036$），透射凹陷的对比度达到最大，如图 3.26（b）中方块所示。

在可见光波段，随着狭缝数目增加，两个共振透射峰强度明显增加且变得不对称。只有在狭缝数目 $n=2$ 时，短波共振峰强度低于长波共振峰强度，而在其他情况下（包括周期结构），短波共振峰强度都高于长波共振峰强度。在透射凹陷处，纳米金属狭缝阵列结构对入射光波的抑制效应随狭缝数目增加而变强。与红外波段结果类似，在狭缝数目 $n=4$ 时，抑制效应相对最差，而在周期结构下抑制效应达到最佳。该结果可以从透射凹陷对比度的值获得证实，如图 3.26（b）所示。

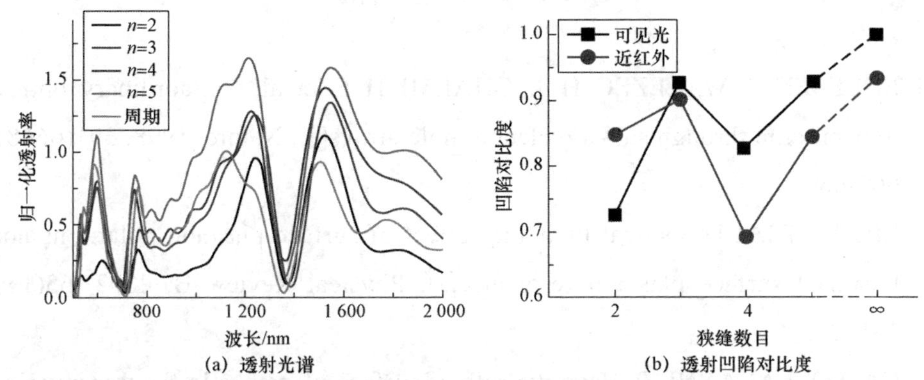

图 3.26　非对称金属纳米双缝结构在不同狭缝数目下的透射光谱

注：结构参数分别为 $w_1 = 20$ nm，$w_2 = 40$ nm 和 $d = 100$ nm。

3.10　总　结

本章利用 FDTD 对超薄隔层的非对称纳米金属双缝结构对光波的传输特性展开理论研究，发现其透射谱在近红外和可见光波段均出现类马鞍状包络，其含两个透射峰和一个透射率为零的凹陷。由电磁场分布情况可知，透射峰和凹陷与双缝结构中形成的对称和反对称 SPPs 波耦合模式密切相关。理论分析结果表明对称和反对称 SPPs 波耦合模式是由双缝中传导的不同波矢大小的 SPPs 波发生横向内耦合作用而形成。本研究从波导耦合理论出发推得双缝结构中 SPPs 波耦合的色散关系。另外，本研究从干涉角度出发提出干涉模型进一步揭示双缝结构中 SPPs 波交叉耦合的物理本质，即 SPPs 波横向电场分量 E_z 渗入金属隔层内相互干涉叠加作用。双缝结构中 SPPs 波初始位相差决定最终形成的 SPPs 波耦合类型。模拟结果表明双缝结构的透射极值（峰值和凹陷）波长位置取决于狭缝长度，而狭缝数目会影响透射双峰的传输效率。在 SPPs 交叉耦合作用下，非对称纳米金属双缝结构在透射凹陷处对入射光波具有透射抑制效应，而在其透射双峰处对入射光波具有空间色散特性。本研究结果为开发设计等离子体滤波器、光学路由器和光子耦合器等新型光学器件等提供了理论参考。

3.11 参考文献

[1] EBBESEN T W, LEZEC H J, GHAEMI H F, et al. Extraordinary optical transmission through sub-wavelength hole arrays[J]. Nature, 1998, 391(6668): 667-669.

[2] LIU W, TSAI D. Optical tunneling effect of surface plasmon polaritons and localized surface plasmon resonance[J]. Physical Review B, 2002, 65(15): 155423.

[3] CAO Q, LALANNE P. Negative role of surface plasmons in the transmission of metallic gratings with very narrow slits[J]. Physical Review Letters, 2002, 88(5): 57403.

[4] FIALA J, RICHTER I. Mechanisms responsible for extraordinary optical transmission through one-dimensional periodic arrays of infinite sub-wavelength slits: the origin of previous EOT position prediction misinterpretations[J]. Plasmonics, 2017(13): 835-844.

[5] LAUX E, GENET C, SKAULI T, et al. Plasmonic photon sorters for spectral and polarimetric imaging[J]. Nature Photonics, 2008, 2(3): 161-164.

[6] LEE K L, WEI P K. Surface Plasmon Resonance Sensing: Periodic metallic nanostructures for high-sensitivity biosensing applications[J]. IEEE Nanotechnology Magazine, 2016, 10(1): 16-23.

[7] VERSLEGERS L, CATRYSSE PB, YU Z, et al. Planar lenses based on nanoscale slit arrays in a metallic film[J]. Nano Letters, 2009, 9(1): 235-238.

[8] DAVIS M S, ZHU W, XU T, et al. Aperiodic nanoplasmonic devices for directional colour filtering and sensing[J]. Nature Communications, 2017, 8(1): 1347.

[9] MAAS R, VAN DE GROEP J, POLMAN A. Planar metal/dielectric single-periodic multilayer ultraviolet flat lens[J]. Optica, 2016, 3(6): 592-596.

[10] SCHOUTEN H F, KUZMIN N, DUBOIS G, et al. Plasmon-assisted two-slit transmission: Young's experiment revisited[J]. Physical Review Letters, 2005, 94(5): 53901.

[11] PACIFICI D, LEZEC H J, ATWATER H A. Quantitative determination of optical transmission through subwavelength slit arrays in Ag films: Role of surface wave interference and local coupling between adjacent slits[J]. Physical Review B, 2008, 77(11): 115411.

[12] SHI H, LUO X, DU C. Young's interference of double metallic nanoslit with different widths[J]. Optics Express, 2007, 15(18): 11321-11327.

[13] XU T, ZHAO Y, GAN D, et al. Directional excitation of surface plasmons with subwavelength slits[J]. Applied Physics Letters, 2008, 92(10): 101501-101503.

[14] LI X, TAN Q, BAI B, et al. Experimental demonstration of tunable directional excitation of surface plasmon polaritons with a subwavelength metallic double slit[J]. Applied Physics Letters, 2011, 98(25): 251109.

[15] BRAUM J, GOMPF B, KOBIELA G, et al. How holes can obscure the view: suppressed transmission through an ultrathin metal film by a subwavelength hole array[J]. Physical Review Letters, 2009, 103(20): 203901.

[16] SPEVAK I S, NIKITIN A Y, BEZUGLYI E V, et al. Resonantly suppressed transmission and anomalously enhanced light absorption in periodically modulated ultrathin metal films[J]. Physical Review B, 2009, 79(16): 161406-161409.

[17] L'OPEZ-TEJEIRA F, RODRIGO S G, MARTIN-MORENO L, et al. Modulation of surface plasmon coupling-in by one-dimensional surface corrugation[J]. New Journal of Physics, 2008, 10(3): 33035.

[18] ORDAL M A, LONG L L, BELL R J, et al. Optical properties of the metals Al, Co, Cu, Au, Fe, Pb, Ni, Pd, Pt, Ag, Ti, and W in the infrared and far infrared[J]. Applied Optics, 1983, 22(7): 1099-1119.

[19] XIE Y, ZAKHARIAN A R, MOLONEY J V, et al. Transmission light through slits apertures in metallic films[J]. Optics Express, 2004, 12(25): 6106-6121.

[20] SUN Z, ZENG D. Modeling optical transmission spectra of periodic narrow slit arrays in thick metal films and their correlation with those of individual slits[J]. Journal of Modern Optics, 2008, 55(10): 1639-1647.

[21] GARCIA-VIDAL F J, MARTIN-MORENO L. Transmission and focusing of

light in one-dimensional periodically nanostrutured metals[J]. Physical Review B, 2002, 66(5): 155412.

[22] COLLIN S, PARDO F, PELOUARD J L. Waveguiding in nanoscale metallic apertures[J]. Optics Express, 2007, 15(7): 4310-4320.

[23] ZIA R, BRONGERSMA M L. Surface plasmon polariton analogue to Young's double-slit experiment[J]. Nature Nanotechnology, 2007, 2(7): 426-429.

[24] CHAE K M, LEE H H, YIM S Y, et al. Evolution of electromagnetic interference through nano-metallic double-slit[J]. Optics. Express, 2004, 12(13): 2870-2879.

[25] WELTI R J. Light transmission through two slits: the Young experiment revisited[J]. Journal of Optics A: Pure Applied Optics, 2006, 8(6): 606-609.

[26] HUANG X R, PENG R W, WANG Z, et al. Charge oscillation-induced light transmission through subwavelength slits and holes[J]. Physical. Review A, 2007, 76(3): 35802.

[27] MARTIN B D, TEMNOV V V, THOMAY T, et al. Spectral dependence of the magnetic modulation of surface plasmon polaritons in noble/ferromagnetic/noble metal films[J]. Physical Review B, 2012, 86(3): 35118.

[28] PRODAN E, RADLOFF C, HALAS N J, et al. A hybridization model for the plasmon response of complex nanostructures[J]. Science, 2003, 302(5644): 419-422.

[29] FAN X B, WANG G P, LEE J C W, et al. All-angle broadband negative refraction of metal waveguide arrays in the visible range: theoretical analysis and numerical demonstration[J]. Physical Review Letters, 2006, 97(7): 73901.

[30] ECONOMOU E N. Surface plasmons in thin films[J]. Physical Review, 1969, 182(2)539-554.

[31] YANG F Z, SAMBLES J R and BRADBERRY G W. Long-range surface modes supported by thin films[J]. Physical Review B, 1991, 44(11): 5855-5872.

[32] RECHBERGER W, HOHENAU A, LEITNER A, et al. Optical properties of two interacting gold nanoparticles[J]. Optics Communications, 2003, 220(1): 137-141.

[33] NORDLANDER P, OUBRE C. Plasmon hybridization in nanoparticle dimmers[J]. Nano Letters, 2004, 4(5): 899-903.

[34] CHEN F, ALEMU N, JOHNSTON R L. Collective plasmon modes in a compositionally asymmetric nanoparticle dimmer[J]. AIP Advances, 2011, 1(3): 2032134.

[35] VERSLEGERS L, YU Z F, RUAN Z C, et al. From electromagnetically induced transparency to superscattering with a single structure: a coupled-mode theory for doubly resonant structures[J]. Physical Review Letters 2012, 108(8): 83902.

[36] ZHANG S, GENOV D A, WANG Y, et al. Plasmon-induced transparency in metamaterials[J]. Physical Review Letters, 2008, 101(4): 47401.

[37] ZHAO B, YANG J J. New effects in an ultracompact Young's double nanoslit with plasmon hybridization[J]. New Journal of Physics, 2013, 15(7): 73024.

[38] LEE W J, KIM J E, PARK H Y, et al. Silver superlens using antisymmetric surface plasmon modes[J]. Optics Express, 2010, 18(6): 5459-5465.

[39] BRONGERSMA M L, HARTMAN J W, ATWATER H A. Electromagnetic energy transfer and switching in nanoparticle chain arrays below the diffraction limit[J]. Physical Review B, 2000, 62(24): R16356.

[40] FAN R H, PENG R W, HUANG X R, et al. Transparent metals for ultrabroadband electromagnetic waves[J]. Advanced Materials, 2012, 24(15): 1980-1986.

[41] HUANG X R, PENG R W, FAN R H. Making metals transparent for white light by spoof surface plasmons[J]. Physical Review Letters, 2010, 105(24): 243901.

[42] LALANNE P, HUGONIN J P, RODIER J C. Approximate model for surface-plasmon generation at slit apertures[J]. Journal of the Optical Society of America A, 2006, 23(7): 1608-1615.

[43] LALANNE P, HUGONIN J P, RODIER J C. Theory of surface plansmon generation at nanolist aperture[J]. Physical Review Letters, 2005, 95(26): 263902.

第4章

级联双纳米金属光栅的近完美光学传输现象

4.1 引言

亚波长周期结构化金属薄膜借助SPPs波的激发能够对特定波长的入射光波产生异常传输现象[1-3]，由此衍生出了各种新奇的光谱和电磁特性，在传感器[4]、吸收器[5]、单向耦合器[6]、滤波器[7]等光学器件方面具有广阔的应用前景。亚波长周期结构化厚金属膜通过激发SPPs波的F-P腔共振模式或界面耦合模式对特定波长入射光波实现增强透射效应，在透射谱中形成透射峰[2]。当亚波长周期结构化金属薄膜厚度小于入射光波在金属材料中的趋肤深度时，其上下表面激发的SPPs波的倏逝场可直接穿透金属薄膜发生纵向耦合作用形成反对称SPPs波束缚模式，产生透射抑制现象，导致透射谱在特定波长位置形成透射率几乎为零的凹陷[8,9]。

将亚波长周期结构化超薄金属膜与绝缘介质层纵向堆叠形成多层金属/绝缘体/金属（MIM）结构，各金属层通过激发的SPPs波倏逝场产生强烈的纵向电磁耦合作用，从而产生一系列优于单层金属膜的新光谱和电磁特性。例如，MIM光栅结构利用相邻金属光栅层之间波导腔的局域化SPPs波共振效应，能够产生超窄带宽的透射峰[10-11]。错位MIM光栅结构中各金属光栅层激发的SPPs波的纵向耦合作用可通过级联结构的横向和纵向相对位置以及入射角度进行灵活操控，从而产生高灵敏度的光谱和电磁响应，可应用于制作单向耦合器[12]、纳米尺子[13]、折射率传感器[14]、空间滤波器[15]等。由亚波长周

期结构化超薄金属膜与无缝超薄金属膜组成的 MIM 结构在各金属膜层激发 SPPs 波的强磁共振和近场耦合效应作用下，其透射光谱产生多波长的近完美透射现象[16-21]。理解多层 MIM 结构中 SPPs 波纵向耦合作用对研究其对光波传输特性具有重要意义，研究结果对新型纳米光学功能器件的设计与制造具有重要的指导意义。在上述已报道的研究中，MIM 结构均为纵向对称结构。然而，针对基于 SPPs 波纵向耦合作用的级联不对称 MIM 结构光学传输特性的研究相对较少。

本章将利用 FDTD 方法对级联错位不对称双纳米金属光栅结构的光学传输特性展开理论研究，探索双纳米金属光栅上激发的 SPPs 波的纵向耦合作用对传输特性的影响，寻求新的物理现象，揭示级联错位双纳米金属光栅对光波传输的物理机制，掌握结构参数对双纳米金属光栅传输特性的调控规律。

4.2　数值模拟方法

图 4.1 为级联错位双纳米金属光栅的结构示意图。两个银质纳米光栅在垂直方向上堆叠级联，并由空气和电介质两个异质电介质层隔离，形成不对称的电介质环境。整个级联双纳米银光栅结构放置在空气环境中。双纳米银光栅具有相同的周期Λ，且在水平方向上存在半个周期Λ/2 的错位。双纳米银光栅的厚度分别为 t_u 和 t_b，狭缝宽度分别为 w_1 和 w_2。级联错位双纳米光栅之间形成一系列水平对接的金属/绝缘体/金属（MIM）耦合波导。入射光为 TM 偏振的时间高斯脉冲平面光波，并从级联双纳米银光栅结构的下表面垂直入射，其电场偏振方向垂直于纳米光栅方向。利用二维 FDTD 方法数值计算级联错位双纳米银光栅结构的透射光谱，计算区域为一个周期单元，其上下边界设置为 UPML 截断边界，左右边界设置为周期性截断边界。在透射区域设置线性检测器监测，并通过对监测的时变电磁场进行傅里叶变换获得透射光谱。归一化的透射光谱定义为透射光场的时间平均坡印廷矢量与入射光场的时间平均坡印廷矢量之比。透射光谱的波长范围设置为λ = 400～2 000 nm。在计算级联错位双纳米银光栅结构在特定波长下

电磁场空间分布时，入射光采用单色平面光。色散材料银的介电常数由 Drude 模型描述：$\varepsilon_m = \varepsilon_\infty - \omega_p^2 / \omega(\omega - i\gamma)$，其中 ε_∞=3.7，ω_p = 1.367 3×10^{16} rad/s，γ=2.732 5×10^{16} rad/s[22]。

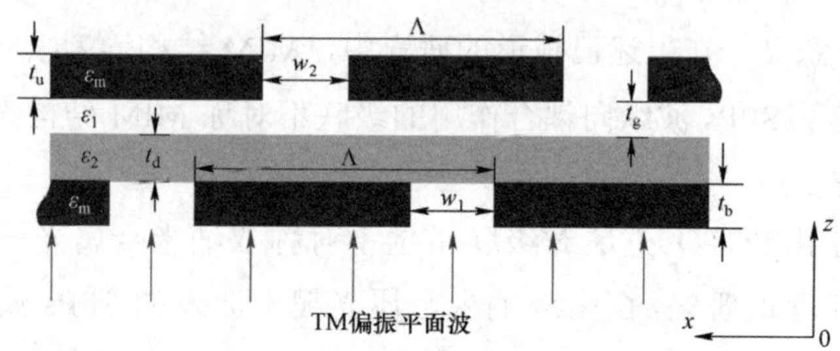

图 4.1　级联错位双纳米银光栅的结构示意图

注：Λ为光栅周期，t_u 和 t_b 为上、下光栅的厚度，t_d 为电介质厚度，t_g 为空气层厚度，w_1 和 w_2 为上下光栅的狭缝宽度。

4.3　多波长近完美透射现象

图 4.2 为数值计算获得的级联错位双纳米银光栅结构在不同光栅狭缝宽度 w_2 下的透射光谱，模拟中所采用的几何参数和介电常数分别为 w_1 = 150 nm，t_b = t_u = 30 nm，t_d = 50 nm，t_g = 25 nm，Λ = 500 nm 和 ε_2 = 3.9。作为对比，图 4.2 中插图给出了具有高折射率电介质衬底的单个底部纳米银光栅的透射光谱，其结构参数为：w_1 = 150 nm，t_b = 30 nm，t_d = 50 nm，Λ = 500 nm 和 ε_2 = 3.9。由图 4.2 可以看出，当顶部纳米银光栅狭缝宽度 w_2 小于 200 nm 时，级联错位双纳米银光栅结构的透射谱出现三个透射峰，其中两个位于可见光波段，另一个位于近红外波段。为了方便区分，三个透射峰按照波长从小到大的顺序依次标记为 P_1、P_2 和 P_3。随 w_2 减小，透射峰 P_1 和 P_2 始终保持在波长位置 λ_1 = 505 nm 和 λ_2 = 670 nm 处，并且透射率分别达到 T_1 = 97%和 T_2 = 94%。该结果表明级联错位双纳米银光栅结构对于两个可见光透射峰的入射光波几乎是透明的。对于近红外透射峰 P_3，其波长位置随 w_2 减小发生红移现象，且呈现非线性依赖关系。同时，透射峰 P_3 的透射率随着 w_2 减小而增加，最高可达 91%。值得注意的是，透射峰 P_1 具有超窄的带宽，其半高全宽值约为 20 nm，

而其他两个透射峰 P_2 和 P_3 的带宽依次增加。随 w_2 增加，级联错位双纳米银光栅之间的金属对接部分减小，透射峰 P_3 带宽变宽且透射率逐渐降低。当 $w_2 = 250$ nm 时，透射峰 P_3 完全消失。当 w_2 继续扩大至 350 nm 时，透射峰 P_2 也随之消失，透射谱中只剩下透射峰 P_1。此时，级联错位双纳米银光栅之间的金属对接部分减少为零。继续增大 w_2 至 350 nm 以上，顶部纳米光栅对入射光波的传输作用显著减弱，具有高折射率电介质衬底的底部纳米光栅对入射光波的传输过程起主导作用，其透射光谱特性如图 4.2 中插图所示。此外，在三个透射峰之间存在两个透射谷，分别用 D_1 和 D_2 标记。随 w_2 增加，它们的波长位置和带宽自适应于三个透射峰的变化。当 $w_2 = 150$ nm 时，透射谷 D_1 和 D_2 的位置波长分别为 $\lambda_4 = 560$ nm 和 $\lambda_5 = 850$ nm，透射率分别为 2% 和 15%。

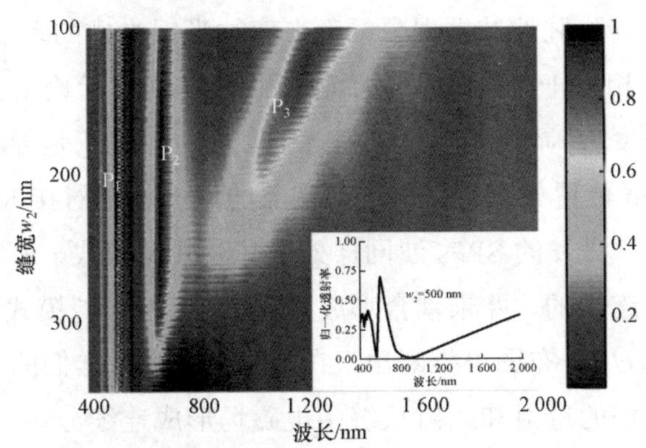

图 4.2　级联错位双纳米银光栅结构在不同狭缝宽度 w_2 下的透射光谱

注：其结构参数为 $w_1 = 150$ nm，$t_u = t_b = 30$ nm，$t_d = 50$ nm，$t_g = 25$ nm，$\Lambda = 500$ nm 和 $\varepsilon_2 = 3.9$。
P_1、P_2 和 P_3 分别标记三个透射峰；D_1 和 D_2 标记透射谷。
插图为单个具有高折射率电介质衬底的纳米银光栅的透射光谱。

与具有高折射率电介质衬底的底部纳米银光栅的透射特性相比，级联错位双纳米银光栅结构透射谱中三个近完美透射峰是崭新的透射现象，这表明级联错位双纳米银光栅之间产生了新颖的 SPPs 波纵向耦合机制。三个透射峰对狭缝 w_2 的不同响应现象表明其传输机制各不相同。级联错位双纳米银光栅结构的近完美透射特性使其成为可见-近红外波段等离子体滤波器的理想候选。

4.4 透射极值处电磁场空间分布特性

为揭示图 4.2 中三个近完美透射峰对入射光波的传输机制，本节利用 FDTD 数值计算了在 $w_2 = 150$ nm 情况下级联错位双纳米银光栅在三个透射峰波长位置处的电磁场空间分布特性。

4.4.1 透射峰 P_1

图4.3给出了在透射峰 P_1 波长$\lambda = 505$ nm位置处级联错位双纳米光栅结构在两个周期单元内的磁场强度$|H_y|$，电场强度$|E_x|$，磁场相位$\Phi(H_y)$以及电场相位$\Phi(E_x)$空间分布。从图 4.3（a）中$|H_y|$分布图可以看出，在双纳米银光栅的透射面上，电磁场呈现二阶驻波振荡模式，即各周期单元激发的 SPPs 波之间相互干涉产生了二阶驻波共振现象。而在双纳米银光栅的入射面上，SPPs 波与入射光波之间相互干涉形成了一阶驻波共振模式。无论是在出射面还是入射面上，磁场强度$|H_y|$显著地聚集在狭缝中心部位，这正是导致双纳米银光栅在波长$\lambda = 505$ nm 位置处产生完美透射现象的原因。在对接 MIM 耦合波导内的顶壁和底壁上，激发的 SPPs 波同样处于驻波共振模式，但它们的电磁场在垂直方向上是不连续的，并未耦合形成对接 MIM 波导腔模式。与之相反，从图 4.3（c）中$\Phi(H_y)$分布图可推断出，在水平方向上，它们的电磁场分别与聚集在双纳米银光栅的透射和入射狭缝中电磁场形成连续分布。同时，从图 4.3（c）可以看出，在双纳米银光栅的入射和透射狭缝中磁场 H_y 相位之间相差π，即是完全反相组合。这表明在双纳米银光栅分布的磁场 H_y 在垂直方向上具有反对称分布特点。因此，在双纳米银光栅结构中形成一种新的反对称 SPPs 波耦合泄漏模式，它是产生近完美透射峰 P_1 的主要原因。在图 4.3（b）中，电场强度$|E_x|$主要分布在纳米银光栅结构的透射和入射面上，其空间分布特点同样支持 SPPs 波共振现象的产生。在此情况下，表面自由电荷不仅聚集在双纳米银光栅结构的顶角位置，而且均匀分布在整个透射和入射平面上。这些表面自由电荷通过形成动态振荡的偶极子将促进入射光波高效率传输通过双纳米银光栅结构。图 4.3（d）中$\Phi(E_x)$分布再次证明新的杂化反对称 SPPs 波泄漏模式激发现象的产生。两个级联银光栅表面电磁场强度的不对称分布起源

于它们不同周围电介质环境。

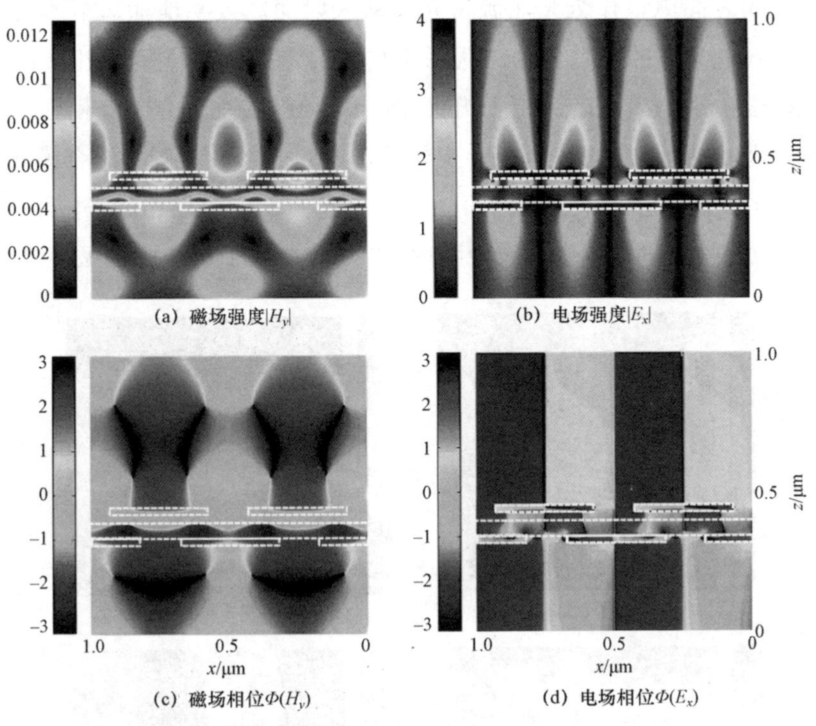

图 4.3　级联错位双纳米银光栅在透射峰 P_1 的波长 $\lambda=505$ nm 处在两个周期单元内的电磁场空间分布特征

注：白虚线表示不同材料区域边界。

4.4.2　透射峰 P_2

在波长为$\lambda=670$ nm 的透射峰 P_2 位置处，双纳米银光栅结构在两个周期单元内电磁场空间分布特点如图 4.4 所示。与波长$\lambda=505$ nm 的情况不同，在波长$\lambda=670$ nm 下磁场强度$|H_y|$主要分布在对接 MIM 耦合波导腔内，且在每个周期单元中，SPPs 波沿水平方向形成二阶腔谐振模式，两个波腹分别分布在 MIM 波导腔顶壁中心和底壁中心，而波节位于 MIM 耦合波导腔的金属对接部分。因此，透射峰 P_2 的波长在 MIM 耦合波导腔水平方向的一个周期内满足谐振条件。在双纳米银光栅结构的透射和入射面上，电场强度$|E_x|$主要集中在纳米银光栅脊的顶角周围，并且在沿着矩形金属脊的每个表面都诱导形成动态振荡电偶极子，其对透射峰 P_2 的高效率光传输起到关键作用。在对接

MIM 耦合波导腔内，电场 E_x 诱导的表面电荷均匀地分布在顶壁和底壁表面，这两个壁的表面电荷作为泵浦源将光波从入射面高效率地抽运至透射面，从而实现对入射光波的高效传输。从图 4.4（c）、图 4.4（d）可看出，磁场相位 $\Phi(H_y)$ 和电场相位 $\Phi(E_x)$ 在对接 MIM 耦合波导腔的垂直方向上相等。该结果表明两个级联纳米银光栅的 SPPs 波在垂直方向上形成了同相组合模式。在对接 MIM 耦合波导腔水平方向的每个周期单元内，电磁场相位产生了一个π相变。这证明在对接 MIM 耦合波导腔内 SPPs 波形成了二阶腔谐振模式。

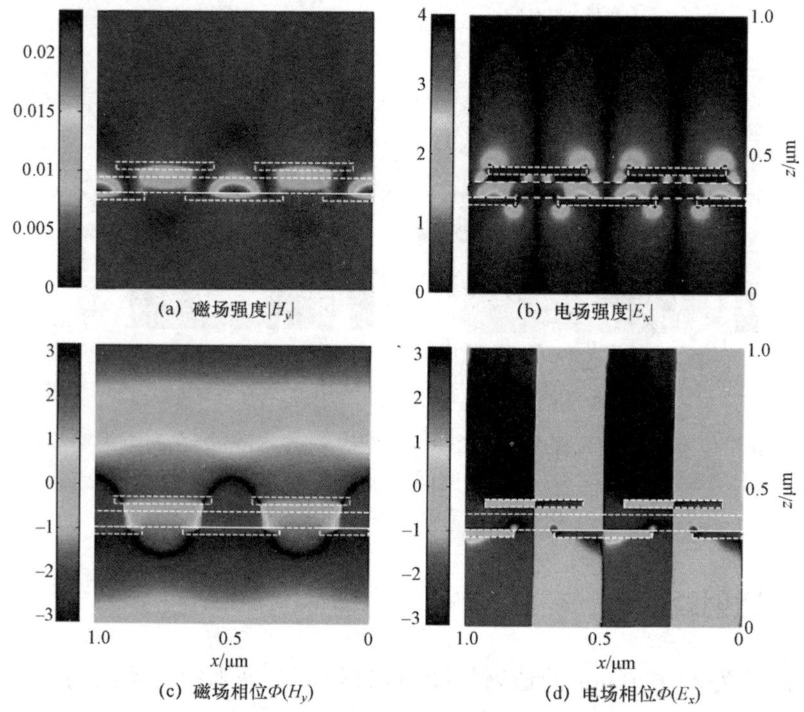

图 4.4　级联错位双纳米银光栅在透射峰 P_2 的波长 $\lambda = 670$ nm 处在两个周期单元内的电磁场分布特征

4.4.3　透射峰 P_3

图 4.5 给出了级联错位双纳米银光栅结构在透射峰 P_3 的波长 $\lambda = 1\ 130$ nm 位置处在两个周期单元内的电磁场空间分布特征。在此情况下，磁场强度 $|H_y|$ 主要集中分布在对接 MIM 耦合波导腔内，且紧密局限在顶部和底部金属壁上。分布在顶部和底部金属壁上的 SPPs 波通过垂直方向的倏逝场在 MIM 耦合波

导腔的金属对接位置处耦合相连，并且在水平方向一个周期单元内形成了一阶腔谐振模式。图 4.5（c）中磁场相位$\Phi(H_y)$在对接 MIM 耦合波导腔内的等值性充分地证明此结论。电场 E_x 在纳米银光栅的矩形金属脊的每个顶角位置上都感应产生动态振荡的电偶极子，促进入射光波高效传输通过双纳米银光栅结构。

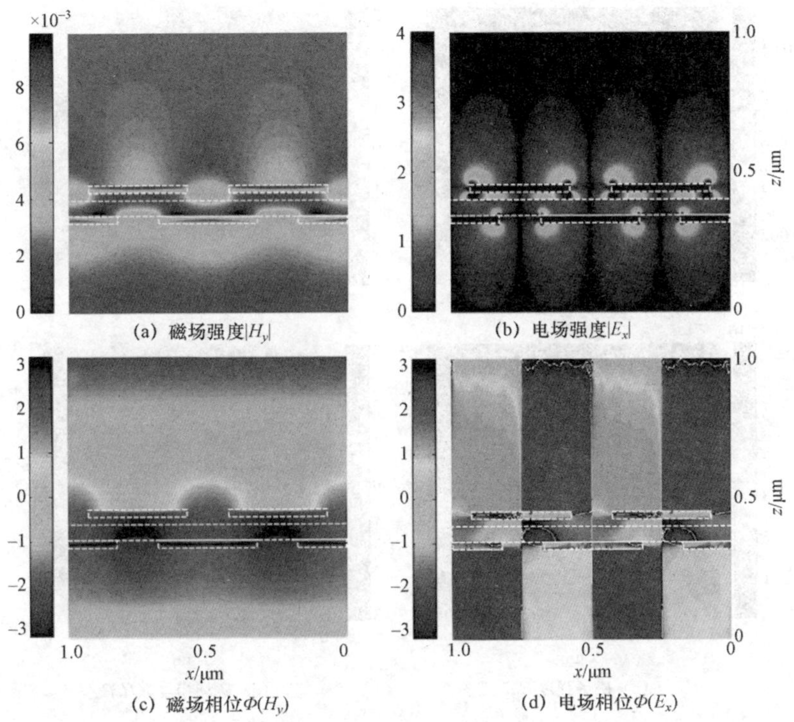

(a) 磁场强度$|H_y|$　(b) 电场强度$|E_x|$

(c) 磁场相位$\Phi(H_y)$　(d) 电场相位$\Phi(E_x)$

图 4.5　级联错位双纳米银光栅在透射峰 P_3 的波长λ= 1 130 nm 处在两个周期单元内的电磁场空间分布特征

4.4.4　透射谷 D_1和 D_2

作为对比，图 4.6 分别给出了级联错位双纳米银光栅在透射谷 D_1 的波长λ= 560 nm 和 D_2 的波长λ= 850 nm 处在两个周期单元内的磁场和位相分布特征。对于这两个透射谷而言，磁场强度$|H_y|$主要集中分布在底部银光栅的两个界面上，而在顶部银光栅上磁场强度几乎为零。此外，在底部银光栅两个界面上激发的 SPPs 波不仅场强不同而且沿水平方向谐振模式的阶数也不相同。

从磁场位相$\Phi(H_y)$的分布图可以看出，在底部银光栅两个界面上的磁场位相存在一个π的相移，即为反相组合模式。因此，在两个透射谷波长的入射光波照射下，级联错位双纳米银光栅中底部银光栅上激发产生反对称 SPPs 波束缚模式。该模式具有高损耗短程的特点[23,24]，能够抑制入射光波传输通过底部银光栅，造成透射谱中出现透射极小值。

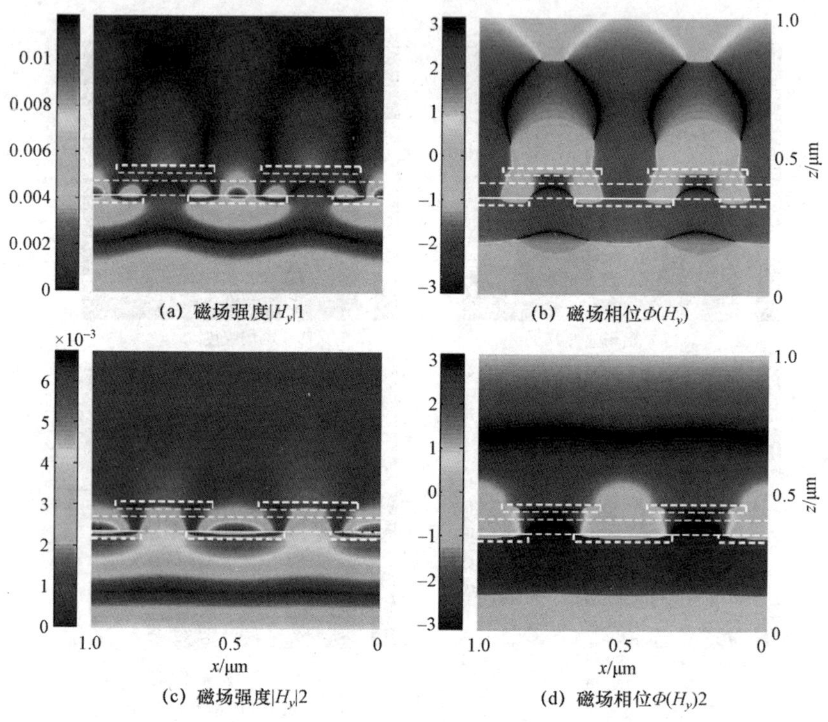

图 4.6　级联错位双纳米银光栅结构在透射谷 D_1 和 D_2 的波长$\lambda=560$ nm（第一行）和 $\lambda=850$ nm（第二行）处在两个周期单元内的电磁场空间分布特征

4.5　近完美传输机制分析

鉴于上述透射极值位置处的电磁场空分布特征，本节将详细讨论级联错位双纳米银光栅结构对入射光波进行高效传输的物理机制。当一束平面光波照射到具有高折射率电介质衬底的单个超薄银光栅表面时，在银/电介质界面和银/空气界面将分别激发不同波矢量的 SPPs 波。由于两束 SPPs 波的倏逝场能够垂直穿透银材料发生直接耦合作用，从而形成反对称 SPPs 波束缚模式。

在谐振条件下，反对称 SPPs 波束缚模式在水平方向一个周期单元内形成驻波谐振模式，导致超薄银光栅对入射光波产生透射抑制现象，其透射率几乎为零，如图 4.2 插图所示。当另一个超薄纳米银光栅沿垂直方向在高折射率电介质层一侧与上述超薄银光栅级联形成双纳米光栅结构时，在垂直方向上它们之间由高折射率电介质层和空气层隔离，在水平方向上它们的狭缝之间错位半个周期，因此双纳米光栅之间形成一系列水平对接的 MIM 耦合波导腔。此时，底部纳米光栅的银/电介质界面上激发的 SPPs 波的电磁场作为次波源，将在顶部纳米银光栅表面诱导产生表面感应电流/电荷，从而将入射光波传输到透射面。一方面，在底部纳米银光栅上激发的 SPPs 波根据几何结构外形将诱导产生特定的表面电荷/电流空间分布。另一方面，在顶部纳米银光栅上激发的 SPPs 波将不可避免地与底部纳米银光栅上激发的 SPPs 波产生电磁场纵向叠加耦合，形成新的杂化 SPPs 波模式，具体模式分布特点取决于对接 MIM 耦合波导腔的几何外形。这些新激发的 SPPs 波耦合模式将引导入射光波高效地传输通过级联错位双纳米银光栅。

4.5.1　复合反对称 SPPs 波泄漏模式激发

对于透射峰 P_1，由于两个级联纳米银光栅的不对称电介质环境，波长为 $\lambda = 505$ nm 的入射光波分别在底部和顶部纳米银光栅上依次激发两个不同波矢量的反对称 SPPs 束缚模式，其电磁场空间分布特点如图 4.7（a）～（d）所示。由于双纳米银光栅之间距离远小于 SPPs 波的电磁场在介质和空气中的趋附深度，因此它们表面激发的不同波矢量的反对 SPPs 束缚模式会纵向耦合形成了新的复合杂化反对称 SPPs 波泄漏模式，其对入射光波传输效率接近 100%。在这种复合杂化反对称 SPPs 波泄漏模式激发过程中，该波长的入射光波在双纳米银光栅结构的入射面上完全满足相位匹配条件，能够最高效地耦合成 SPPs 波，隧穿通过中间的对接 MIM 耦合波导腔，传输到透射界面，并在完全满足相位匹配的条件下高效地退耦成透射光波，从而实现了透射率接近 100%的光波传输过程。因此，透射峰 P_1 的波长可定量地描述为：

$$\lambda_0 = n_{eff} \times \lambda_{sp} = n_{eff} \times \Lambda \tag{4.1}$$

其中，$n_{eff} = \sqrt{\varepsilon_m \varepsilon_d / \varepsilon_m + \varepsilon_d}$ 是双纳米银光栅结构入射和透射面上 SPPs 波的有效电介质常数。由式（4.1）可推断，对应于复合杂化反对称 SPPs 波泄漏

模式激发而产生的透射峰 P_1 的波长主要由结构周期大小决定，而与纳米银光栅的狭缝（或脊）宽度几乎无关，这与图 4.2 的计算结果相一致。基于复合杂化反对称 SPPs 波泄漏模式激发而形成的透射峰 P_1 的透射效率与夹在双纳米银光栅结构中间的两个异质电介质层的介电常数和结构参数密切相关。两个异质电介质层会影响入射光波在双纳米银光栅结构入射和透射面上与 SPPs 波矢量匹配情况。当两者波矢量失配时，耦合效率必然会降低，从而导致复合杂化反对称 SPPs 波泄漏模式对入射光波的传输效率降低。

4.5.2 局域化 SPPs 波导腔谐振模式激发

与透射峰 P_1 情况不同，透射峰 P_2 的产生来源于双纳米光栅结构的对接 MIM 耦合波导腔中局部化 SPPs 波谐振模式的激发。在此情况下，入射光波分别在顶部和底部纳米银光栅上激发局域化 SPPs 波，其电磁场分布特征如图 4.7（e）～（h）所示。

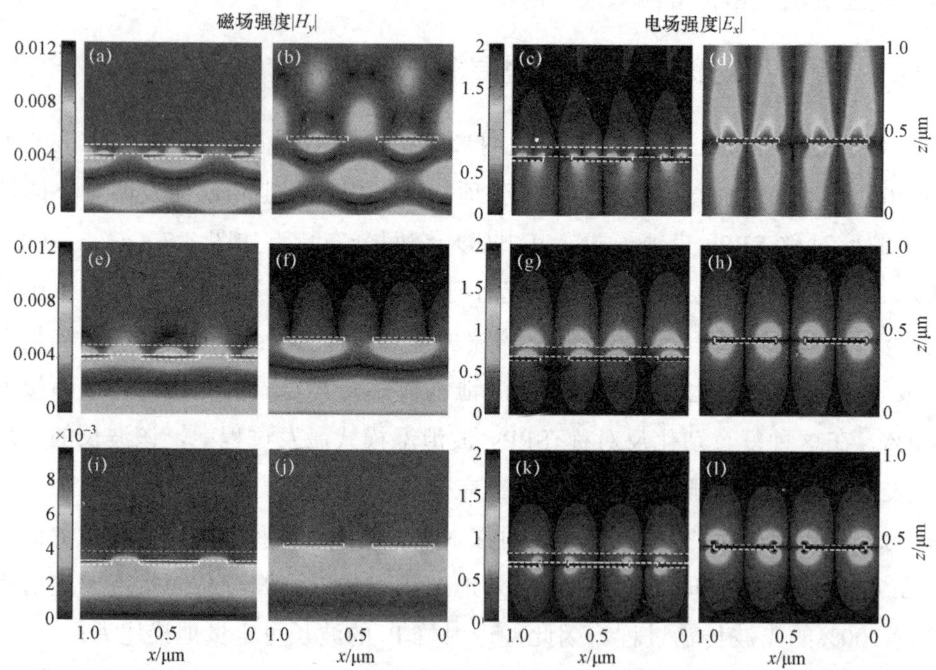

图 4.7　两个级联错位纳米银光栅在单独存在时在三个透射峰的波长 $\lambda=505$ nm（顶行），$\lambda=670$ nm（中间行）和 $\lambda=1\,130$ nm（底行）处在两个单元周期内的电磁场空间分布

两列局域化 SPPs 波通过倏逝场纵向叠加导致在对接 MIM 耦合波导腔内形成二阶局域化 SPPs 波谐振模式，从而造成透射率为 94%的光学传输现象。在对接 MIM 耦合波导腔水平方向一个周期单元内，这种局部化 SPPs 波谐振模式的波矢量满足下列方程：

$$k_{sp1} \times w_2 + k_{sp2} \times w_1 + k_{sp-co} \times (\Lambda - w_1 - w_2) + \Delta\varphi = 2\pi \tag{4.2}$$

其中，k_{sp1}、k_{sp2} 和 $k_{sp\text{-}co}$ 分别是位于对接 MIM 耦合波导腔的缝隙部分顶壁和底壁以及金属对接部分的 SPPs 波矢量，Δφ 表示在纳米银光栅脊的边缘处产生的附加相移，其值较小可忽略不计。因此，基于对接 MIM 耦合波导腔内局域化 SPPs 波谐振模式激发而产生的透射峰 P_2 的波长可以近似地表示为：

$$\lambda_0 = n_{eff1} \times w_2 + n_{eff2} \times w_1 + n_{eff-co} \times (\Lambda - w_1 - w_2) \tag{4.3}$$

其中，$n_{eff1} = k_{sp1} / k_0$，$n_{eff2} = k_{sp2} / k_0$ 和 $n_{eff-co} = k_{sp-co} / k_0$ 分别为对接 MIM 耦合波导腔的缝隙部分顶壁和底壁以及金属对接部分的 SPPs 波的有效折射率，其大小依赖于夹在双纳米银光栅之间的两个异质电介质层。由于对接 MIM 耦合波导腔内二阶局域化 SPPs 波谐振模式的节点正好位于其金属对接部分，在顶部和底部的纳米银光栅上激发的局域化 SPPs 波是彼此不连续的，因此，MIM 耦合波导腔的对接部分的几何结构变化对有效折射率 n_{eff-co} 和透射峰 P_2 的波长位置无影响，该结论与图 4.2 中透射峰 P_2 的波长位置与狭缝宽度 w_2 之间的相互独立关系是一致的。因此，基于二阶局域化 SPPs 波导腔谐振模式激发而产生的透射峰 P_2 的波长严格地依赖于高折射率电介质层和结构周期大小。

与透射峰 P_2 情况类似，在透射峰 P_3 波长 λ= 1 130 nm 的平面光波照射下，双纳米银光栅结构的对接MIM耦合波导腔在水平方向一个周期单元内形成了一阶局域化 SPPs 波谐振模式。在对接 MIM 耦合波导腔的一个周期单元内，SPPs 波的有效光程包括两部分：一部分是 SPPs 波沿对接 MIM 耦合波导腔间隙部分的上下金属壁传播的光程；另一部分是在金属对接部分 SPPs 波从上金属壁耦合到下金属壁的光程。因此，一阶局域化 SPPs 波导腔共振模式满足下列谐振条件：

$$k_{sp1} \times w_2 + k_{sp2} \times w_1 + 2k_{sp-co} \times \Delta = \pi \tag{4.4}$$

透射峰 P_3 的波长可定量地描述为：

$$\lambda_0 = 2(n_{eff1} \times w_1 + n_{eff2} \times w_2 + n_{eff-co} \times 2\Delta) \tag{4.5}$$

其中，$\Delta=\sqrt{(\Lambda-w_1-w_2)}^2/4+(t_g+t_d)^2$ 是 MIM 耦合波导腔对接部分的长度以及两个异质电介质层厚度 t_d 和 t_g 的函数。在 MIM 耦合波导腔对接部分的有效折射率 n_{eff-co} 取决于 t_g 和 t_d 的大小[25]。由此可推得，基于一阶局域化 SPPs 波导腔谐振模式激发形成的透射峰 P_3 的波长严格地依赖于两个异质电介质层和结构周期大小。

4.6 结构几何参数对近完美透射现象的影响

4.6.1 结构周期

本节将研究级联错位双纳米银光栅的结构参数和高折射率电介质层对透射谱的影响。图 4.8（a）为数值计算获得的级联错位双纳米银光栅结构在不同结构周期下的透射光谱，其他参数设置为：$w_1=w_2=150$ nm，$t_b=t_u=30$ nm，$t_d=50$ nm，$t_g=25$ nm 和$\varepsilon_2=3.9$。由图可观察到，三个透射峰的波长位置随结构周期增加产生线性红移现象。该结果与式（4.1）～式（4.5）的预期结果保

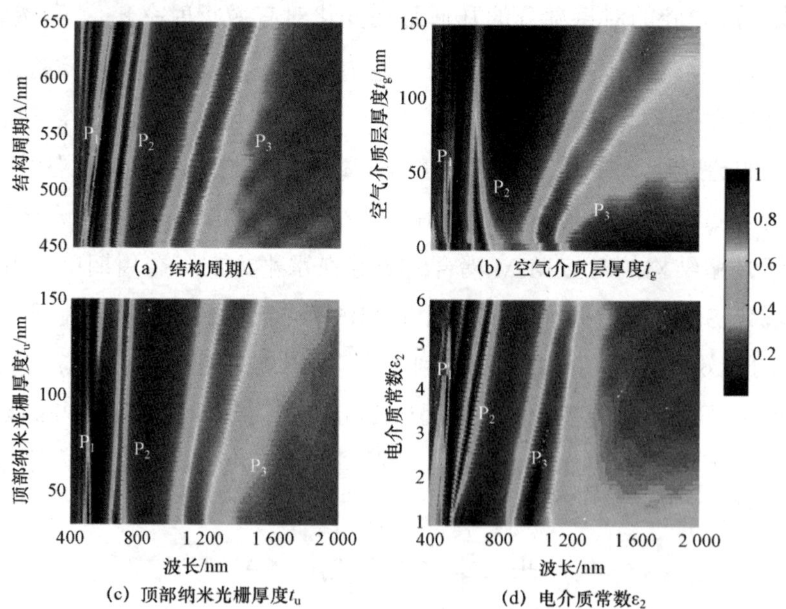

图 4.8 级联错位双纳米银光栅结构在不同结构参数下的透射谱

持一致。无论是基于复合杂化反对称 SPPs 波泄漏模式激发而产生的透射峰 P_1 还是基于局域化 SPPs 波导谐振模式激发而产生的透射峰 P_2 和 P_3，其波长始终正比于结构周期Λ。因此，三个透射峰的波长位置可以通过结构周期Λ进行灵活调控。透射峰 P_1 的透射率随结构周期Λ增加呈现非单调的变化趋势，并在周期为$\Lambda=500$ nm 时几乎达到 100%。透射峰 P_1 透射率随周期变化而降低的现象可归因于入射光波在双纳米银光栅结构入射和透射面上与激发的SPPs波产生了波矢量失配匹配。该波矢量失配情况可以通过适当地调节电介质层的折射率得到改善。此外，三个透射峰的带宽随周期Λ增加而保持不变。

4.6.2　空气层厚度

级联错位双纳米银光栅结构在不同空气介质层厚度 t_g 下的透射光谱如图 4.8（b）所示，其他参数设置为：$w_1=w_2=150$ nm，$t_b=t_u=30$ nm，$t_d=50$ nm，$\Lambda=500$ nm 和$\varepsilon_2=3.9$。对于可见光波段的透射峰 P_1 和 P_2，其波长位置与空气层厚度 t_g 几乎无关，该结论同样可以从式（4.1）和式（4.3）推得。但随 t_g 增加，SPPs 波从底部纳米银光栅到顶部纳米银光栅的耦合效率急剧下降，导致两个透射峰 P_1 和 P_2 的透射率迅速下降。当两个级联纳米光栅距离足够远时，复合杂化反对称 SPPs 波泄漏模式和二阶局域化 SPPs 波导腔谐振模式都难以形成，造成透射峰 P_1 和 P_2 的透射率减为零。对于近红外波段的透射峰 P_3，尽管 t_g 达到 150 nm，在底部纳米银光栅上激发的 SPPs 波在垂直方向上存在有较大衰减长度，仍然可以耦合传导到顶部纳米银光栅上，并与之相互耦合形成一阶局域化 SPPs 波导腔谐振模式，引导入射光波传输通过级联错位双纳米银光栅结构。t_g 的增加扩大了两个级联纳米银光栅之间的光程，导致透射峰 P_3 的波长位置产生红移现象，同时带宽增加，如图 4.8（b）所示。此外，透射峰 P_3 也将随 t_g 的继续增加而逐渐消失。另外，当 t_g 减为 0 时，空气介质层消失，导致两个级联银纳米光栅具有对称的电介质环境。在此情况下，P_1 的透射率迅速降为 35%。该透射率减小现象可归因于两个级联纳米银光栅上激发的 SPPs 波模式的能量色散。对于透射峰 P_2 和 P_3 而言，对称的电介质环境对局域化 SPPs 波导腔谐振模式的形成不造成任何影响，它们对入射光波仍然接近完美传输过程。

4.6.3 金属光栅厚度

图 4.8（c）为计算获得的级联错位双纳米银光栅结构的透射光谱随顶部纳米光栅厚度 t_u 的变化关系，其他结构参数设置为：$w_1 = w_2 = 150$ nm，$t_b = 30$ nm，$t_d = 50$ nm，$t_g = 25$ nm，$\Lambda = 500$ nm 和$\varepsilon_2 = 3.9$。显然，透射峰 P_1 的波长位置不受顶部纳米光栅厚度 t_u 的影响，但其透射率显著地降低。透射率降低现象是由两个级联纳米银光栅上激发的SPPs波模式之间的能量不兼容而引起的，这是由于顶部纳米银光栅上激发的 SPPs 波的有效折射率会随着 t_u 的增加而降低[8,26]，从而导致 SPPs 波矢量减小。另外，对基于局域化 SPPs 波导腔谐振模式激发而产生的透射峰 P_2 和 P_3 而言，顶部纳米光栅厚度 t_u 的增加增大了对接 MIM 耦合波导腔内局域化 SPPs 波的有效折射率，从而导致透射峰 P_2 和 P_3 波长位置产生轻微的红移现象。

4.6.4 电介质层的介电常数

图 4.8（d）为计算获得在不同介电常数ε_2 下级联错位双纳米银光栅结构的透射光谱，其他结构参数固定为：$w_1 = w_2 = 150$ nm，$t_u = t_b = 30$ nm，$t_d = 50$ nm，$t_g = 25$ nm 和$\Lambda = 500$ nm。由图可以看出，在介电常数$\varepsilon_2 = 3.9$ 时，基于复合杂化反对称 SPPs 波泄漏模式激发而产生的透射峰 P_1 的透射率接近 100%。随介电常数ε_2的增加，透射峰 P_1 的波长位置保持在$\lambda = 500$ nm 不变，但其透射率迅速下降并发生了劈裂现象，该现象与两个级联纳米银光栅上激发的 SPPs 波模式之间的能量不匹配密切相关。需要强调的是，当介电常数ε_2 减为 1 时，透射峰 P_1 萎缩甚至消失。换而言之，当级联纳米光栅之间的两个异质电介质层退化为一个均匀电介质层，近完美透射峰 P_1 难以形成。因此，级联纳米光栅之间的两个异质电介质层是形成近完美透射峰 P_1 的重要因素。此外，ε_2 的增加使得 MIM 耦合波导腔内 SPPs 波的有效波长减少，以及两个级联纳米光栅之间的有效光程增长，从而导致透射峰 P_2 和 P_3 的波长位置发生线性红移。

4.7 总　结

本章系统研究了级联错位非对称双纳米银光栅结构对可见-近红外入射光

学的传输特性。两个纳米超薄银光栅在垂直方向上级联且由两个异质电介质层隔离，并且在水平方向上存在半周期的位错。基于双纳米银光栅之间形成的一系列水平对接 MIM 耦合波导腔，在两个纳米银光栅上激发的 SPPs 波通过垂直方向上倏逝场的叠加耦合作用形成了两种类型的 SPPs 波共振模式：一种是界面共振的复合杂化反对称 SPPs 波泄漏模式；另一种是局域化 SPPs 波导腔共振模式。两种类型的 SPPs 共振模式都能够对入射光波产生近完美传输现象，导致透射谱中出现透射率接近 100%透射峰，但带宽不同。基于复合杂化反对称 SPPs 波泄漏模式而产生的超窄带宽透射峰在物理本质上依赖于双纳米银光栅之间的两层异质电介质环境。通过改变结构参数和介电常数，双纳米银光栅结构的光学传输特性表现出了高度的可调谐性，这对设计光学滤波、光学传感器和纳米距离尺等纳米光学器件具有重要的指导意义。

4.8　参考文献

[1] EBBESEN T W, LEZEC H J, GHAEMI H F, et al. Extraordinary optical transmission through sub-wavelength hole arrays[J]. Nature, 1998(391): 667-669.

[2] PORTO J A, GARCI'A-VIDAL F J, PENDRY J B. Transmission resonances on metallic gratings with very narrow slits[J]. Physical Review Letters, 1999(83): 2845-2848.

[3] MARTIN-MORENO L, GARCIA-VIDAL F J, LEZEC H J, et al. Theory of extraordinary optical transmission through subwavelength hole arrays[J]. Physical Review Letters, 2001(86): 1114-1117.

[4] LI X F, YU S F. Extremely high sensitive plasmonic refractive index sensors based on metallic grating[J]. Plasmonics, 2010, 5(4): 389-394.

[5] HAO J, WANG J, LIU X, et al. High performance optical absorber based on a plasmonic metamaterial[J]. Applied Physics Letters, 2010, 96(25): 251104.

[6] YANG X F, ZHANG S X, ZHANG D H, et al. Subwavelength interference lithography based on a unidirectional surface plasmon coupler[J]. Optical Engneering, 2013, 52(8): 86109.

[7] VINCENTI M A, GRANDE M, DE CEGLIA D, et al. Color control through plasmonic metal gratings[J]. Applied Physics Letters, 2012, 100(20): 201107.

[8] SUN Z, ZUO X, LIN Q, et al. Plasmon-induced nearly null transmission of light through gratings in very thin metal films[J]. Plasmonics, 2010(5): 13-19.

[9] XIAO S, ZHANG J, PENG L, et al. Nearly zero transmission through periodically modulated ultrathin metal films[J]. Applied Physics Letters, 2010(97): 71116.

[10] XU T, WU Y, LUO X, et al. Plasmonic nanoresonators for high-resolution colour filtering and spectral imaging[J]. Nature Communications, 2010(1): 59.

[11] FLEISCHMAN D, SWEATLOCK L A, MURAKAMI H, et al. Hyper-selective plasmonic color filters[J]. Optics Express, 2017(25): 27386-27395.

[12] LIU T, SHEN Y, SHIN W, et al. Dislocated double-layer metal gratings: an efficient unidirectional coupler[J]. Nano Letters, 2014, 14(7): 3848-3854.

[13] MA R, LIU Y, YU Z, et al. The sensing characteristics of periodic staggered surface plasmon gratings[J]. Optics Communications. 2016(381): 391-395.

[14] JIA Z, SHUAI Y, CHEN X, et al. Double directions nanoscale range finding using Fano resonance in coupled gratings[J]. Plasmonics, 2016(11): 1331-1336.

[15] WANG C, CHANG Y, TSAI D. Spatial filtering by using cascading plasmonic gratings[J]. Optics Express, 2009, 17(8): 6218-6223.

[16] WANG W, ZHAO D, CHEN Y, et al. Grating-assisted enhanced optical transmission through a seamless gold film[J]. Optics Express, 2014, 22(5): 5416-5421.

[17] WANG Z, HOU Y, LI W, et al. Tunnel light through a continuous optically thick metal film utilizing higher order magnetic plasmon resonance[J]. Plasmonics, 2016, 11(6): 1-6.

[18] LIU Z, LIU G, HUANG K, et al. Enhanced optical transmission of a continuousmetal film with double metal cylinder arrays[J]. IEEE Photonics

Technology Letters, 2013, 25(12): 1157-1160.

[19] LIU G, HU Y, LIU Z, et al. Robust multispectral transparency in continuous metal film structuresviamultiplenear-fieldplasmoncouplingbyafinite-difference timedomain method[J]. Physical Chemistry Chemical Physics, 2014, 16(9): 4320-4328.

[20] CHEN Y, LIU G, HUANG K, et al. Enhanced transmission of a plasmonic ellipsoid array via combining with double continuous metal films[J]. Optics Communications, 2013(311): 100-106.

[21] HU Y, LIU G, LIU Z, et al. Robust double-spectral transparency of double mutually staggered plasmonic arrays sandwiched by two continuous metal films[J]. Optics Communications, 2014(321): 219-225.

[22] ORDAL M A, LONG L L, BELL R J, et al. Optical properties of the metals Al, Co, Cu, Au, Fe, Pb, Ni, Pd, Pt, Ag, Ti, and W in the infrared and far infrared[J]. Applied Optics, 1983, 22(7): 1099-1119.

[23] BRAUM J, GOMPF B, KOBIELA G, et al. How holes can obscure the view: suppressed transmission through an ultrathinmetal film by a subwavelength hole array[J]. Physical Review Letters, 2009(103): 203901.

[24] YANG F Z, SAMBLES J R, BRADBERRY G W. Long-range surface modes supported by thin films[J]. Physical Review B, 1991(44): 5855-5872.

[25] COLLIN S, PARDO F, PELOUARD J L. Waveguiding in nanoscale metallic apertures[J]. Optics Express, 2007, 15(7): 4310-4320.

[26] BURKE J J, STEGEMAN G I, TAMIR T. Surface-polariton-like waves guide by thin lossy metal films[J]. Physical Review B, 1986(33): 5186-5201.

第5章 飞秒激光诱导亚波长周期表面结构

5.1 引 言

金属表面激发的 SPPs 波不仅能够将光波能量局限在亚波长尺度范围，而且能够引导入射光波能量渗入金属材料的光学趋附层内。由于光学趋附层内自由电子对 SPPs 波能量具有吸收作用，使得 SPPs 波成为具有损耗的倏逝表面电磁波。SPPs 波的损耗特性虽阻碍其在表面等离激元纳米光子器件领域的应用，但在纳米结构制造领域独具优势。基于纳米尺度局域化特性以及与激发光场的相干特性，飞秒激光与 SPPs 波结合已广泛应用于在材料表面制备均匀大面纳米周期结构。由于超高峰值功率和超短脉冲持续时间，飞秒激光与材料相互作用具有热效应最小、无材料选择性等优点。当能量接近材料烧蚀阈值附近时，飞秒激光可通过改变金属、半导体、介质和聚合物等材料表面的光学性质激发产生 SPPs 波，并与之相互干涉造成光斑照射区域内材料的选择性烧蚀去除，从而形成永久性的亚波长周期表面结构。飞秒 SPPs 纳米刻蚀技术与传统的电子束、光子刻蚀技术具有低成本、高效灵活、操作简单、一步成型且适用于任何材料等优点。

5.2 激光诱导亚波长周期表面结构

5.2.1 结构分类

激光诱导周期表面结构（laser-induced periodic surface structures，LIPSSs）是光与物质相互作用产生的一种普遍物理现象，它起源于 1965 年 Birnbaum

等人采用纳秒脉冲激光在半导体锗表面观察到的一组周期性排列平行刻槽（而非烧蚀凹坑）[1]，后来被称为“条纹结构（ripple structures）”。在早期的相关研究中，人们大都采用长脉冲激光作为光源，所形成的结构周期通常为波长量级[2-9]。随着飞秒激光器的普及化发展，人们开始重新关注这种表面周期结构的产生。不同于长脉冲激光作用结果，飞秒激光诱导的表面条纹结构周期通常为亚波长量级，即小于入射激光波长（λ）[10-25]。根据表面结构周期（Λ）和排列方向与入射激光波长和偏振方向的相对关系，可将其分为四种类型：（Ⅰ）低空间频率的垂直条纹结构（其中$\lambda>\Lambda>\lambda/2$）[12-20]，其排列方向与入射光偏振相垂直；（Ⅱ）低空间频率的平行条纹结构（其中$\lambda>\Lambda>\lambda/2$）[16,20-21]，其排列方向与入射光偏振相平行；（Ⅲ）高空间频率的垂直条纹结构（其中$\Lambda<\lambda/2$）[15-20,23]，其排列方向与入射光偏振相垂直；（Ⅳ）高空间频率的平行条纹结构（其中$\Lambda<\lambda/2$）[16,24-25]，其排列方向与入射光偏振相平行。实验表明，飞秒激光在金属和半导体等强吸收性固体表面容易产生Ⅰ类条纹结构，而在透明介质表面容易产生Ⅱ类条纹结构；当飞秒激光通量低且脉冲累积数目较高时，介质和半导体表面容易产生Ⅲ类条纹结构，而金属表面容易产生Ⅳ类条纹结构。

材料表面亚波长条纹结构周期和排列方向可通过改变入射激光的波长、脉冲重叠数目、脉冲能量、偏振态和加工环境等参数获得改变[26-41]。前期研究证实，条纹结构周期随入射激光波长增大而增加[26-27]，随脉冲累积数目增加而减小[28-31]。当激光通量增加时，亚波长条纹结构周期在铜、钨、镍钛合金、硅、石英等材料表面表现出了增加趋势[25,30,32-34]，而在金属钛表面表现出了减小趋势[35]。另外，高折射率加工环境有助于减小条纹结构周期[36-38]。通常情况下，一维亚波长周期条纹结构排列方向与入射激光的线偏振方向垂直或平行[39-41]。

5.2.2　形成机制

关于激光诱导周期条纹结构形成的物理机制是人们不断探索的一个重要科学问题。起初，Birnbaum 等人认为它是由于聚焦透镜衍射引起的激光选择性烧蚀[1]。随后 Emmomy 等人将其归因为入射激光和表面散射波相互干涉导致激光能量在材料表面的周期性沉积而形成，且结构周期依赖于激光波长和入射角度θ，即$\Lambda=\lambda/(1\pm\sin\theta)$[2]。1980 年，Keilmann 和 Bai 等人提出了入射光与表面波干涉是这种结构形成的根本原因[3]。Sipe 等人认为表面散射光与折射光的干涉作用导致激光能量在材料表面不均匀分布，从而形成周期条纹结构[4]。该模型定义一个“初始表面粗糙度”参数，并引入效率因子η来定量描述激光能量在材料表面的不均匀沉积，预测了材料表面可能形成条纹结构的倒格矢（k）方向，它在一定程度上能够合理解释长脉冲激光诱导产生的大周期条纹结构，但无法深刻描述飞秒激光诱导亚波长周期的条纹结构现象。后来，人们相继提出了多种理论来解释亚波长周期条纹结构的形成机理[42-53]，其中，入射激光与 SPPs 波干涉被广泛采用[42-46]。

在激光垂直入射条件下，周期条纹结构的空间周期约等于 SPPs 波长，即，$\Lambda=\lambda_{\rm sp}=\lambda/(\varepsilon_m+\varepsilon_d)^{1/2}$，其中$\varepsilon_{\rm m}$和$\varepsilon_{\rm d}$分别为材料和加工环境的介电常数。在该理论中 SPPs 波是形成周期条纹结构的关键因素，其激发条件是材料介电常数的实部需满足 $\mathrm{Re}(\varepsilon_m)<-\varepsilon_d$。对金属材料而言，其中的大量自由电子使得其通常能够满足上述条件。对半导体和介质材料而言，尽管在稳态情况下缺少自由电子，但其可以通过非线性吸收获得一定量的自由电子（即瞬态金属化效应），从而满足 SPPs 波产生条件[42-43]。目前，针对高空间频率条纹结构形成存在自组织[47]、二次谐波激发[48-49]、氧化和孪生[22,50]、介质倏逝场[51]、表面等离激元波等[52-53]多种理论解释。

实验中，亚波长周期条纹结构的产生通常是基于多个飞秒激光脉冲累积照射结果，而上述模型未曾考虑多脉冲与材料作用的反馈机制[54]。在亚波长周期条纹结构产生的物理过程中，最初入射的飞秒激光与材料表面作用不仅产生随机分布的纳米结构，而且可能造成材料表面物化性质的变化，这将有助于后续飞秒激光激发 SPPs 波产生，从而导致激光能量在空间上的周期性分布并对材料表面烧蚀去除形成条纹结构雏形。当飞秒脉冲累积数目继续增加时，这些结构雏形将会提高入射激光与 SPPs 波的耦合效率，使得激光能量的空间周期性烧蚀效果增强。正是基于多脉冲作用的正反馈机制，共振激发的 SPPs 波与入射激光干涉最终导致周期性亚波长条纹结构的产生。由于单束入射飞秒激光脉冲的时间间隔通常为 1 μs～1 ms，脉冲作用之间的相互影响实际上是静态的，硬质的和不可调控的。

5.2.3　形成的动力学过程

相对于脉冲持续时间来说，飞秒激光在材料表面诱导形成亚波长周期条纹结构是一个极其漫长的动力学过程，其中包含诸多瞬态物理阶段，例如：电子吸收激光能量后的热化、热电子与冷晶格之间的能量传递、材料表面熔化的热动力学、材料表面冷却和凝固等[46]。这些均将影响激光能量在材料表面的周期性吸收和烧蚀去除，从而使结构形成过程变得异常复杂。最近，人们提出利用飞秒激光泵浦探测实验来研究材料表面周期条纹结构形成的超快动力学过程[55-58]。例如，Hohm 等人研究了 SiO_2 表面亚波长周期条纹结构形成的动态过程，通过测量其中衍射光强随探测时间的变化曲线，揭示了材料表面在入射光照后$\Delta t = 0.3 \sim 100$ ps 时间范围内形成瞬态折射率光栅的物理过程[55]。Cheng 等人采用飞秒激光泵浦探测显微成像技术研究了金膜表面亚波长周期条纹结构的形成，直接观测到了材料表面在入射激光照射后$\Delta t = 80 \sim 800$ ps 延迟时间范围内出现条纹结构现象[58]。事实上，在传统的泵浦探测技术实验中，由于延时入射激光仅被用作探测信号，因此其强度必须非常微弱才能保证对材料激发过程无影响。相反，如果探测光强足够大，则其入射会对泵浦激光导致的瞬态物理过程形成干扰，从而实现对表面周期结构形成的调制作用，调制效果与探测激光入射的时间阶段密切相关。为此，人们提出了双束飞秒激光调控制备技术[59-63]，其中先入射激光引发的材料瞬态物理过程对滞后入射激光作用的影响是动态的，软质的和可灵活调控的。为此，Hohm 等人利用该技术分析研究了熔融石英、硅、钛等材料表面亚波长周期条纹结构的形成情况[59,60]。Jiang 等人利用通过改变双束激光的延迟时间（$\Delta t = 0 \sim 1$ ps 时），实现了亚波长条纹结构从低空间频率（$\Lambda = 550$ nm）向高空间频率（$\Lambda = 255$ nm）的转化[61-62]。

5.2.4　应用研究

由于亚波长周期条纹结构具有改变材料表面物理和化学性能的本领，因此在各个领域都具有广泛应用潜能。例如：作为衍射光栅能够产生结构色，可应用于激光打标、光学数据存储、防伪、加密、显示等领域[64-66]；能够改变材料表面的浸润性，可应用于自清洁、防水、防冰、防腐、微流体等领域[67-71]；

能够增强材料表面对光吸收、透射和热辐射效率，可广泛应用于太阳能电池、照明 LED 光源、集成电路、平板显示等领域[72-74]；能够产生表面增强拉曼散射效应，可用来高灵敏探测微量分子、生物病原体以及病毒[75-77]；能够使材料表现出双折射性能，可用于控制透射光的能量和偏振，制作波片、矢量光束转化器、光学涡旋产生器等微纳光学器件[78-82]；能够增加材料表面生物相容性，可应用于整形外科钛移植等[83-86]。

然而，现阶段飞秒激光在制备表面周期结构方面仍然存在诸多问题。例如：表面结构形貌大多表现为一维光栅状分布，且容易出现空间弯曲、分叉和断裂等现象；其形成超快动力学过程和内在机理仍不十分清楚；采用光束聚焦方式导致激光作用区域较小，大面积制备耗时低效。另外，尽管说二维周期结构可通过采用飞秒激光交叉扫描或者多束激光干涉法来获得[87-88]，但其制备过程比较复杂，且形成的结构周期和单元尺寸多为微米量级。这些均严重制约了表面周期结构的快速发展和应用。因此，如何大面积快速制备高规整、高精度、多形状的表面结构是目前飞秒激光微纳加工领域面临的一个重要挑战。

5.3 周期条纹结构形貌规整性提高的方法

由于飞秒激光诱导亚波长周期条纹结构与入射激光参数、材料性质以及加工环境密切相关，因此人们尝试从这三个方面来提高结构分布的均匀和规整性。

5.3.1 优化激光参数

最近，Cruz 等人采用单束高重复频率线偏振飞秒激光（1 030 nm，500 fs，1 MHz）和沿与激光偏振相垂直的方向移动扫描，在 1 μm 厚度的金属铬膜表面上实现了大面积高规整性一维周期条纹结构的制备，相应的扫描电子显微（SEM）结果如图 5.1（a）所示[89]，其中结构周期为$\Lambda = 910$ nm，排列方向与入射激光偏振相垂直，制备效率为$\varphi = 1.5$ cm^2/min。另外，Oktem 等人报道利用单束高重复频率线偏振飞秒激光（1 030 nm，100 fs，1 MHz）在 50 nm 厚度的钛膜表面上实现了高规整性周期条纹结构产生[90]，结果如图 5.1（b）所

示，其中结构周期为$\Lambda=600\sim900$ nm（依赖于膜层厚度），排列方向与入射激光偏振相平行。作者分析认为激光作用区域内各点之间相互独立和缺乏有效自修复功能是造成亚波长条纹结构不规则分布的主要原因。因此，他们提出利用非局域化的正反馈激发机制和局域化的负反馈调节机制来提高亚波长周期条纹结构的规整性。这里所谓的非局域正反馈机制是指在光斑尺寸（$D<10$ μm）照射区域内，任意位置处的光场分布实际上与其他位置处的散射和入射场叠加密切相关，从而造成整个光照射区域内各点之间的相互关联；局域化负反馈机制是指在形成结构过程中，结构深度或氧化层厚度增加到一定值时其形貌不再随激光脉冲数累积而变化。

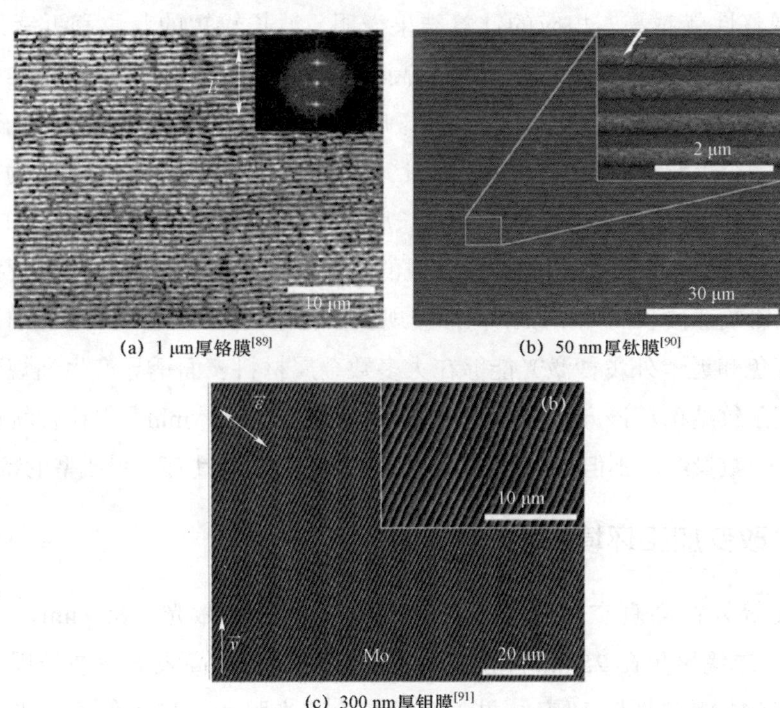

(a) 1 μm厚铬膜[89]　　(b) 50 nm厚钛膜[90]

(c) 300 nm厚钼膜[91]

图 5.1　单束线偏振飞秒激光在不同金属表面诱导产生的一维高规整性周期条纹结构

5.3.2　选择材料性质

Gnilitskyi 等人将单束高重复频率线偏振飞秒激光（1 030 nm，213 fs，600 kHz）通过扫描阵镜系统聚焦照射在钼膜、钛膜、金膜、铜、铝和不锈钢等多种金属材料上，分析比较了其中亚波长周期条纹结构的产生效果[91]。

研究表明，高规整性条纹结构仅在钼膜、钛膜和不锈钢三种金属表面得以实现，结构周期分别为Λ= 845 nm、737 nm 和 901 nm，排列方向均与入射激光偏振相垂直，结果如图 5.1（c）所示。该方法的制备速率较快为φ= 3.5 cm^2/min，比传统光刻技术小一个数量波。不仅如此，作者还通过引入结构方向角色散量来量化表征其空间排列规整性。针对上述三种材料表面周期结构计算获得的方向角色散量均小于$\delta\theta$= 10°，且金属钼表面的结构规整性最佳，约为$\delta\theta$= 5.3°。同时，作者分析认为金属表面 SPPs 波传播长度（与材料和激光波长有关）是影响亚波长条纹结构规整性的关键因素。若 SPPs 波的传播长度小于 20 μm，则可形成高规整性亚波长结构；并且传播长度越短，亚波长结构的规整性就越高。相应的计算结果表明，波长较短的蓝色和近紫外飞秒激光能够在大多数金属表面诱导产生高规整性的亚波长周期条纹结构。

此外，Gnilitskyi 同样认为激光光斑尺度是影响亚波长周期条纹结构形貌规整性的另一个重要参数。但与 Giannuzzi 等人的报道不同，Gnilitskyi 认为在光斑照射区域内各点激发的 SPPs 波的传播长度越短，越有利于保持彼此的相互独立以及与入激光良好的原始相干性，形成的亚波长周期条纹结构的形貌规整性越高。根据影响亚波长周期条纹结构形貌规整性理论模型，Gnilitskyi 做出预波长极短的蓝色和近紫外飞秒激光能够在大多数金属材料表面诱导产生高规整性亚波长周期条纹结构。该方法的面积制备速率为φ= 3.5 cm^2/min，仅比传统的光刻技术小一个数量级，不但能满足工业化生产需求，而且具有一步成型的特点。

5.3.3 改变加工环境

王飞等人在高真空环境下利用单束线偏振飞秒激光（800 nm，50 fs，1 kHz）经透镜聚焦在 25 nm 厚度的金属铬膜上，来提高表面亚波长周期条纹结构形成的规整性[92]。研究结果表明，在给定光照和扫描条件下，当真空腔中的空气压强降低至 $P = 1.0\times10^{-4}$ Pa 时，铬膜表面出现高规整性的平行沟槽结构，其中排列方向与入射激光偏振相垂直，结构周期为Λ= 360 nm，刻槽宽度为 w = 150 nm，深度为 h = 120 nm，如图 5.2（a）所示。需要强调的是，此时结构周期不仅远小于传统空气环境中的结果，而且结构周期在整个光斑和扫描区域内均保持一致，尽管入射飞秒光强为空间高斯分布。相较于文献［90-91］，该方法制备获得的结构规整性不受扫描方向和光斑尺寸的影响。不

仅如此，作者还通过采用柱透镜线聚焦方式实现了大面积高规整性分亚波长周期条纹结构的产生，如图 5.2（b）所示。基于加工样品表面拉曼信号的测量与分析，作者认为在真空环境下能够有效避免材料表面氧化和空气等离子体的热干扰，这是提高亚波长周期条纹结构均匀和规整性的主要原因。

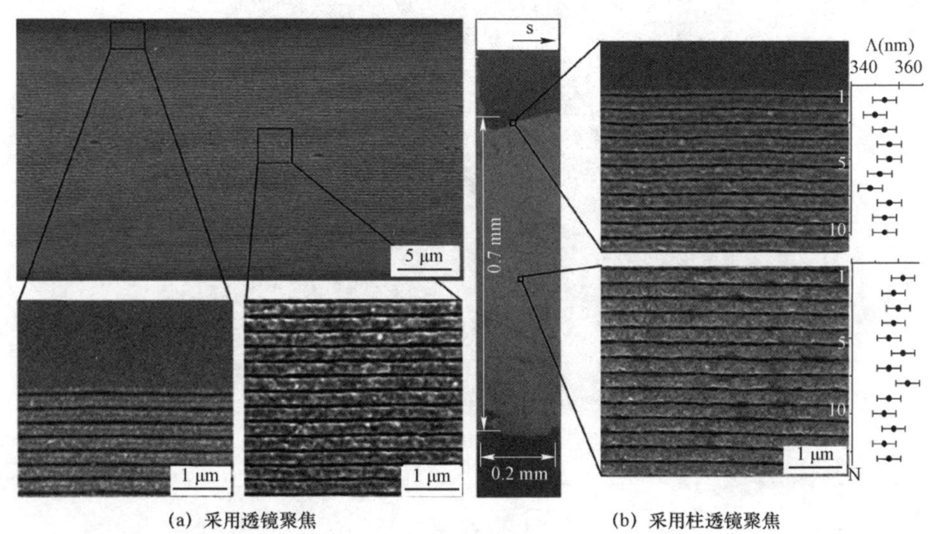

(a) 采用透镜聚焦　　(b) 采用柱透镜聚焦

图 5.2　单束飞秒激光在 1.0×10^{-4} Pa 真空环境下在 25 nm 厚度铬膜表面产生的一维高规整条纹结构[92]

5.3.4　共线延时激光束作用

郑昕等人基于延迟时间可调的双束飞秒激光，提出利用调控材料表面瞬间非平衡态物理特性来提高亚波长周期条纹结构规整性的相关研究。具体实验过程为：首先将从钛宝石激光器输出的单束线偏振飞秒激光（800 nm，50 fs，1 kHz）经过钒酸钇（YVO_4）双折射晶体后，获得空间上共线传输、偏振方向相互垂直、并具有特定延迟时间（$\Delta t = 1.2$ ps）的双束飞秒激光，然后将其通过柱透镜一起聚焦在金属钨表面的共同位置，制备获得了高规整性分布的一维亚波长周期条纹结构。研究发现，当双束飞秒激光的能量比值接近 R = 1∶3 或 3∶1 时，则在光照区域内容易形成大面积的高规整性条纹结构，如图 5.3（a）所示，其中结构周期为$\Lambda = 500$ nm，结构排列与大能量光束的偏振方向相垂直。参照文献［91］，计算获得的结构方向角色散量为$\delta\theta = 4.3°$，小于目前文献报道的所有情况，如图 5.3（b）所示。该结果不仅证实了双束延时飞秒激光对于提高亚波长周期条纹结构规整的有效性，而且发现了激光能量之比所起的关键作用。

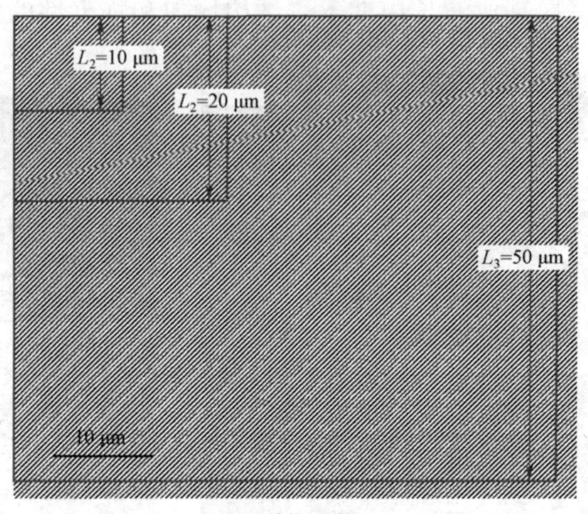

(a) 结构形貌

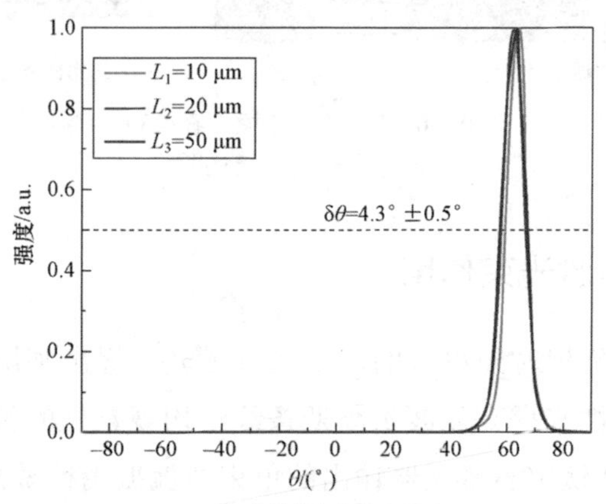

(b) 条纹结构方向角色散量δθ

图 5.3 偏振垂直双束延时飞秒激光在钨表面产生的大面积、高规整性低空间频率条纹结构[93]

类似地，Giannuzzi 将单束线性偏振飞秒激光（1 030 nm，200 fs，1 MHz）透过多个串联双折射晶体，获得线性偏振方向相同、子脉冲数目不同且时间延迟可调谐的间整形飞秒激光[94]。该时间整形飞秒激光通过阵镜聚焦扫描不锈钢表面制备大面积高规整低空间频率的周期条纹结构。研究发现子脉冲之间的时间延迟小于金属材料中电子－声子的耦合时间常数的条件是获得高规整周期条

纹结构的关键因素；条纹结构周期随时间延迟和子脉冲数量的增加而增大；结构深度在等离子屏蔽效应下随时间延迟增加而减小，而增加子脉冲数量引入孵化效应能够有效地抑制等离子屏蔽效应，使得条纹结构深度保持不变。此外，作者并未理论分析高规则周期条纹结构形成及其形貌调控的物理机制。

5.4　共线延时飞秒激光束对周期条纹结构的动态调控

在单束飞秒激光作用的实验中，虽然亚波长周期结构周期和排列方向可以通过入射激光能量和偏振方向的改变获得调协，但这种方法实际上是基于材料“稳态”情况而操作，因此根本没有涉及其中的超快动力学过程，从而无法实现对结构形貌特征的有效改善。接下来，将重点介绍利用共线延时双束和三束飞秒激光在材料“超快非平衡态”情况下，对亚波长周期条纹结构周期和排列方向进行灵活调控的研究进展，并且揭示其中的新现象和新机理。

5.4.1　结构周期调控

王瑞平等人通过实验研究发现，单束蓝色飞秒激光（400 nm，50 fs，1 kHz）在金属钼表面制备的一维条纹结构容易产生空间分裂和断裂现象[95]，从而严重影响了结构的整体规整性。为了解决该问题，作者采用共线传输、偏振方向平行、延迟时间可调和具有不同中心波长的双束飞秒激光（400 nm、800 nm，50 fs，1 kHz）聚焦照射在金属钼表面，其中通量低于材料烧蚀阈值的近红外（$\lambda=800$ nm）飞秒激光先入射在样品表面。实验结果发现，在双束飞秒激光延迟时间为$\Delta t=10$ ps 时，金属钼表面可以形成规整的条纹结构分布，相应的结构周期为$\Lambda=280$ nm，排列方向与激光偏振方向相垂直，如图 5.4（a）所示；当延迟时间增至$\Delta t=100$ ps 时，激光诱导产生的条纹结构周期减小一半为$\Lambda=140$ nm，即从低空间频率转化成高空间频率类型，但结构排列方向保持不变，如图 5.4（b）所示；若继续增加延迟时间至$\Delta t=150$ ps，则金属钼表面再次形成类似于单束光作用形成的准周期性条纹结构。实验测得条纹结构周期随双束激光延迟时间的演化曲线如图 5.4（c）所示。相对于单束飞秒激光作用情况，双色延迟飞秒激光诱导产生亚波长结构的规整性得到了明显提升，并且通过双束激光照射的延迟时间实现了条纹结构周期的互相转化。

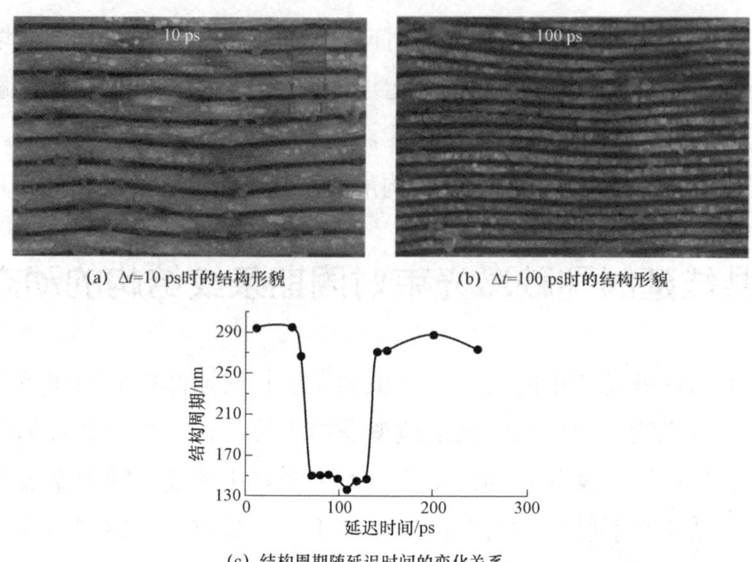

(a) Δt=10 ps时的结构形貌 (b) Δt=100 ps时的结构形貌

(c) 结构周期随延迟时间的变化关系

图 5.4 双色飞秒激光在不同延迟时间下在金属钼表面诱导产生的亚波长周期条纹结构[95]

5.4.2 结构排列方向调控

Hashida 和 Bonse 等人实验研究了偏振方向垂直的双束飞秒激光在同时照射（$\Delta t = 0$ ps）情况下，在金属钛上材料表面诱导亚波长周期条纹结构的情况[54,96]，结果表明，此时形成结构方向实际上是由双束飞秒激光的相干叠加作用来决定，并随双束飞秒激光能量比发生改变。该研究只关注了能量比在零延迟下对亚波长周期条纹结构排列方向的调控作用，未涉及延迟时间对亚波长周期条纹结构排列方向的调控作用。

和万霖等人采用不同线偏振方向的双束飞秒激光（800 nm，50 fs，1 kHz）聚焦在半导体 4H-SiC 表面上，分析研究了亚波长周期条纹结构方向随延迟时间的演变过程[97-98]。图 5.5(a)所示为双束飞秒激光在偏振方向夹角为θ= 30°、延迟时间为$\Delta t = 0$ ps 的情况下，材料表面形成的亚波长周期条纹结构，相应的结构方向倾斜角为$\alpha = \theta/2 \approx 18°$。图 5.5（b）给出了在双束激光线偏振方向夹角为θ= 30°时，4H-SiC 材料表面亚波长条纹结构方向倾斜角在延迟时间$\Delta t = 0 \sim 100$ ps 范围内的演变过程。此时结构方向倾斜角随延迟时间单调衰减。当双束激光延迟时间从$\Delta t = 0$ 增至$\Delta t = 20$ ps 时，实验测得结构方向倾斜角从α= 18°减小至α= 13.5°。若继续增加延迟时间Δt，则结构方向倾斜角始终保

持约为$\alpha_{const}=13.5°$。作者通过数学拟合获得的结构方向倾斜角衰减时间常数为$\tau_1=6.2$ ps。该研究还发现了在不同线偏振方向夹角情况下，结构方向变化的时间衰减常数几乎保持相等（$\tau_1=6.1$～6.6 ps）。

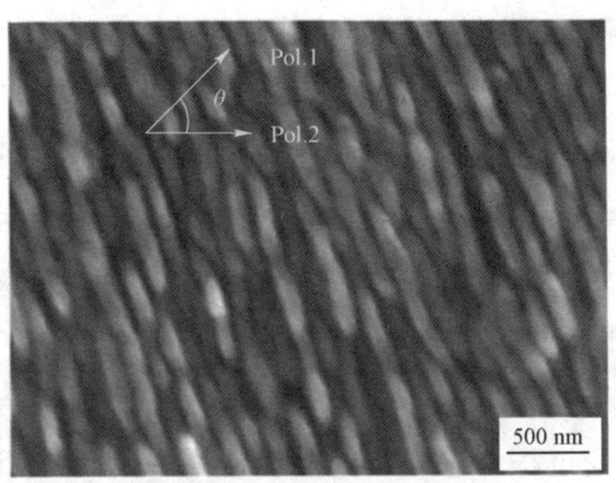

(a) 在零延迟照射时的结构形貌

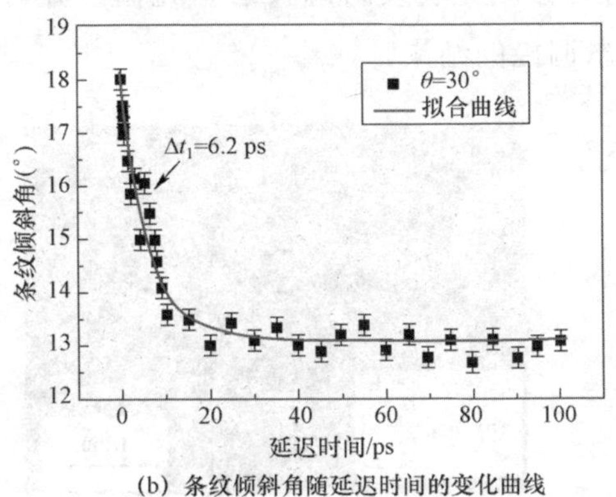

(b) 条纹倾斜角随延迟时间的变化曲线

图 5.5　偏振夹角为$\theta=30°$的双束延时飞秒激光在 4H-SiC 表面诱导亚波长周期条纹结构随延迟时间的演化过程[97-98]

随后，作者分析认为上述表面结构方向的改变行为实质上是来源于先入射飞秒激光在材料表面激发的瞬态折射率光栅，及其对滞后入射飞秒激光非共线激发 SPPs 波的调控作用。但由于金属与半导体材料在性质上存在区别，因此飞秒激光作用过程中的超快物理现象也不尽相同。对于 4H-SiC 材料而言，当延迟时间为$\Delta t=0$～20 ps，材料中 Auger 复合效应的存在使得先入射飞秒激光激发的载流子浓度快速减小，从而导致其引发的瞬态折射率光栅效应急剧减弱，并对滞后入射飞秒激光非共线激发 SPPs 波的调控作用也快速单调变化，最终使得结构方向的倾斜角出现快速单调减小行为。在延迟时间$\Delta t>20$ ps 情况下，材料中 Auger 复合效应消失和 4H-SiC 材料较小热导率将会使得瞬态折射率光栅的热弛豫衰减过程变缓，并对滞后入射激光非共线激发 SPPs 波的调控行为变得微弱，从而导致结构方向倾斜角维持在一个非零值附近。

不仅如此，作者还采用偏振方向不同的三束延时飞秒激光，分析研究了 4H-SiC 材料表面周期结构产生情况[99]。其中三束飞秒激光线偏振方向互不相同，它们之间的夹角分别为$\theta_1=\theta_2=30°$，每两束激光之间的延迟时间分别为$\Delta t_1=10$ ps 和 $\Delta t_2=42$ ps。典型实验结果如图 5.6（a）所示，此时材料表面形成条纹结构的规整性得到了显著提高，其空间周期增至约$\Lambda=680$ nm，排列方向与三束飞秒激光的偏振方向既不垂直也不平行。图 5.6（b）、图 5.6（c）分别给出了延迟时间为$\Delta t_1=10$ ps 和 60 ps 的情况下，周期结构方向随延迟时间$\Delta t_2=0\sim60$ ps 的演变过程。进一步的分析认为，此时周期结构方向的变化机理同样是基于先入射飞秒激光引发瞬态折射率光栅，并对滞后入射激光非共线激发 SPPs 波进动态调控的结果。

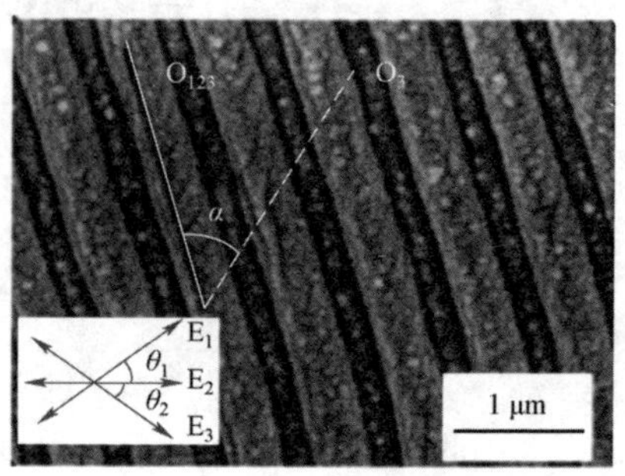

(a) 在Δt_1=10 ps，Δt_2=42 ps情况下形成的条纹结构形貌

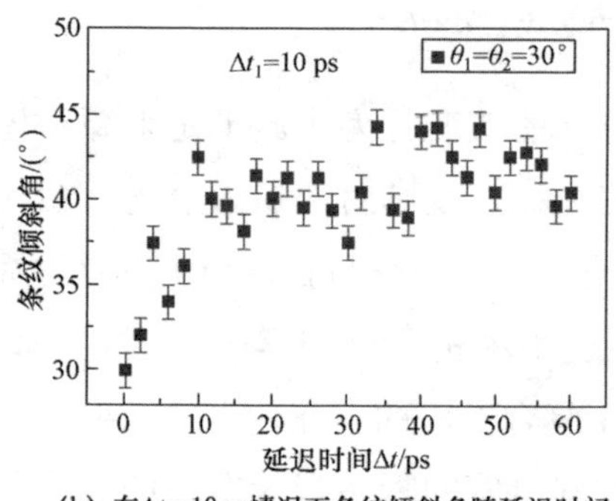

(b) 在Δt_1=10 ps情况下条纹倾斜角随延迟时间Δt_2的变化曲线

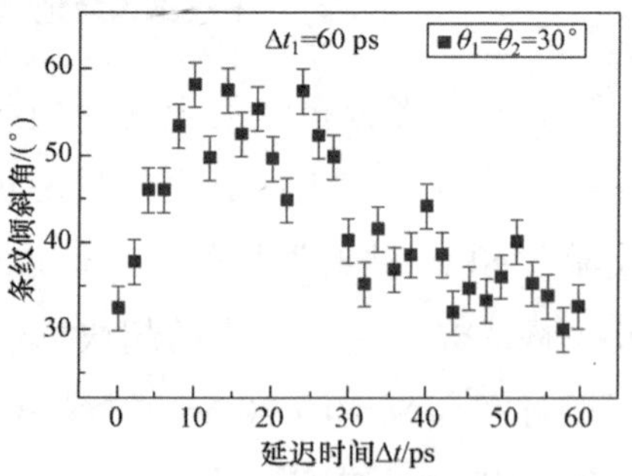

(c) Δt_1=60 ps情况下条纹倾斜角随延迟时间Δt_2的变化曲线

图 5.6　偏振夹角为$\theta_1=\theta_2=30°$的三束飞秒激光在 4H-SiC 表面诱导亚波长周期条纹结构随延迟时间的演化过程[98]

5.5 共线延时飞秒激光束调控制备多类型二维亚波长周期阵列结构

目前，金属表面二维周期微结构制备可利用飞秒激光交叉直写和多束干涉等方法来获得[87-88]，但通常情况下这些结构周期和单元尺寸为微米量级，难以满足纳米光子器件的制备和应用需求。本节将介绍利用延时飞秒激光调控制备多类型二维亚波长周期阵列结构方面取得的研究进展。

5.5.1 二维亚波长圆点状、三角形和菱形周期阵列结构

实验中，将从钛宝石激光器输出的单束飞秒激光（1 kHz，800 nm，50 fs）通过钒酸钇双折射晶体后，产生偏振方向相互垂直且有特定延迟时间（$\Delta t = 1.2$ ps）的双束共线传输飞秒激光，它们经柱透镜聚焦后垂直照射在块体金属钨表面。当入射激光总能量为 $E = 0.21$ mJ，能量比为 $R = 1:3$，扫描速度 $v = 0.03$ mm/s 时，制备获得了高规整分布的二维圆点状周期阵列结构[100-101]，如图 5.7（a）所示。其中两个周期排列方向分别垂直于双束飞秒激光的线偏振方向，结构周期均为$\Lambda = 560$ nm，单元直径约为 $d = 320$ nm，结构深度约为 $h = 150$ nm。基于光学反射谱测量实验发现这种结构在近红外$\lambda = 700$ nm～2 μm 波段范围具有明显减反射（或者吸收增强）效应。特别是在波长$\lambda = 1\,320$ nm 位置处出现了一个反射极小值，这可能与二维周期结构引起的表面波共振激发有关。不仅如此，实验研究还发现，当双束激光延迟时间增至$\Delta t = 130$ ps 时，二维周期结构单元的几何形貌将转变为立方柱状，其中沿一个排列方向的空间周期缩小约一半值，同时二维结构的规整性也变差；若延迟时间增至$\Delta t = 160$ ps 时，二维周期结构开始消失，取而代之的是不规则分布的传统一维条纹结构。

另外，实验中如果将样品位置移至光束焦点前 0.2 mm 处，并在延迟时间为$\Delta t = 1.2$ ps，总能量为 $E = 0.18$ mJ，能量比为 $R = 1:1$ 的条件下，可制备获得二维分布的高规整三角形周期阵列结构[100,102]，如图 5.7（b）所示。该结构可看作由三组排列不同方向的一维亚波长周期刻槽结构在空间上叠加形成。

其中在三个不同方向上的结构排列周期均为Λ= 610 nm，刻槽宽度为w= 130 nm，结构深度约为h= 100 nm，三角形结构单元的边长约为l= 480 nm。或者说，顶点相邻的六个三角形结构可以组成一个类蜂窝状（正六边形）图案。同样地，实验测得这种结构在近红外λ= 700 nm～2 μm 波段范围内也具有明显的减反射（吸收增强）效应。但与圆包状结构相比较，其反射极小值对应的波长位置（λ= 1 000 nm）发生了蓝移。不仅如此，利用延迟时间为Δt = 5 ps 的双束飞秒激光在金属钨表面还获得了高规整分布的二维菱形周期阵列结构[100]，如图 5.7（c）所示。显然，该结构是两组排列方向互成 126° 的一维亚波长周期条纹结构在空间上交叉叠加形成，但它们的排列方向既不垂直也不平行于两束激光的线偏振方向，其中每个菱形结构单元的边长约为l= 660 nm，排列周期均为Λ= 760 nm。

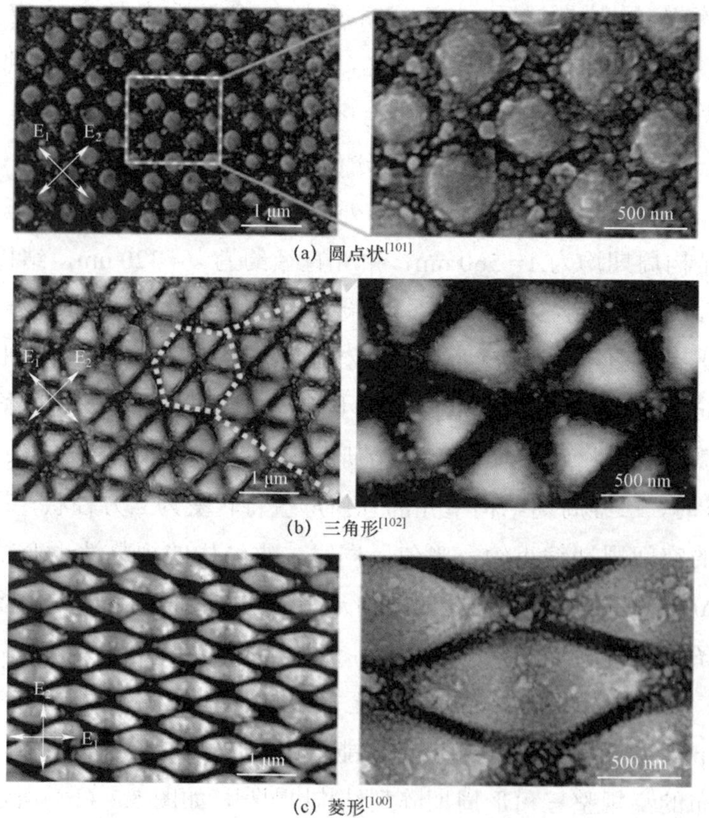

(a) 圆点状[101]

(b) 三角形[102]

(c) 菱形[100]

图 5.7　偏振方向垂直的双束延时飞秒激光在金属钨表面形成的二维周期阵列结构

通过总结分析，作者认为双束飞秒激光的能量密度和能量比是造成材料表面阵列结构形貌不同的主要因素。不同构型结构的形成均与双束飞秒激光激发材料超快动力学过程之间的关联耦合作用密切相关。二维圆包状周期阵列结构是由双束飞秒激光在材料表面各自激发瞬态折射率（温度）光栅并随后发生关联而形成。而在二维三角形周期阵列结构形成过程中，在先入射飞秒激光激发的瞬态折射率光栅调制作用下，滞后入射的飞秒激光通过非共线激发方式产生两组新的 SPPs 波，从而形成三角形周期阵列结构。

类似地，其他研究人员利用双束相互垂直线性偏振、反向旋转的圆偏振且具有时间延迟的飞秒激光在金属和半导体表面制备获得二维亚波长蜂窝状三角形、蜂窝状孔和方形周期阵列结构[103-107]，通过激光参数对二维亚波长周期阵列结构的形貌特性实现了有效的调控。研究人员将二维亚波长周期结构的形成机制归结于飞秒激光激发材料表面熔融层的非线性对流流体运动或 SPPs 波的激发。这些实验获得的二维周期阵列结构在可见光波段展现出多方位结构色和减反射以及超疏水特性。

5.5.2　二维纳米纺锤状周期阵列结构

赵朕将偏振相同、通量相等且有时间延迟的双束飞秒激光（800 nm，40 fs，1 kHz）经物镜聚焦照射铁基非晶表面机械划刻的微米凹槽。在通量为 $F=0.021\ \mathrm{J/cm^2}$ 且时间延迟为 $\Delta t=6\ \mathrm{ps}$ 条件下，双束飞秒激光以速度 $v=0.04\ \mathrm{mm/s}$ 沿偏振方向横向扫描微米刻槽，在激光光斑照射的刻槽内形成高规整二维纳米纺锤状周期阵列结构[108]，结构形貌如图 5.8（a）所示，其空间周期分别为 $\Lambda_{//}=667\ \mathrm{nm}$ 和 $\Lambda_{\perp}=180\ \mathrm{nm}$，结构单元的尺寸分别为 350 nm 和 120 nm。纺锤状结构单元的高度为 54 nm，如图 5.8（b）所示。作者实验研究了双束飞秒激光的参数以及刻槽宽度对二维纳米纺锤状周期阵列结构形成的影响。研究发现纳米纺锤状周期阵列结构形成所需的时间延迟动态范围为 $4\ \mathrm{ps}\leqslant\Delta t\leqslant 20\ \mathrm{ps}$，结构排列方向可由双束飞秒激光偏振方向实施精确操控，而控制双束飞秒激光的通量是调控结构的周期和单元尺寸的有效途径，改变刻槽的宽度可有效地控制阵列结构的列数目。当槽宽减为亚微米量级时，刻槽内仅形成一列纳米纺锤状链条结构。作者分析认为二维纳米纺锤状阵列结构

的形成物理机制可归结于两种表面电磁波的激发。一种是 TM 偏振的 SPPs 波激发，其与入射激光干涉导致平行于刻槽的一维亚波长瞬态折射率光栅结构形成。另一种是 TE 偏振的表面磁振子极化（surface magneton polartons，SMPs）波，其与入射激光干涉导致垂直于刻槽的一维深亚波长瞬态折射率光栅结构形成。在双束飞秒激光与铁基非晶相互作用的超快动力学过程中，两组方向相互垂直的一维瞬态折射率光栅在空间上发生热关联耦合作用形成了二维纳米纺锤状阵列结构。

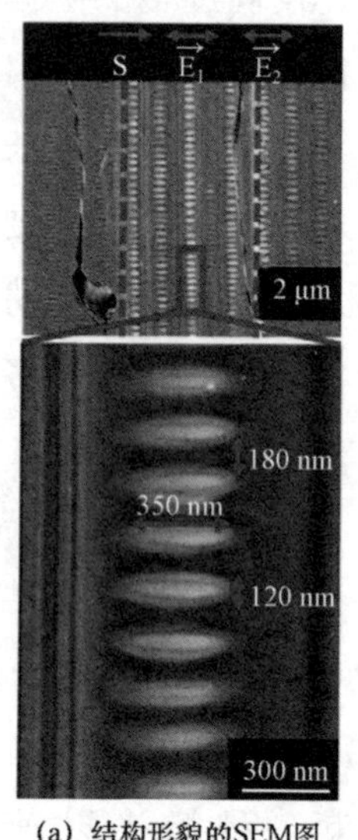

(a）结构形貌的SEM图

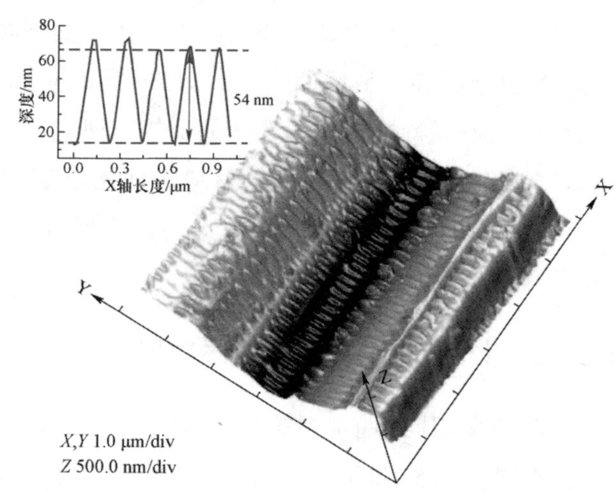

(b）结构形貌AFM图

图 5.8　偏振和通量均相同的双束延时飞秒激光在铁基非晶表面的微槽内诱导的二维纳米纺锤状周期阵列结构[108]

5.5.3　二维亚波长椭圆棒状周期阵列结构

从佳等人在实验上采用两束偏振方向和中心波长均不相同的飞秒激光（800 nm，400 nm，50 fs，1 kHz）共线延时聚焦照射，在块体金属钼表面获得了高规整性二维椭圆状周期阵列结构[109]，如图 5.9（a）所示，其中结构周期分别为$\Lambda_{//}$ = 616 nm 和$\Lambda_{\perp}$ = 236 nm。二维亚波长椭圆状周期阵列结构排列方向可通过改变飞秒激光偏振特性获得调控。另外，研究结果发现，该类型结构在双束激光延迟时间Δt = −30～200 ps（正延迟时间代表长波长激

光先入射）范围内均可形成，且结构规整性在$\Delta t = 10$ ps 时达到最优。实验测得随着延迟时间的增加，结构周期呈现减小和增加的相反趋势。值得注意的是，两个结构周期分别在延迟时间$\Delta t = 80$～140 ps 和$\Delta t = 30$～60 ps 范围内出现突然减小，这表明双束飞秒激光的作用过程发生了某种程度的关联耦合。

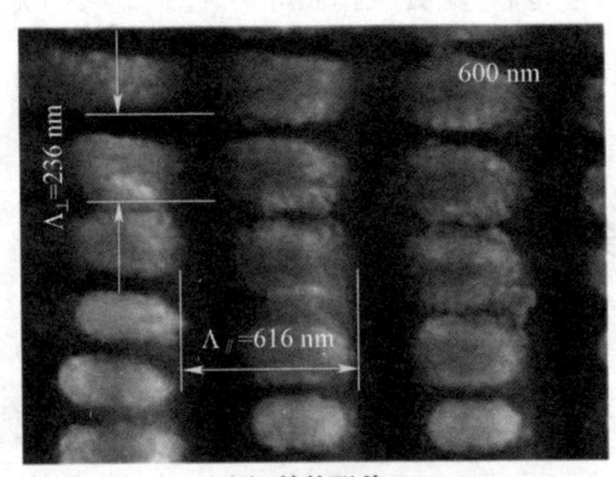

(a) 结构形貌

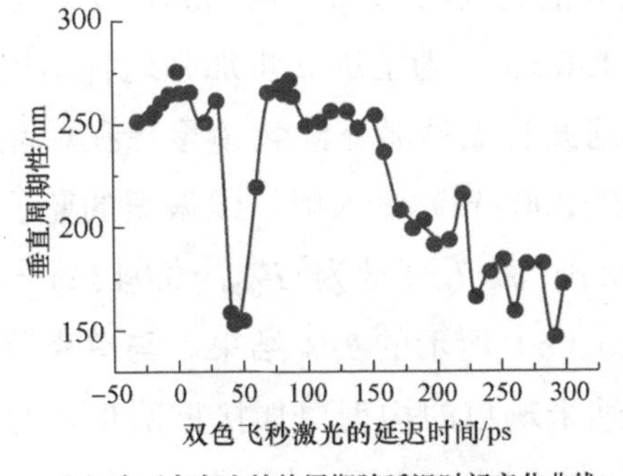

(b) 水平方向上结构周期随延迟时间变化曲线

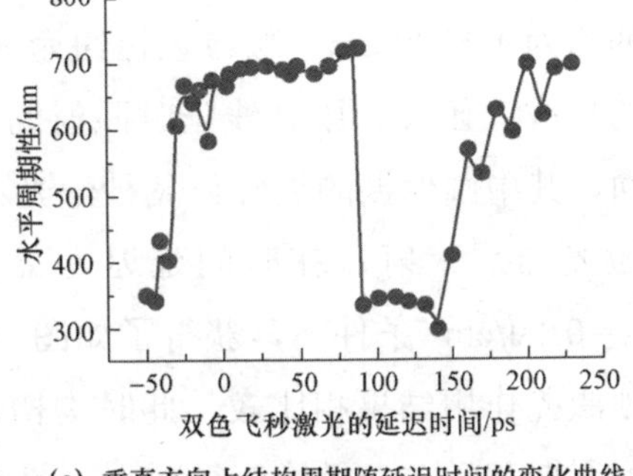

(c) 垂直方向上结构周期随延迟时间的变化曲线

图 5.9　偏振垂直的双色延时飞秒激光在金属钨表面诱导形成的二维椭圆棒状周期阵列结构[109]

作者利用类迈克耳孙干涉仪实验装置研究延迟时间对二维亚波长椭圆棒状周期阵列结构形貌的调控作用，实验结果发现在延迟时间$\Delta t = -30$～200 ps 范围内钼表面均可形成二维亚波长椭圆棒状周期阵列结构（正延迟时间代表近红外激光先入射；反之，蓝色激光先入射），且形貌规整性在$\Delta t = 10$ ps 达到最优。超出该延迟时间范围，二维亚波长椭圆棒状周期阵列结构消失，取而代之的是一维亚波长周期条纹结构，排列方向垂直于滞后入射的飞秒激光偏振方向。随延迟时间的增加，二维亚波长椭圆棒状周期阵列结构在水平和垂直方向的空间周期整体分别呈现减小和增加的相反趋势，如图 5.9（b）、图 5.9（c）所示。值得注意的是，水平和垂直两个方向的空间周期分别在延迟时间$\Delta t = 80$～140 ps 和$\Delta t = 30$～60 ps 范围内突然减小一半，即出现结构分裂现象。作者认为二维亚波长椭圆棒状周期阵列结构是由于垂直偏振的双色飞秒激光在材料表面通过各自激发 SPPs 波产生瞬态折射率光栅，并发生热关联耦合作用形成的。通过改变延迟时间可对瞬态关联耦合产生调控，从而对最终形成的二维亚波长椭圆棒状周期阵列结构形貌（尤其是空间周期）进行灵活调控。

5.5.4　二维亚波长条纹－颗粒复合结构

秦婉婉等人采用单束线偏振的蓝色飞秒激光（400 nm，50 fs，1 kHz）经物镜聚焦垂直照射在单晶铜表面，观测到了二维亚波长的条纹－颗粒复合结构[110]，如图 5.10（a）所示。其中每条平行沟槽内均存在周期性排布的纳米颗粒链，条纹分布周期为Λ=270 nm，沟槽宽度约为 $w = 115$ nm，颗粒分布周期约为$\Lambda = 200$ nm，颗粒直径约为 $d = 130$ nm。为了进一步加强这种结构类型的形成，作者利用共线延时照射的不同波长飞秒激光经物镜聚焦在单晶铜表面，其中圆偏振的近红外飞秒激光（$\lambda = 800$ nm）先入射，线偏振的蓝色飞秒激光滞后入射。在时间延迟为$\Delta t = 28$ ps 激光通量为 $F_{800} = 0.04$ J/cm^2 和 $F_{400} = 0.1$ J/cm^2 条件下，获得了如图 5.10（b）所示的实验结果。与单束蓝色飞秒激光作用结果相比较，此时沟槽内纳米颗粒的构型更加接近圆形，且其排列周期和颗粒直径均获得减小。图 5.10（c）～（f）给出了滞后入射的蓝色飞秒激光在不同通量时，表面复合结构中沟槽宽度 w、颗粒直径 d、周期Λ_p和周期与直径的比值Λ_p/d 等参数随先入射近红外飞秒激光通量的变化曲线。作者分析认为在二维亚波长条纹－纳米颗粒复合结构产生过程中，条纹结构形成是由入射激光与材料 SPPs 波相互干涉所形成，而纳米颗粒主要是由在材料表面周期性烧蚀去除过程中刻槽内金属纳米液柱在 Plateau-Rayleigh 不稳定性作用下发生有序断裂形成。先入射的圆偏振近红外飞秒激光可以通过调控金属表面的瞬态物理性能，实现对二维复合结构形貌特征的动态调控。

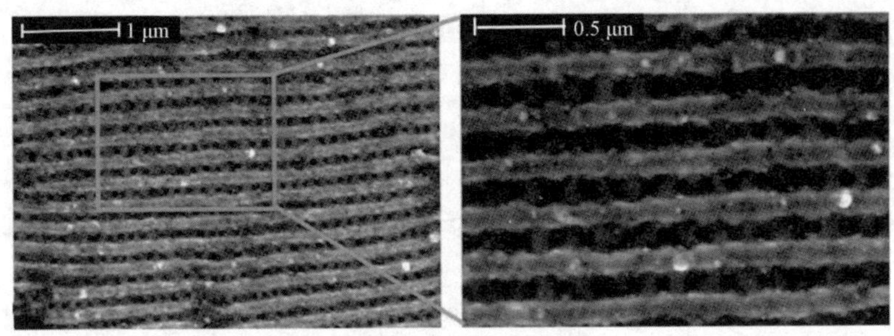

(a) 单束蓝色飞秒激光作用结果

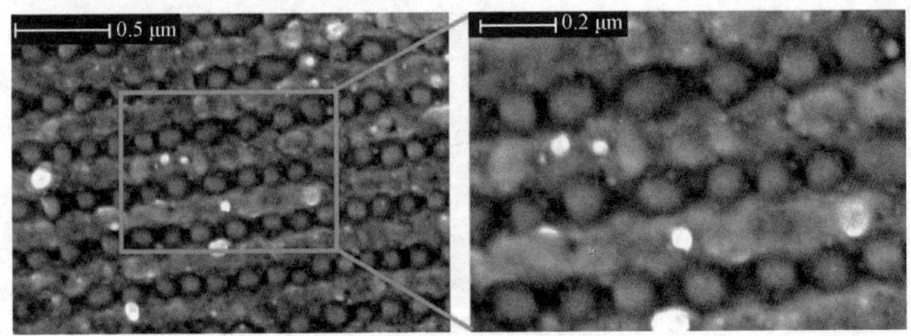

(b) 双色延时飞秒激光作用结果

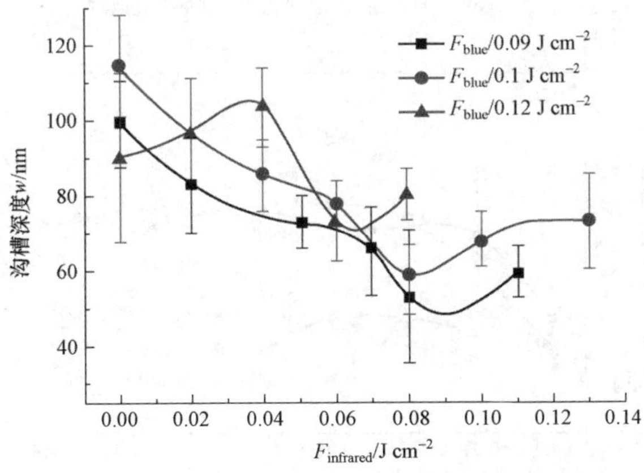

(c) 沟槽深度w随红外激光通量的变化曲线

图 5.10 单束和双色延时飞秒激光在金属铜表面诱导的二维亚波长条纹-纳米颗粒复合结构[110]

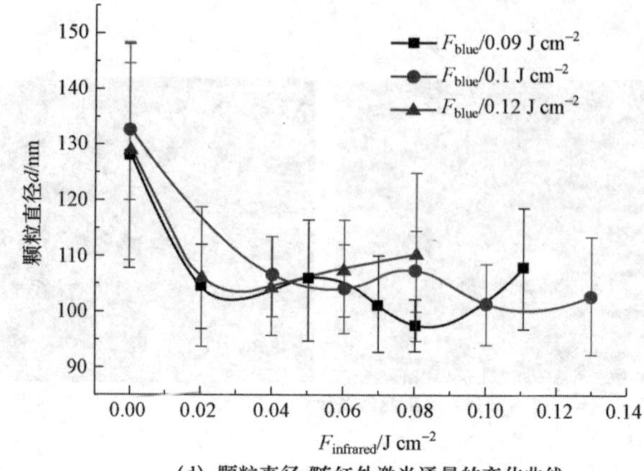

(d) 颗粒直径d随红外激光通量的变化曲线

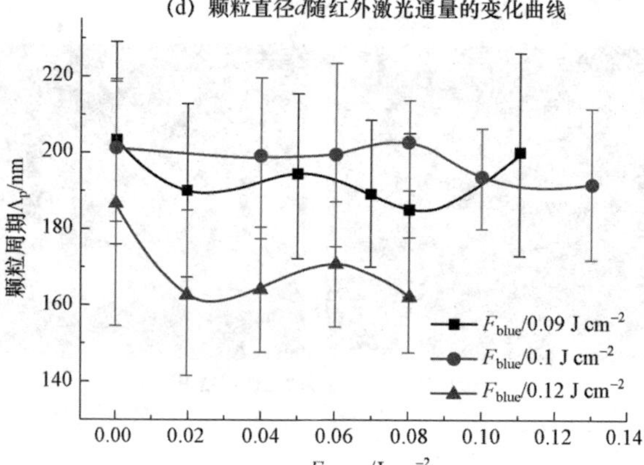

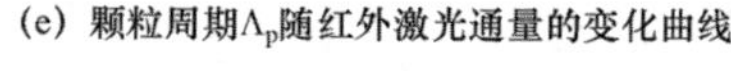

(e) 颗粒周期Λ_p随红外激光通量的变化曲线

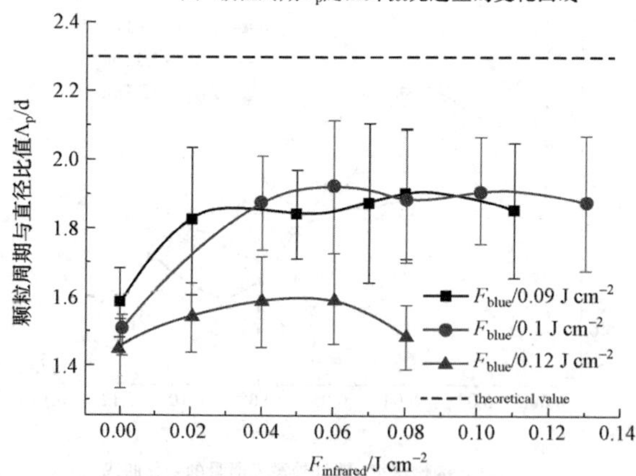

(f) 颗粒周期与直径的比值Λ_p/d随红外激光通量的变化曲线

图 5.10 单束和双色延时飞秒激光在金属铜表面诱导的二维亚波长条纹－纳米颗粒复合结构[110]（续）

5.5.5　二维亚波方形周期阵列结构

和万霖将偏振垂直的三束飞秒激光（400 nm，50 fs，1 kHz）经物镜聚焦垂直照射到 4H 碳化硅表面。在延迟时间为$\Delta t_1 = 20$ ps，$\Delta t_2 = 30$ ps，激光能量密度为 $F_1 = F_2 = F_3 = 0.07$ J/cm^2 条件下，以速度 $v = 0.1$ mm/s 移动样品，在激光光斑照射区域内形成了高规整性二维低空间频率方形周期阵列结构，显微形貌如图 5.11（a）所示。该二维低空间频率方形周期阵列结构在水平和垂直方向上的空间周期均为$\Lambda = 680$ nm，单元结构边长约为 $l = 490$ nm，高度为 $h = 170$ nm。当延迟时间变为$\Delta t_1 = 40$ ps，$\Delta t_2 = 30$ ps 时，二维低空间频率方形阵列结构转变成为一维低空间频率周期条纹结构，结构形貌如图 5.11（b）所示。该一维亚波长周期条纹结构的排列方向垂直于延迟入射的第三束飞秒激光偏振方向，空间周期约为$\Lambda = 680$ nm，沟槽宽度约为 $w = 200$ nm。此外，作者研究了延迟时间对周期表面结构形貌的调控作用。当固定第一延迟时间$\Delta t_1 = 20$ ps 不变，而第二延迟时间在$\Delta t_2 = 20$～40 ps 范围内变化时，4H 碳化硅表面均能形成高规整性二维低空间频率方形周期阵列结构；而当Δt_2 超出上述范围时，二维低空间频率方形周期阵列结构形貌规整性变差或甚至消失。当固定第一延迟时间$\Delta t_1 = 40$ ps 不变，而第二延迟时间在$\Delta t_2 = 20$～40 ps 范围内变化时，4H 碳化硅表面均能形成高规整性一维低空间频率周期条纹结构；当Δt_2 超出上述范围时，一维低空间频率周期条纹结构形貌规整性变差甚至消失。因此，在利用偏振垂直三束延时飞秒激光调控制备周期表面结构实验中，第一延迟时间Δt_1 是决定结构形貌特征的关键因素，而第二延迟时间Δt_2 是影响结构形貌规整性的关键因数。类似于金属表面二维亚波长圆包状周期阵列结构的形成原理，作者认为二维亚波长方形周期阵列结构是由三束飞秒激光在 4H 碳化硅表面激发的三个互相垂直的瞬态温度光栅在空间和时间上发生瞬态热关联耦合作用形成的。超前入射激光激发的瞬态折射率光栅对滞后入射飞秒激光激发的 SPPs 波矢方向不产生任何影响，但对激发效率具有一定影响。

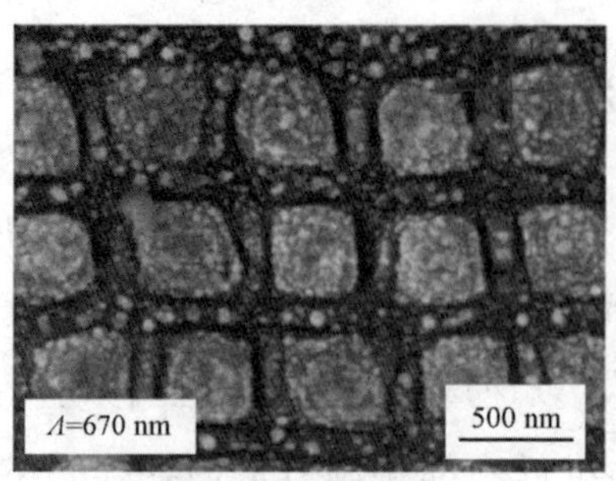

(a) 二维方形周期阵列结构

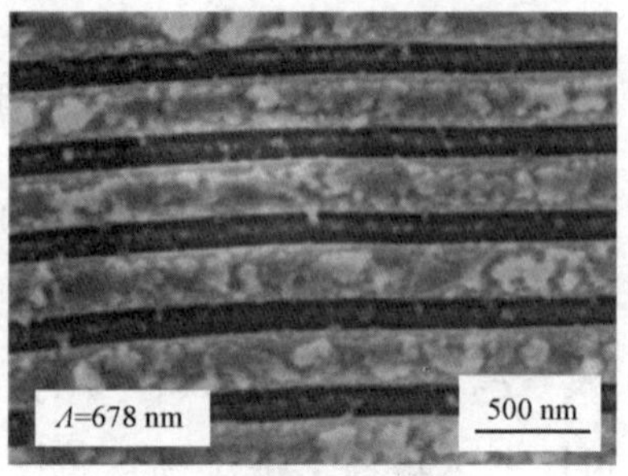

(b) 一维周期条纹结构

图 5.11 偏振垂直的三束飞秒激光在 4H 碳化硅表面诱导的低空间频率周期表面结构[111]

5.6 总 结

本章重点论述了飞秒激光诱导材料表面亚波长周期表面结构过程中形貌规整性差、结构单一、调控手段不灵活、制备效率低等问题的解决方法。在单束飞秒激光照射情况下，通过设置扫描方向、限制光斑尺寸、选择特性材料和引入高真空加工环境等方法显著提高了一维亚波长周期条纹结构在金属薄膜表面形成的规整性；在偏振垂直的双束延时飞秒激光照射情况下，通过严格控制激光脉冲能量比在块体金属钨表面制备获得前所未有的高规整一维亚波长周期条纹结构；在偏振平行的双色飞秒激光照射下，通过改变延迟时间实现了金属钼表面一维亚波长周期条纹结构周期在高和低空间频率内的转化；利用偏振垂直的双/三束延时飞秒激光在金属/半导体表面制备获得了具有不同形貌特征（圆点、三角形、菱形、方形）二维亚波长周期阵列结构，并通过改变激光参数比实现了结构形貌的互相转化；利用偏振相同的双束延时飞秒激光在铁基非晶表面微米凹槽内制备获得高规整二维纳米纺锤状周期阵列结构，并实现了对其排列方向、结构周期、单元尺寸和阵列数目等结构参数的灵活调控；利用双色延时飞秒激光分别在金属钼和铜表面制备形成了二维亚波长椭圆周期阵列和条纹-纳米颗粒复合结构，并实现了对其分布周期、单元尺寸等结构参数的灵活调控；另外，在利用共线延时飞秒激光束调控制备周期表面结构的同时，还发现了材料中瞬态折射率形成、SPPs 和 SMPs 波激发、Plateau-Rayleigh 不稳定性等一系列超快物理现象。目前采用柱透镜

聚焦方式将飞秒激光诱导周期表面结构的制备效率提高到了接近工业化生产水平。

总之，尽管说飞秒激光诱导亚波长周期表面结构在形貌特征、排列分布、空间周期和制备效率等方面已经获得了一定程度的控制产生，但相应的超快动力学过程和物理机制仍缺乏统一认识。特别是，当采用皮秒时间延迟多束飞秒激光照射时，如何全面和深刻理解其中多个光-物质作用动态过程之间的关联与耦合，包括 SPPs 波在金属非平衡状态下的激发与调控，及其后续能量弛豫对表面微纳结构产生的影响等，均是未来需要深入探索和解决的科学问题。另外，如何利用飞秒激光在金属表面实现微纳结构的多维度、多类型、高效率和高质量构建，仍然是这一研究领域有待解决的关键技术问题。相信针对上述问题研究呈现出的新现象和新规律不仅将会极大丰富激光与物质作用的研究体系，而且将有助于解决当前普遍存在的加工效率和加工精度之间的固有矛盾，从而引发人们对飞秒激光微纳制造手段之精彩、发展潜力之深远的惊叹！

5.7　参考文献

[1] BIRNBAUM M. Semiconductor surface damage produced by ruby lasers[J]. Journal of Applied Physics, 2004, 36(11): 3688-3689.

[2] EMMONY D C, HOWSON R P, WILLIS L J. Laser mirror damage in germanium at 10. 6 μm[J]. Applied Physics Letters, 1973, 23(11): 598-600.

[3] KEILMANN F, BAI Y H. Periodic surface structures frozen into CO_2 laser-melted quartz[J]. Applied Physics A(Solid and Surface), 1982, 29(1): 9-18.

[4] SIPE J E, YOUNG J F, PRESTON J S, et al. Laser-induced periodic surface structure. I. Theory[J]. Physical Review. B, Condensed matter, 1983, 27(2): 1141-1154.

[5] GUOSHENG Z, FAUCHET P M, SIEGMAN A E. Growth of spontaneous periodic surface structures on solids during laser illumination[J]. Physical Review. B, Condensed matter, 1982, 26(10): 5366-5381.

[6] VAN DRIEL H M, SIPE J E, YOUNG J F. Laser-induced periodic surface structure on solids: a universal phenomenon[J]. Physical Review Letters, 1982, 49(26): 1955-1958.

[7] YOUNG J F, PRESTON J S, VAN DRIEL H M, et al. Laser-induced periodic surface structure. Ⅱ. Experiments on Ge, Si, Al, and brass[J]. Physical Review B, 1983, 27(2): 1155-1172.

[8] YOUNG J F, SIPE J E, VAN DRIEL H M. Laser-induced periodic surface structure. Ⅲ. Fluence regimes, the role of feedback, and details of the induced topography in germanium[J]. Physical Review B, 1984, 30(4): 2001-2015.

[9] SEMINOGOV V N. Interaction of powerful laser radiation with the surfaces of semiconductors and metals: nonlinear optical effects and nonlinear optical diagnostics[J]. Soviet Physics Uspekhi, 1985, 28(28): 1084-1124.

[10] OZKAN A M, MALSHE A P, RAILKAR T A, et al. Femtosecond laser-induced periodic structure writing on diamond crystals and microclusters[J]. Applied Physics Letters, 1999, 75(23): 3716.

[11] BOROWIEC A, HAUGEN H K. Subwavelength ripple formation on the surfaces of compound semiconductors irradiated with femtosecond laser pulses[J]. Applied Physics Letters, 2003, 82(25): 4462-4464.

[12] YANG J, WANG R, LIU W, et al. Investigation of microstructuring CuInGaSe2 thin films with ultrashort laser pulses[J]. Journal of Physics D: Applied Physics, 2009, 42(21): 215305.

[13] XUE L, YANG J, YANG Y, et al. Creation of periodic subwavelength ripples on tungsten surface by ultra-short laser pulses[J]. Applied Physics A, 2012, 109(2): 357-365.

[14] 吴勃，周明，李保家，等. 飞秒激光脉冲诱导不锈钢表面微结构研究［J］. 激光与光电子学进展，2013，50（11）：111406.

[15] WANG L, CHEN Q D, CAO X W, et al. Plasmonic nano-printing: large-area nanoscale energy deposition for efficient surface texturing[J]. Light: Science & Applications, 2017, 6(12): e17112.

[16] BONSE J, KRUGER J, HOHM S, et al. Femtosecond laser-induced periodic surface structures[J]. Journal of Laser Applications, 2012, 24(4): 42006.

[17] BONSE J, MUNZ M, STURM H. Structure formation on the surface of indium phosphide irradiated by femtosecond laser pulses[J]. Journal of Applied Physics, 2005, 97(1): 13538.

[18] HUANG M, ZHAO F, CHENG Y, et al. The morphological and optical characteristics of femtosecond laser-induced large-area micro/nanostructures on GaAs, Si, and brass[J]. Optics Express, 2010, 18(23): A600-A619.

[19] HOU S, HUO Y, XIONG P, et al. Formation of long-and short-periodic nanoripples on stainless steel irradiated by femtosecond laser pulses[J]. Journal of Physics D: Applied Physics, 2011, 44(50): 505401.

[20] QI L, NISHII K, NAMBA Y. Regular subwavelength surface structures induced by femtosecond laser pulses on stainless steel. Optics Letters, 2009(34): 1846-1848.

[21] HAN Y, ZHAO X, QU S. Polarization dependent ripples induced by femtosecond laser on dense flint(ZF_6)glass[J]. Optics Express, 2011, 19(20): 19150-19155.

[22] HOHM S, ROSENFELD A, KRUEGER J, et al. Femtosecond laser-induced periodic surface structures on silica[J]. Journal of Applied Physics, 2012, 112(1): 14901.

[23] BONSE J, STURM H, SCHMIDT D, et al. Chemical, morphological and accumulation phenomena in ultrashort-pulse laser ablation of TiN in air[J]. Applied Physics A(Materials Science Processing), 2000, 71(6): 657-665.

[24] BONSE J, HOHM S, ROSENFELD A, et al. Sub-100-nm laser-induced periodic surface structures upon irradiation of titanium by Ti: sapphire femtosecond laser pulses in air[J]. Applied Physics A, 2013, 110(3): 547-551.

[25] JIA T Q, ZHAO F L, HUANG M, et al. Alignment of nanoparticles formed on the surface of 6H-SiC crystals irradiated by two collinear femtosecond laser beams[J]. Applied Physics Letters, 2006, 88(11): 3668.

[26] 王浩竹，杨丰赫，杨帆，等. 飞秒激光在金属钼表面诱导产生纳米量级周

期条纹结构的研究［J］.中国激光，2015，42（1）：103001.

[27] GOLOSOV E V, IONIN A A, KOLOBOV Y R, et al. Ultrafast changes in the optical properties of a titanium surface and femtosecond laser writing of one-dimensional quasi-periodic nanogratings of its relief[J]. Journal of Experimental and Theoretical Physics, 2011, 113(1): 14.

[28] HSU E M, CRAWFORD T H R, TIEDJE H F, et al. Periodic surface structures on gallium phosphide after irradiation with 150 fs-7 ns laser pulses at 800 nm[J]. Applied Physics Letters, 2007, 91(11): 111102.

[29] BONSE J, MUNZ M, STURM H. Structure formation on the surface of indium phosphide irradiated by femtosecond laser pulses[J]. Journal of Applied Physics, 2005, 97(1): 13538.

[30] YANG Y, YANG J, XUE L, et al. Surface patterning on periodicity of femtosecond laser-induced ripples[J]. Applied Physics Letters. 2010, 97(14): 141101.

[31] BONSE J, KRUEGER J. Pulse number dependence of laser-induced periodic surface structures for femtosecond laser irradiation of silicon[J]. Journal of Applied Physics, 2010, 108(3): 34903.

[32] SAKABE S, HASHIDA M, TOKITA S, et al. Mechanism for self-formation of periodic grating structures on a metal surface by a femtosecond laser pulse[J]. Physical Review B, 2009, 79(3): 33409.

[33] OKAMURO K, HASHIDA M, MIYASAKA Y, et al. Laser fluence dependence of periodic grating structures formed on metal surfaces under femtosecond lascr pulse irradiation[J]. Physical Review B, 2010, 82(16): 165417.

[34] SHIMOTSUMA Y, KAZANSKY P G, QIU J, et al. Self-organized nanogratings in glass irradiated by ultrashort light pulses. [J]. Physical Review Letters, 2003, 91(24): 247405.

[35] GOLOSOV E V, EMEL V I. Femtosecond laser writing of subwave one-dimensional quasiperiodic nanostructures on a titanium surface[J]. Journal of Experimental and Theoretical Physics Letters, 2009, 90(2):

116-120.

[36] SHEN M, CAREY J E, CROUCH C H, et al. High-density regular arrays of nanometer-scale rods formed on Silicon surfaces via femtosecond laser irradiation in water[J]. Nano Letters, 2008, 8(7): 2087-2091.

[37] KOROLKOV V P, IONIN A A, KUDRYASHOV S I, et al. Surface nanostructuring of Ni/Cu foilsby femtosecond laser pulses[J]. Quantum Electronics, 2011, 41(4): 387-392.

[38] BUIVIDAS R, MIKUTIS M, JUODKAZIS S. Surface and bulk structuring of materials by ripples with long and short laser pulses: Recent advances[J]. Progress in Quantum Electronics, 2014, 38(3): 119-156.

[39] TANG Y, YANG J, ZHAO B, et al. Control of periodic ripples growth on metals by femtosecond laser ellipticity[J]. Optics Express, 2012, 20(23): 25826-25826.

[40] NIVAS J, HE S, RUBANO A, et al. Direct Femtosecond laser surface structuring with optical vortex beams generated by a q-plate[J]. Scientific Reports, 2015(5): 17929.

[41] OUYANG J, PERRIE W, ALLEGRE O J, et al. Tailored optical vector fields for ultrashort-pulse laser induced complex surface plasmon structuring[J]. Optics Express, 2015, 23(10): 12562-12572.

[42] BONSE J, KRUEGER J, ROSENFELD A. On the role of surface plasmon polaritons in the formation of laser-induced periodic surface structures upon irradiation of silicon by femtosecond-laser pulses[J]. Journal of Applied Physics, 2009, 106(10): 104910.

[43] HUANG M, ZHAO F, CHENG Y, et al. Origin of Laser-induced near-subwavelength ripples: interference between surface plasmons and incident laser[J]. ACS Nano, 2009, 3(12): 4062-4070.

[44] MIYAJI G, MIYAZAKI K. Origin of periodicity in nanostructuring on thin film surfaces ablated with femtosecond laser pulses[J]. Optics Express, 2008, 16(20): 16265-16271.

[45] GARRELIE F, COLOMBIER J P, PIGEON F, et al. Evidence of surface

plasmon resonance in ultrafast laser-induced ripples[J]. Optics Express, 2011, 19(10): 9035-9043.

[46] DERRIEN J Y, KRÜGER J, ITINA T E, et al. Rippled area formed by surface plasmon polaritons upon femtosecond laser double-pulse irradiation of silicon[J]. Optics Express, 2013, 21(24): 29643.

[47] REIF J, VARLAMOVA O, COSTACHE F. Femtosecond laser induced nanostructure formation: selforganization control parameters[J]. Applied Physics A, 2008, 92(4): 1019-1024.

[48] WU X, JIA T Q, ZHAO F L, et al. Formation mechanisms of uniform arrays of periodic nanoparticles and nanoripples on 6H-SiC crystal surface induced by femtosecond laser ablation[J]. Applied Physics A, 2007, 86(4): 491-495.

[49] DUFFT D, ROSENFELD A, DAS S K, et al. Femtosecond laser-induced periodic surface structures revisited: A comparative study on ZnO[J]. Journal of Applied Physics, 2009, 105(3): 34908.

[50] SEDAO X, SHUGAEV M V, WU C, et al. Growth twinning and generation of high-frequency surface nanostructures in ultrafast laser-induced transient melting and resolidification[J]. ACS Nano, 2016, 10(7): 6995-7007.

[51] VOLKOV S N, KAPLAN A E, MIYAZAKI K. Evanescent field at nanocorrugated dielectric surface[J]. Applied Physics Letters, 2009, 94(4): 41104.

[52] MARTSINOVSKI G A, SHANDYBINA G D, SMIRNOV D S, et al. Ultrashort excitations of surface polaritons and waveguide modes in semiconductors[J]. Optics and Spectroscopy, 2008, 105(1): 67-72.

[53] STRAUB M, AFSHAR M, FEILI D, et al. Surface plasmon polariton model of high-spatial frequency laser-induced periodic surface structure generation in silicon[J]. Journal of Applied Physics, 2012, 111(12): 124315.

[54] BONSE J, HOHM S, KIRNER S V, et al. Laser-induced periodic surface structures-a scientific evergreen[J]. IEEE Journal of Selected Topics in Quantum Electronics, 2017, 23(3): 9000615.

[55] HOHM S, ROSENFELD A, KRUGER J, et al. Femtosecond diffraction

dynamics of laser-induced periodic surface structures on fused silica[J]. Applied Physics Letters, 2013(102): 54102.

[56] JIA X, JIA T Q, PENG N N, et al. Dynamics of femtosecond laser-induced periodic surface structures on silicon by high spatial and temporal resolution imaging[J]. Journal of Applied Physics, 2014, 115(14): 143102.

[57] KAFKA K R P, AUSTIN D R, LI H, et al. Time-resolved measurement of single pulse femtosecond laser-induced periodic surface structure formation induced by a pre-fabricated surface groove[J]. Optics Express, 2015, 23(15): 19432-19441.

[58] CHENG K, LIU J, CAO K, et al. Ultrafast dynamics of single-pulse femtosecond laser-induced periodic ripples on the surface of a gold film[J]. Physical Review B, 2018, 98(18): 184106.

[59] HOHM S, ROHLOFF M, ROSENFELD A, et al. Dynamics of the formation of laser-induced periodic surface structures (LIPSS) upon femtosecond two-color double-pulse irradiation of metals, semiconductors, and dielectrics[J]. Applied Surface Science, 2016(374): 331-338.

[60] HOHM S, ROHLOFF M, ROSENFELD A, et al. Dynamics of the formation of laser-induced periodic surface structures on dielectrics and semiconductors upon femtosecond laser pulse irradiation sequences. Appl Phys A, 2013(110): 553-557.

[61] JIANG L, SHI X, LI X, et al. Subwavelength ripples adjustment based on electron dynamics control by using shaped ultrafast laser pulse trains[J]. Optics Express, 2012, 20(19): 21505-21511.

[62] JIANG L, WANG A D, LI B, et al. Electrons dynamics control by shaping femtosecond laser pulses in micro/nanofabrication: Modeling, method, measurement and application[J]. Light Science & Applications, 2017, 7(2): 17134.

[63] GEDVILAS M, MIKŠYS J, RAČIUKAITIS G. Flexible periodical micro-and nano-structuring of a stainless steel surface using dual-wavelength double-pulse picosecond laser irradiation[J]. Rsc Advances, 2015, 5(92):

75075-75080.

[64] 李阳博，柏锋，范文中，等. 飞秒激光金属着色颜色差分析［J］. 光学学报，2016，36（7）：714003.

[65] DUSSER B, SAGAN Z, HERVÉ S, et al. Controlled nanostructrures formation by ultra fast laser pulses for color marking[J]. Optics Express, 2010, 18(3): 2913-2924.

[66] YAO J, ZHANG C, LIU H, et al. Selective appearance of several laser-induced periodic surface structure patterns on a metal surface using structural colors produced by femtosecond laser pulses[J]. Applied Surface Science, 2012, 258(19): 7625-7632.

[67] ZORBA V, PERSANO L, PISIGNANO D, et al. Making silicon hydrophobic: wettability control by two-length scale simultaneous patterning with femtosecond laser irradiation[J]. Nanotechnology, 2006, 17(13): 3234-3238.

[68] ZORBA V, STRATAKIS E, BARBEROGLOU M, et al. Biomimetic artificial surfaces quantitatively reproduce the water repellency of a lotus leaf[J]. Advanced Materials, 2008, 20(21): 4049-4054.

[69] 龙江游，范培迅，龚鼎为，等. 超快激光制备具有特殊浸润性的仿生表面［J］. 中国激光，2016，43（8）：800001.

[70] RALF B. Self-cleaning surfaces-virtual realities[J]. Nature Materials, 2003, 2(5): 301-306.

[71] RANELLA A, BARBEROGLOU M, Bakogianni S, et al. Tuning cell adhesion by controlling the roughness and wettability of 3D micro/nano silicon structures[J]. Acta Biomaterialia, 2010, 6(7): 2711-2720.

[72] VOLKOV R V, GOLISHNIKOV D M, GORDIENKO V M, et al. Overheated plasma at the surface of a target with a periodic structure induced by femtosecond laser radiation[J]. Journal of Experimental & Theoretical Physics Letters, 2003, 77(9): 473-476.

[73] KARABUTOV A V, FROLOV V D, LOUBNIN E N, et al. Low-threshold field electron emission of Si micro-tip arrays produced by laser ablation[J]. Applied Physics A(Materials Science Processing), 2003, 76(3): 413-416.

[74] ZORBA V, TZANETAKIS P, FOTAKIS C, et al. Silicon electron emitters fabricated by ultraviolet laser pulses[J]. Applied Physics Letters, 2006, 88(8): 81103.

[75] DIEBOLD E D, MACK N H, DOORN S K, et al. Femtosecond laser-nanostructured substrates for surface-enhanced Raman scattering[J]. Langmuir, 2009, 25(3): 1790-1794.

[76] BUIVIDAS R, FAHIM N, JURGA J, et al. Novel method to determine the actual surface area of a laser-nanotextured sensor[J]. Applied Physics A, 2013, 114(1): 169-175.

[77] MESSAOUDI H, DAS S K, LANGE J, et al. Femtosecond-laser induced periodic surface structures for surface enhanced Raman spectroscopy of biomolecules[M]. Switzerland: Springer, Cham, 2015.

[78] BORN M, WOLF E, HECHT E. Principles of optics: electromagnetic theory of propagation, interference and diffraction of light[J]. Physics Today, 2000, 53(10): 77-78.

[79] MIKUTIS M, KUDRIUS T, SLEKYS G, et al. High 90% efficiency Bragg gratings formed in fused silica by femtosecond Gauss-Bessel laser beams[J]. Optical Materials Express, 2013, 3(11): 1862.

[80] BERESNA M, GECEVICIUS M, KAZANSKY P G, et al. Radially polarized optical vortex converter created by femtosecond laser nanostructuring of glass[J]. Applied Physics Letters, 2011, 98(20): 233901.

[81] RICHTER S, HEINRICH M, DORING S, et al. Nanogratings in fused silica: Formation, control, and applications[J]. Journal of Laser Applications, 2012, 24(4): 42008.

[82] CHENG G, LIU Q, WANG Y, et al. Three-dimensional multilevel memory based on laser-polarization-dependence birefringence[J]. Chinese Optics Letters, 2006, 4(2): 111-113.

[83] YANG Y, YANG J, LIANG C, et al. Surface microstructuring of Ti plates by femtosecond lasers in liquid ambiences: A new approach to improving biocompatibility[J]. Optics Express, 2009, 17(23): 21124-21133.

[84] BUSH J R, NAYAK B K, NAIR L S, et al. Improved bio-implant using ultrafast laser induced self-assembled nanotexture in titanium[J]. Journal of Biomedical Materials Research Part B Applied Biomaterials, 2011, 97B(2): 299-305.

[85] CUNHA A, ELIE A, PLAWINSKI L, et al. Femtosecond laser surface texturing of titanium as a method to reduce the adhesion of Staphylococcus aureus and biofilm formation[J]. Applied Surface Science, 2016(360): 485-493.

[86] SHINONAGA T, TSUKAMOTO M, KAWA T, et al. Formation of periodic nanostructures using a femtosecond laser to control cell spreading on titanium[J]. Applied Physics B, 2015, 119(3): 493-496.

[87] PAN R, ZHONG M. Fabrication of superwetting surfaces by ultrafast lasers and mechanical durability of superhydrophobic surfaces[J]. Chinese Science Bulletin, 2019, 64(12): 1268-1289.

[88] LI X, FENG D H, JIA T Q, et al. Fabrication of a two-dimensional periodic microflower array by three interfered femtosecond laser pulses on Al: ZnO thin films[J]. New Journal of Physics, 2010, 12(4): 43025.

[89] RUIZDL C A, LAHOZ R, SIEGEL J, et al. High speed inscription of uniform, large-area laser-induced periodic surface structures in Cr films using a high repetition rate fs laser[J]. Optics Letters, 2014, 39(8): 2491.

[90] OKTEM B, PAVLOV I, ILDAY S, et al. Nonlinear laser lithography for indefinitely large area nanostructuring with femtosecond pulses[J]. Nature Photonics, 2013, 7(11): 897-901.

[91] GNILITSKYI I, DERRIEN J Y, LEVY Y, et al. High-speed manufacturing of highly regular femtosecond laser-induced periodic surface structures: Physical origin of regularity[J]. Scientific Reports, 2017, 7(1): 8485.

[92] WANG F, ZHAO B, YANG J, et al. Producing anomalous uniform periodic nanostructures on Cr thin films by femtosecond laser irradiation in vacuum[J]. Optics Letters, 2020, 45(6): 1301-1304.

[93] 郑昕. 飞秒激光对金属表面的高效率亚波长刻蚀研究［D］. 长春：中国科

学院大学（中国科学院长春光学精密机械与物理研究所），2020.

[94] GIANNUZZI G, GAUDIUSO C, FRANCO CD, et al. Large area laser-induced periodic surface structures on steel by bursts of femtosecond pulses with picosecond delays[J]. Opt. Laser. Eng. , 2019(114): 15-21.

[95] 王瑞平. 双色飞秒激光对金属表面周期纳米结构的调控生长［D］. 天津：南开大学，2016.

[96] HASHIDA M, NISHII T, MIYASAKA Y, et al. Orientation of periodic grating structures controlled by double-pulse irradiation[J]. Applied Physics A, 2016(122): 484.

[97] HE W, YANG J. Formation of slantwise orientated nanoscale ripple structures on a single-crystal 4H-SiC surface by time-delayed double femtosecond laser pulses[J]. Applied Physics A, 2017, 123(8): 518.

[98] HE W, YANG J. Probing ultrafast nonequilibrium dynamics in single-crystal SiC through surface nanostructures induced by femtosecond laser pulses[J]. Journal of Applied Physics, 2017, 121(12): 123108.

[99] HE W, YANG J, GUO C. Controlling periodic ripple microstructure formation on 4H-SiC crystal with three time-delayed femtosecond laser beams of different linear polarizations[J]. Optics express, 2017, 25(5): 5156-5168.

[100] 乔红贞. 飞秒激光制备二维亚微米金属阵列结构的研究［D］. 天津：南开大学，2015.

[101] QIAO H, YANG J, WANG F, et al. Femtosecond laser direct writing of large-area two-dimensional metallic photonic crystal structures on tungsten surfaces[J]. Optics express, 2015, 23(20): 26617-26627.

[102] QIAO H, YANG J, LI J, et al. Formation of Subwavelength Periodic Triangular Arrays on Tungsten through Double-Pulsed Femtosecond Laser Irradiation[J]. Materials, 2018, 11(12): 2380.

[103] WANG M, ZHANG N, CHEN S C. Effects of supra-wavelength periodic structures on the formation of 1D/2D periodic nanostructures by femtosecond lasers[J]. Opt Laser Technol, 2022(151): 108058.

[104] ZHANG N, CHEN S. Formation of nanostructures and optical analogues of massless Dirac particles via femtosecond lasers[J]. Optics express, 2020, 28(24): 36109-36121.

[105] GIANNUZZI G, GAUDIUSO C, MUNDO R D, et al. Short and long term surface chemistry and wetting behaviour of stainless steel with 1D and 2D periodic structures induced by bursts of femtosecond laser pulses[J]. Applied Surface Science, 2019(494): 1055-1065.

[106] FRAGGELAKIS F, MINCUZZI G, LOPEZ J, et al. Controlling 2D laser nano structuring over large area with double femtosecond pulses[J]. Applied Surface Science, 2019(470): 677-686.

[107] LIU W, SUN J, HU J, et al. Transformation from nano-ripples to nano-triangle arrays and their orientation control on titanium surfaces by using orthogonally polarized femtosecond laser double-pulse sequences[J]. Applied Surface Science, 2022(588): 152918.

[108] ZHAO Z, ZHAO B, LEI Y, et al. Laser-induced regular nanostructure chains within microgrooves of Fe-based metallic glass[J]. Applied Surface Science, 2020(529): 147156.

[109] CONG J, YANG J J, ZHAO B, et al. Fabricating subwavelength dot-matrix surface structures of Molybdenum by transient correlated actions of two-color femtosecond laser beams[J]. Optics Express, 2015, 23(4): 5357-5367.

[110] QIN W, YANG J. Controlled assembly of high-order nanoarray metal structures on bulk copper surface by femtosecond laser pulses[J]. Surface Science, 2017(661): 28-33.

[111] HE W, ZHAO B, YANG J, et al. Manipulation of subwavelength periodic structures formation on 4H-SiC Surface with three temporally delayed femtosecond laser irradiations[J]. Nanomaterials, 2022(12): 796.

第6章 双束延时飞秒激光对铜表面亚波长周期条纹结构方向的动态调控

6.1 引言

飞秒激光不仅能够在纳米尺度下操控材料的物化性能[1,2]，而且能够在非平衡态下监测和调控材料瞬态物化性能变化，理解飞秒激光与金属材料相互作用的超快动力学过程在基础研究和应用研究领域具有重要意义。飞秒激光泵浦-探测技术被广泛用于研究飞秒激光激发金属材料的一些热超快动力学现象，如电子热化和相干声学声子激发等[3-11]，其中时间分辨探测信号为材料表面探测光斑照射区域内的光学瞬态反射率的积分。而实现探测信号的高信噪比往往需要利用高灵敏精密仪器。

激光诱导亚波长周期性表面结构（LIPSSs）是一种飞秒激光与物质相互作用的普遍现象[12-15]。LIPSSs 由于其亚波长特征尺寸和材料改性功能，已成为材料表面纳米图案化和功能化应用的重要途径[16,17]。尽管人们利用泵浦-探测技术研究了 LIPSSs 的形成过程[18-22]，但相关的超快动力学尚未得到清楚的描述。深入理解 LIPSSs 形成超快动力学过程中材料表面电子和晶格的物理响应，及其对后续激光作用的物理影响等有助于揭示形成机理和实现形貌特征的动态调控。

借鉴飞秒激光泵浦-探测技术的实验装置，本章将搭建不同线偏振且时间延迟可调谐的双束飞秒激光实验装置，利用双束飞秒激光在单晶铜表面诱导产生条纹结构倾斜角随时间延迟的变化规律，对飞秒激光激发单晶铜的超快动力学微观物理过程进行创新研究。该研究不仅提供了一种诊断记录飞秒激光作用超快动力学过程的新方法，而且为有效调控纳米周期表面结构制备提供了新思路。

6.2 实验方法

本章所采用的不同偏振且时间延迟可调谐的双束飞秒激光的实验装置如图 6.1 所示。

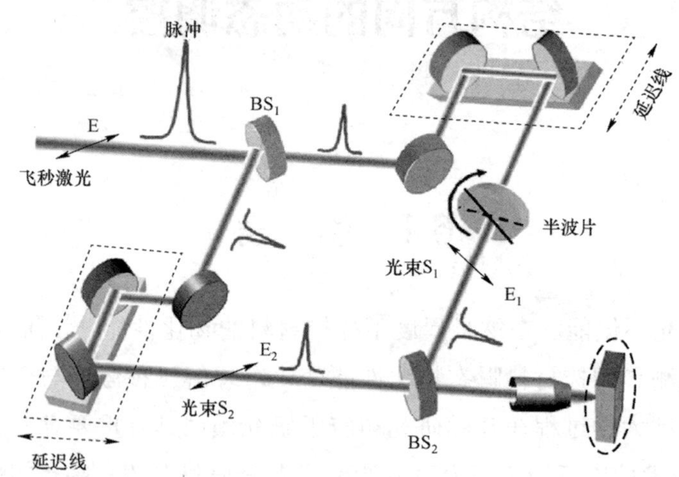

图 6.1 双束偏振不同时间延迟飞秒激光在单晶铜表面诱导周期条纹结构的实验装置示意图

光源为商业化蓝宝石飞秒激光放大器（HP Spitfire 50，Spectra Physics），其输出中心波长为λ= 800 nm，脉冲宽度为τ= 50 ps，重复频率为 r = 1 kHz 的线性偏振脉冲序列。该放大器输出脉冲的脉宽可调谐范围为τ= 50～24 ps。该实验装置类似于一个迈克尔逊干涉装置。从放大器输出的飞秒激光经过一个 5∶5 分束镜分成光强相等且传播方向相互垂直的双束飞秒激光，即 S_1 和 S_2。在分束后的双光路中分别设置一个光学延时装置，用于调控双束飞秒激光脉冲之间的相对时间延迟。由于控制延时装置移动的一维平移台的最大行程为 2.5 mm，因此延时装置的时间延迟的调节动态范围约为Δt = 0～160 ps。通过在 S_1 光路中插入一个半波片用于控制双束飞秒激光的偏振方向之间夹角θ。获得相对时间延迟后的双束飞秒激光再次经一个 5∶5 分光镜后在空间上达到共线传播，再经一个 4×显微物镜聚焦垂直照射到样品表面。在物镜焦点处激光光斑大小 ω_0 为：

$$\omega_0 = \frac{1}{\pi} M^2 \frac{\lambda}{NA} \tag{6.1}$$

其中，$\lambda = 800$ nm 为入射激光波长，$M^2 = 1.51$ 为光束质量因子，$NA = 0.1$ 为聚焦物镜的数值孔径，则计算获得的焦斑半径约为 8 μm。在第一个分光镜之前的总光路中放置一个半波片和偏振片用于控制双束飞秒激光的总能量。

实验寻找双束飞秒激光到达样品表面的等光程点至关重要。通过微调一路飞秒激光的延时装置观察两束飞秒激光的干涉条纹是判断等光程点的重要判据。当实验观测到两束飞秒激光的干涉条纹对比度达到最大时，则认为它们的光程相等。图 6.2（a）是在实验过程中利用 CCD 观察到的两束飞秒激光在等光程点的干涉条纹。根据两束平面光波的干涉条纹间距随光束夹角的关系式 $\Delta x = \lambda / 2\sin\gamma$，则干涉条纹间隔随双束激光传播方向之间的夹角 γ 减小而增加。因此干涉条纹间距越大、数目越少，则表明两束激光在空间上共线传播效果越好。图 6.2（b）为共线传输的双束飞秒激光经物镜聚焦后焦点光斑在样品表面烧蚀结果的扫描电子显微（SEM）图。显然，图中单一圆孔形状表明这两束飞秒激光光斑在空间上重合效果良好。

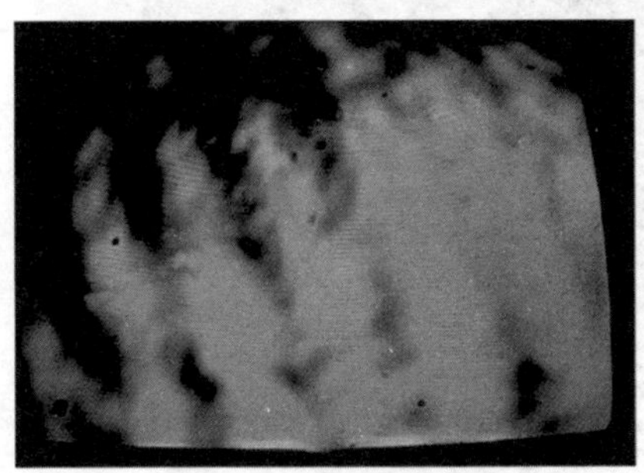

(a) 等光程的干涉条纹

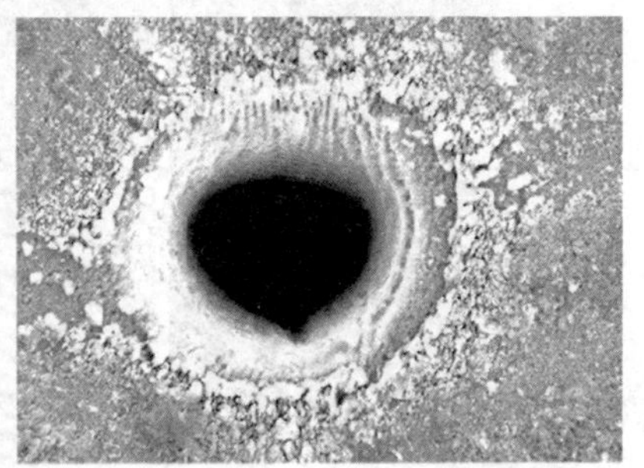

(b) 物镜聚焦光斑在样品表面的烧蚀结构的SEM图

图 6.2　两束飞秒激光的等光程点和共线传输特性

实验样品选用电化学抛光的晶向为＜110＞单晶铜（Cu），其表面粗糙度 Ra＜5 nm（5×5 μm）。铜样品固定在由计算机控制的三维平移台上，经聚焦激光扫描刻线进行周期表面结构的制备。实验在空气环境下开展，为防止飞秒激光诱导空气电离对实验结构的影响，样品表面设置在物镜焦点前 300 μm 位置处，聚焦光斑在样品表面的直径为 60 μm。在实验中聚焦激光束扫描样品表面的速度固定为 $v = 0.1$ mm/s，因此在一个激光光斑内脉冲的重叠数目约为 $N = 600$。在实验前后，样品浸没在丙酮溶液中由超声波进行清洗，以减少样品表面污染物对激光作用或观测效果的影响。激光照射区域的表面形貌特征由扫描电子显微镜（SEM）进行表征。

6.3　单束飞秒激光诱导周期表面结构的形貌特征

本节研究单束线性偏振飞秒激光在单晶铜表面诱导周期表面结构的形成，实验结果如图 6.3（a）所示，其中入射激光的通量为 $F=0.28\ \mathrm{J/cm^2}$。显然，在不同偏振角度下，铜表面均形成了规则的一维条纹状周期表面结构。条纹结构取向随入射激光的偏振方向而变化，但始终保持垂直关系。图 6.3（b）给出了条纹结构取向的倾斜角和空间周期与入射激光偏振方向之间的量化关系。在不同偏振方向下条纹结构空间周期约为$\Lambda=550\sim580$ nm，均小于入射激光波长，即为亚波长量级，属于低空间频率的垂直条纹结构。

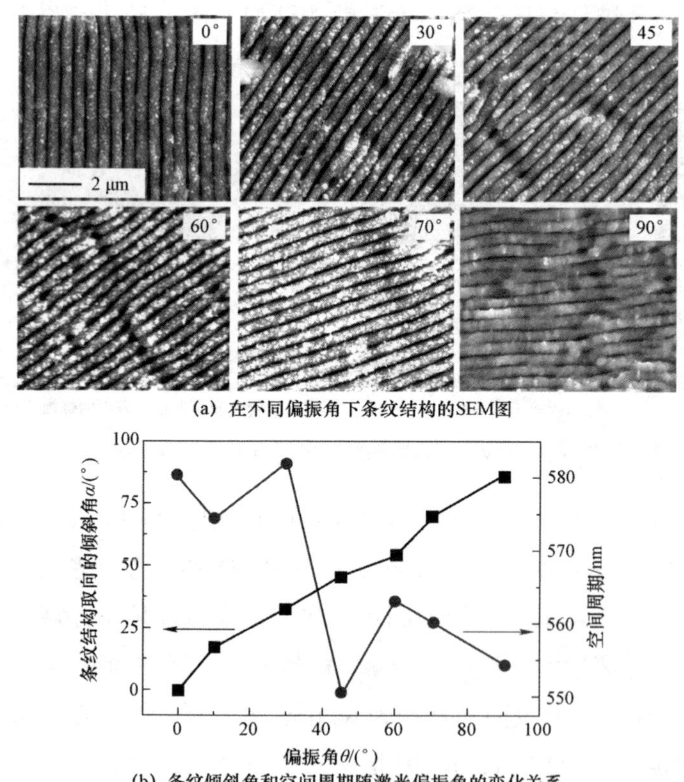

(a) 在不同偏振角下条纹结构的SEM图

(b) 条纹倾斜角和空间周期随激光偏振角的变化关系

图 6.3　单束飞秒激光在不同偏振方向下在单晶铜诱导产生的周期条纹结构

注：入射激光通量为 $F=0.28\ \mathrm{J/cm^2}$。

6.4 双束飞秒激光诱导周期表面结构形貌特征的演化

6.4.1 零时间延迟下形貌特征

本节研究双束飞秒激光在零时间延迟下在单晶铜表面诱导产生的周期表面结构的形貌特征。图 6.4（a）给出了双束飞秒激光在单晶铜表面诱导产生周期表面结构的 SEM 图，以水平方向为参考方向，两束入射激光的偏振角度分别为 45° 和 0°，入射通量均为 $F=0.175\ \mathrm{J/cm^2}$。注意，通量 $F=0.175\ \mathrm{J/cm^2}$ 小于单晶铜的烧蚀阈值，该通量的单束飞秒激光在单晶铜表面不会产生任何烧蚀痕迹。作为对比，图 6.4（a）中右边上下插图分别为偏振角度为 45° 和 0° 的单束飞秒激光诱导产生的一维光栅结构的 SEM 图，其入射通量为 $F=0.28\ \mathrm{J/cm^2}$。由图可知，在双束飞秒激光照射下，铜表面同样形成了一维条

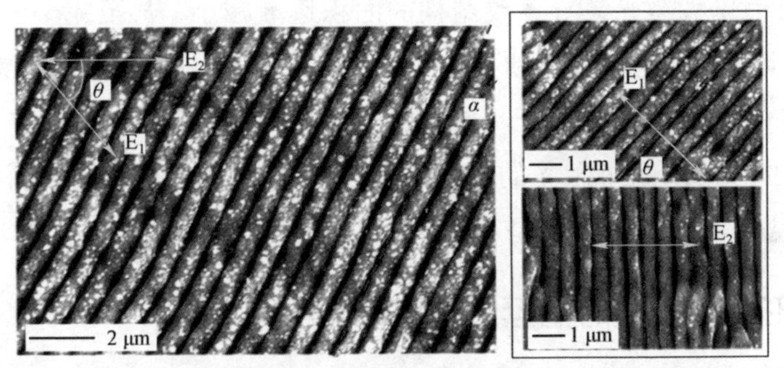

(a) 偏振夹角为θ=45°的双束飞秒激光诱导产生条纹结构的SEM图，入射总通量为$F=0.35\ \mathrm{J/cm^2}$。右边上、下插图分别为偏振角度为45°和0°的单束飞秒激光诱导产生条纹结构的SEM图

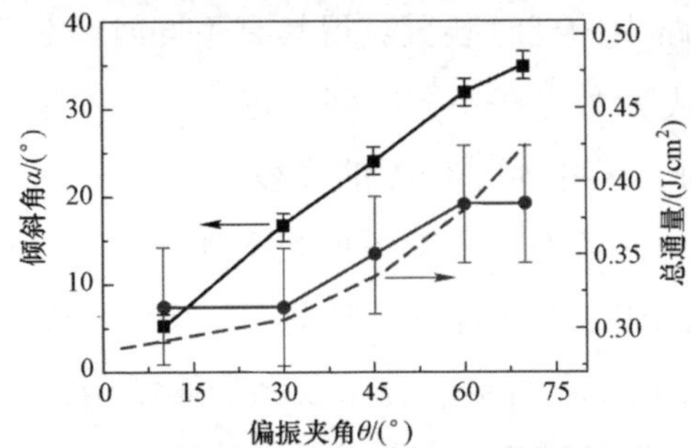

(b) 条纹结构的倾斜角（方块）和入射总通量（圆点）随偏振夹角的变化关系

图 6.4　不同线性偏振方向的双束飞秒激光在零时间延迟下在单晶铜（110）表面诱导产生的周期条纹结构

纹状周期表面结构，其空间周期为$\Lambda = 570$ nm，排列方向相对于垂直方向产生了一个$\alpha = 26°$ 的倾斜角。不同于单束飞秒激光作用结果，双束飞秒激光诱导产生的条纹结构的倾斜角约为其偏振夹角$\theta = 45°$ 的一半。

通过改变飞秒激光 S_1 的偏振方向同时保持飞秒激光 S_2 的水平偏振方向不变，实验研究了双束飞秒激光在铜表面诱导产生的条纹结构的倾斜角α随偏振夹角θ的变化关系，如图 6.4（b）中的方块所示。注意：在本章中所有条纹结构的倾斜角均指其排列方向与垂直方向的夹角。由图可知，双束飞秒激光诱导产生的条纹结构的倾斜角α始终约为偏振夹角θ的一半。此外，实验研究表明双束飞秒激光诱导产生条纹结构所需的入射通量 F 随偏振夹角θ的增加而增大，具体测量值如图 6.4（b）中圆点所示。两者之间的定量关系可由公式 $F = F_0/\cos(\theta/2)^2$ 描述，如图 6.4（b）中的虚线所示，其中 F_0 为偏振夹角为$\theta = 0°$ 时的入射通量。此外，本节还研究了在总通量不变的情况下，双束飞秒激光在不同偏振夹角θ下诱导产生条纹结构的情况。研究发现，随偏振夹角θ增加，双束飞秒激光诱导条纹结构的面积逐渐减小，甚至完全消失。这是因为双束飞秒激光之间相互干涉叠加的总通量随偏振夹角θ增加而减小，在达到一定偏振角度θ后总通量小于单晶铜的烧蚀阈值。当双束飞秒激光的偏振夹角增加至$\theta = 90°$，即两个激光的偏振方向互相垂直时，则样品表面很难形成周期性条纹结构，取而代之的是不规则的纳米颗粒和圆点结构产生。

6.4.2 形貌特征随时间延迟的演化

本节研究时间延迟对双束飞秒激光诱导周期表面结构的影响。实验通过调节飞秒激光 S_2 光路中的延时装置获得具有不同时间延迟的双束飞秒激光。图 6.5 给出了双束飞秒激光在不同时间延迟下在单晶铜表面诱导产生的周期表面结构的形貌特征，其中水平偏振的飞秒激光 S_2 在时间上滞后入射，入射总通量 $F = 0.35$ J/cm^2 保持不变。从图可观察到，双束飞秒激光在每一个时间延迟下均诱导产生规则的条纹结构，但条纹结构倾斜角随时间延迟变化，具体情况如下：在零延迟$\Delta t = 0$ ps 时，条纹结构倾斜角为$\alpha = 26°$；当时间延迟增至$\Delta t = 1.2$ ps 时，倾斜角减为$\alpha = 21.2°$；继续增加时间延迟至$\Delta t = 2.4$ ps 时，倾斜角又增加至$\alpha = 28.6°$；进一步增加时间延迟，倾斜角将会随时间延迟的增加做周期性的增加和减小。这种条纹结构倾斜角的周期性振荡一直延续直

至时间延迟$\Delta t=12$ ps。实验测得条纹结构倾斜角的起始振荡幅度约为 8°，且振荡幅度随时间延迟的增加而减小。该条纹结构倾斜角的振荡行为表明双束飞秒激光与材料之间相互作用是一个复杂的物理过程。当时间延迟$\Delta t>12$ ps 时，条纹结构倾斜角的周期性振荡行为消失，取而代之的是单调的减小行为。当时间延迟$\Delta t>40$ ps 时，条纹结构倾斜角趋近于零，即条纹结构沿垂直方向排列，并且不再随时间延迟的增加而改变。该结果表明在时间延迟$\Delta t>40$ ps 时，在双束飞秒激光与铜作用过程中，滞后入射的水平偏振飞秒激光 S_2 对条纹结构的形成起主导作用。当时间延迟$\Delta t>80$ ps 时，条纹结构消失，即双束飞秒激光在铜表面无法产生烧蚀效应。

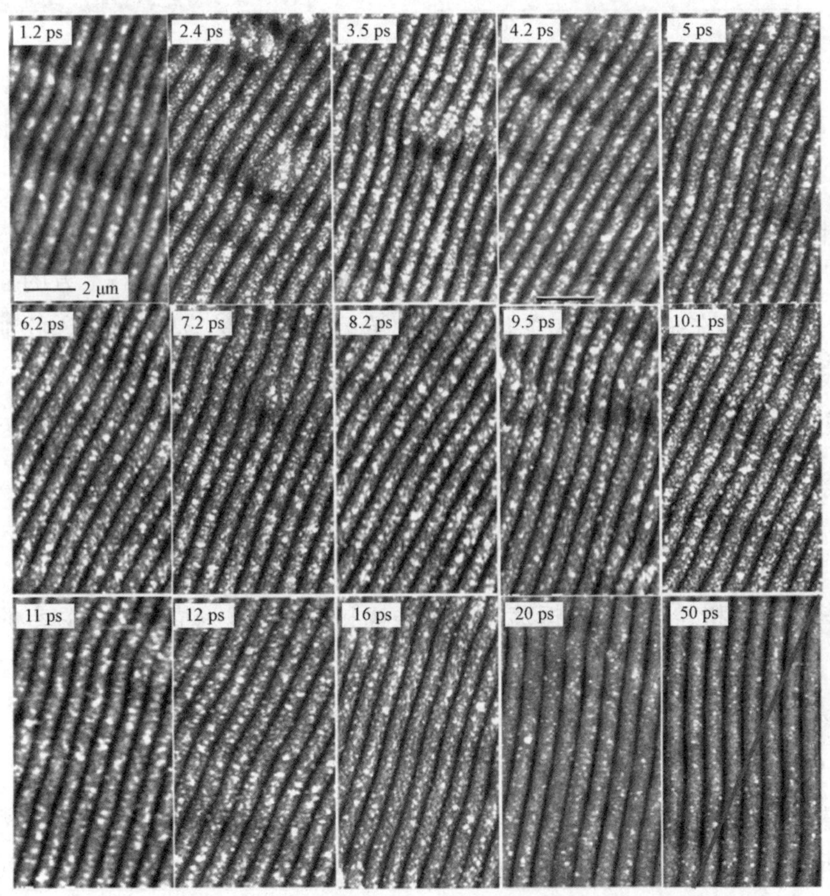

图 6.5　双束飞秒激光在不同时间延迟下在单晶铜表面诱导产生条纹结构的 SEM 图

注：双束飞秒激光偏振夹角为$\theta=45°$，入射总通量为 $F=0.35\ \mathrm{J/cm^2}$，且水平偏振的飞秒激光 S_2 在时间上滞后入射，实线的方向垂直于双束飞秒激光偏振夹角的平分线方向

图 6.6（a）给出了双束飞秒激光在单晶铜表面诱导产生条纹结构的倾斜角随时间延迟的演变过程（如方块所示），其中选取的时间延迟的步长为 $\Delta t = 200$ fs。

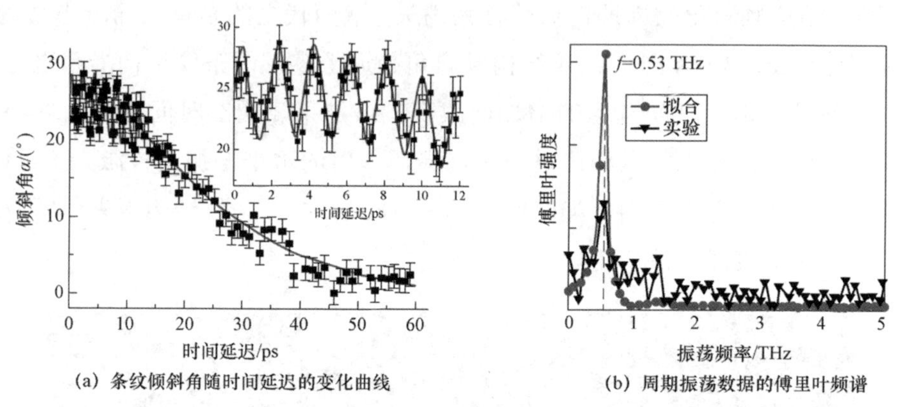

（a）条纹倾斜角随时间延迟的变化曲线　　（b）周期振荡数据的傅里叶频谱

图 6.6　偏振夹角为θ= 45° 的双束飞秒激光诱导产生条纹结构倾斜角随时间延迟的演变

注：黑方块代表实验数据，实线代表拟合曲线；

由图可知，条纹结构的倾斜角度随时间延迟的变化曲线主要包括两个特点：一是在延迟时间$\Delta t \leqslant 12$ ps 内的周期振荡特点（其细节如右上方的插图所示）；另一个是在延迟时间$\Delta t > 12$ ps 时的单调减小特点。从振荡行为的细节图可以看出，随时间延迟的增加，条纹结构倾斜角的振荡周期（或频率）增大（或减小），而振荡幅度却缓慢减小。条纹结构倾斜角在整个时间延迟范围内变化规律可由下列公式进行拟合：

$$\alpha = A\exp(-t/T_1)\cos(2\pi f(1-\beta t)t+\phi_0)+\frac{B}{4(\Delta t - t_c)2 + w^2}+C \qquad (6.2)$$

其中，A 和 f 分别代表振荡的初始振幅和频率，β 为描述振荡频率的啁啾参数，ϕ_0 为初始相位，T_1 代表振荡幅度的时间衰减常数。B，t_c，w 和 C 为描述振荡结构倾斜角背景变化的洛伦兹函数的参数。利用式（6.2）的拟合结果如图 6.6（a）中实线所示，拟合曲线与实验数据完全吻合。利用快速傅里叶变换（FFT）对条纹结构倾斜角随时间延迟周期振荡的数据进行处理，获得的频谱曲线如图 6.6（b）所示，其中峰值频率 f= 0.53 THz 代表周期振荡行为的平均频率。此外，图中峰的频宽代表条纹结构倾斜角振荡频率的啁啾量，即振荡频率随延迟时间的变化幅度。若峰频宽越大，则振荡频率变化就越大。

6.5　偏振夹角对形貌特性演化的影响

本节研究双束飞秒脉冲激光之间偏振夹角对条纹结构倾斜角随时间延迟演化过程的影响。在实验中，保持滞后入射的飞秒激光 S_2 始终沿水平方向偏振，通过不断转动半波片改变超前入射飞秒激光 S_1 的偏振方向，从而获得不同偏振夹角的双束飞秒激光。在不同偏振夹角下，通过改变双束飞秒激光的时间延迟，观察其诱导产生条纹结构倾斜角的演化过程。

6.5.1　偏振夹角 θ=30°

图 6.7 给出偏振夹角为 θ=30° 时双束飞秒激光在不同时间延迟下诱导产生条纹结构的 SEM 图。由图可知，在时间延迟 $\Delta t = 0$ ps 时，条纹结构倾斜角为 α= 17.8°；当时间延迟增大至 $\Delta t = 0.9$ ps 时，倾斜角增至 α= 23.6°；继续增加时间延迟至 $\Delta t = 1.9$ ps 时，倾斜角减小为 α= 16.4°；若时间延迟继续扩大，则倾斜角将会增至最大，然后再减至最小，同样表现出周期性增大和减小的振荡行为，直至时间延迟 $\Delta t = 11.6$ ps 为止。当时间延迟 $\Delta t > 11.6$ ps 时，条纹结构倾斜角开始单调减小。当时间延迟 $\Delta t > 40$ ps 时，条纹结构倾斜角度接近于 0°，即条纹结构取向沿垂直方向，与延迟入射的飞秒激光 S_2 偏振方向垂直，并且随时间延迟增加保持不变。当时间延迟 $\Delta t > 80$ ps 时，双束飞秒激光的有效作用总通量小于铜的烧蚀阈值，从而无法产生烧蚀效应。

图 6.8 给出偏振夹角为 θ= 30° 的双束飞秒脉冲激光诱导产生条纹结构的倾斜角随时间延迟的演化过程。与 θ= 45° 情况类似，条纹结构倾斜角度随时间延迟的变化曲线包含两个时间区间特点：一是在时间延迟 $\Delta t \leqslant 11.6$ ps 范围内条纹结构倾斜角的周期性振荡特点（其细节如右上方的插图所示）；二是在时间延迟 $\Delta t > 11.6$ ps 时条纹结构倾斜角的单调衰减行为。利用式（6.2）对在整个时间延迟区间内条纹结构倾斜角的实验数据进行理论拟合，结果如图 6.8（a）中的实线所示。由图可知，条纹结构倾斜角的起始振动幅度约为 7° 且随时间延迟增加而减小。图 6.8（b）为在时间延迟 $\Delta t \leqslant 11.6$ ps 范围内实验和拟合数据的傅里叶频谱，图中峰值 f= 0.48 THz 为条纹结构倾斜角振荡平均频率。

图 6.7　偏振夹角为θ= 30° 时双束飞秒激光在不同延迟时间下在单晶铜表面诱导产生条纹结构的 SEM 图，入射总通量为 F= 0.315 J/cm²

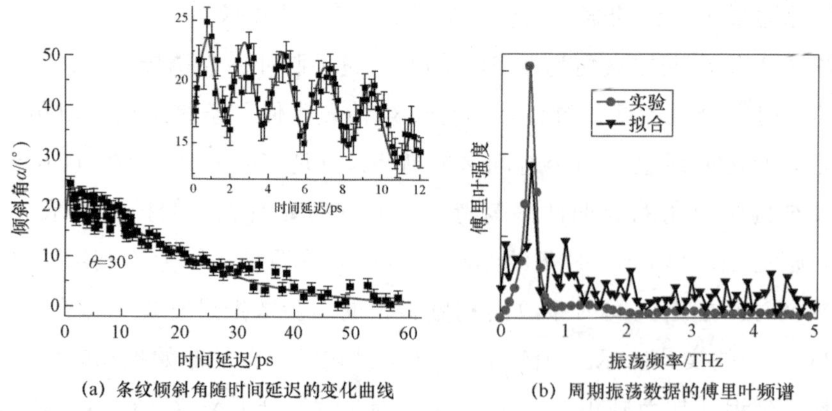

图 6.8　偏振夹角为θ= 30° 的双束飞秒激光诱导产生条纹结构倾斜角随时间延迟的演变

6.5.2 偏振夹角θ= 60°

图 6.9 给出了偏振夹角为θ= 60° 的双束飞秒激光在不同时间延迟下在单晶铜表面诱导产生条纹结构的 SEM 图。由图可知，在零延迟Δt = 0 ps 时，条纹结构倾斜角为α= 31.8°；当时间延迟增至Δt = 0.6 ps 时，倾斜角增至α= 34.6°。继续增加时间延迟至Δt = 1.6 ps 时，倾斜角减小为α= 27°；时间延迟进一步扩大至Δt = 2.7 ps，倾斜角再次增加至α= 37.1°。随后，条纹结构倾斜角将随时间延迟增加产生周期性增大和减小直至时间延迟Δt = 12 ps。当时间延迟Δt＞12 ps 时，条纹结构倾斜角随时间延迟增加开始单调减小；在时间延迟大于Δt＞40 ps 时，条纹结构的倾斜角度趋于 0°，并随时间延迟增加基本保持变化；当时间延迟Δt＞80 ps 时，条纹结构消失。

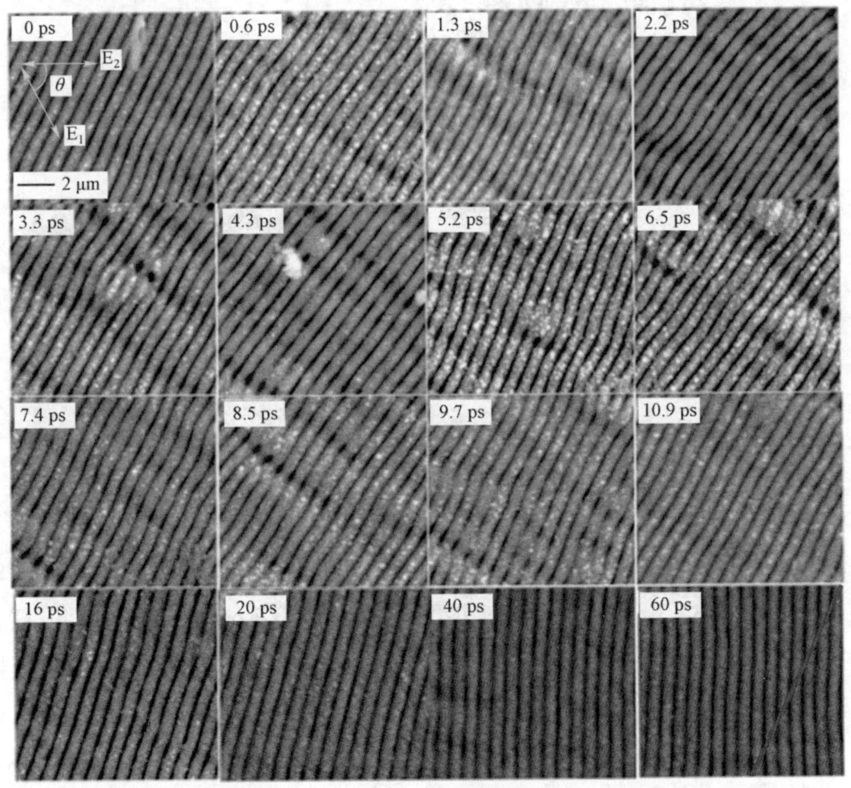

图 6.9　偏振夹角为θ= 60° 时双束飞秒激光在不同延迟时间下在单晶铜表面诱导产生条纹结构的 SEM 图，入射总通量为 F = 0.385 J/cm^2

6.10（a）统计了双束飞秒激光在偏振夹角θ= 60° 时诱导产生条纹结构倾斜角随时间延迟的演化过程，实线为式（6.2）理论拟合曲线。同样，该演化曲线包含在Δt≤12 ps 内周期振荡特性和在Δt＞12 ps 时的单调衰减特性，右上角插图给出了在时间延迟Δt≤12 ps 范围内条纹倾斜角变化细节。由图可知，条纹结构倾斜角的起始振荡幅度约为 10°，且随时间延迟增加而减小。图 6.10（b）分别给出了在时间延迟Δt≤12 ps 范围内的实验和拟合数据的傅里叶频谱，其尖峰表明条纹结构倾斜角的平均振荡频率为 f= 0.5 THz。

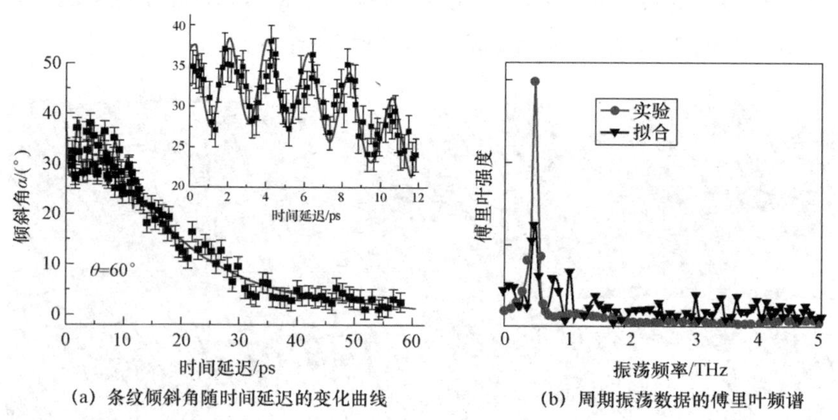

(a) 条纹倾斜角随时间延迟的变化曲线　(b) 周期振荡数据的傅里叶频谱

图 6.10　偏振夹角为θ= 60° 的双束飞秒激光诱导产生条纹结构倾斜角随时间延迟的演变

6.5.3　偏振夹角θ= 70°

在偏振夹角θ= 70° 情况下，双束飞秒激光在不同时间延迟下诱导产生条纹结构的 SEM 图如图 6.11 所示。由图可知，在零延迟Δt = 0 ps 时，光栅结构倾斜角度为α= 32.3°；当时间延迟增大至Δt = 0.7 ps 时，倾斜角增大为α= 43.1°；继续增大时间延迟至Δt = 1.3 ps 时，倾斜角减小为α= 30.5°；随时间延迟进一步增大，条纹结构倾斜角出现周期性增大或减小直至时间延迟Δt = 11.4 ps。在时间延迟Δt＞11.4 ps 时，条纹结构倾斜角度开始单调减小；当时间延迟超过Δt = 40 ps 时，条纹结构倾斜角减小为 0° 并不再随时间延迟变化直至条纹结构消失。

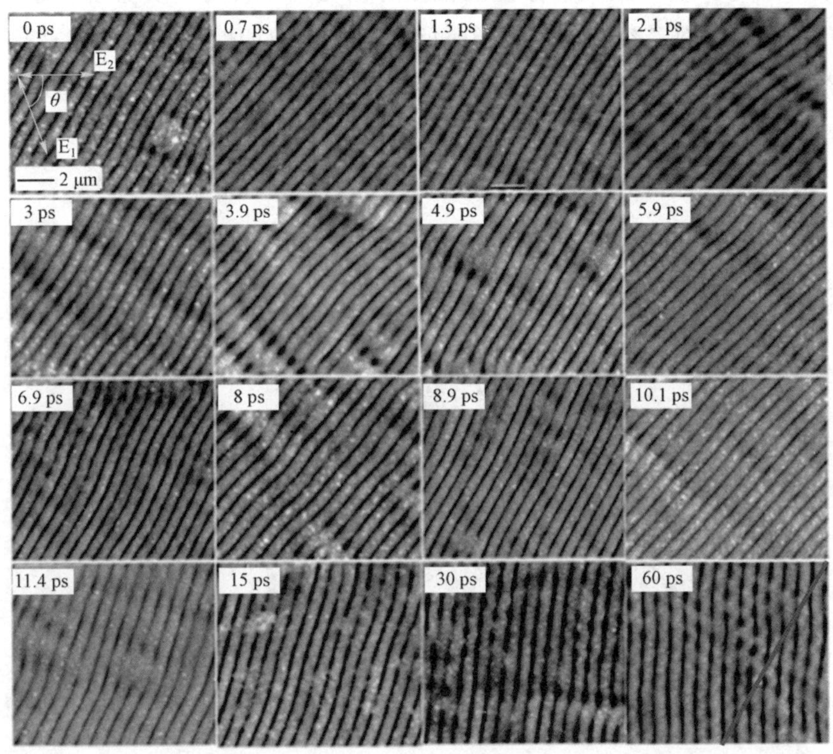

图 6.11　偏振夹角为θ= 70° 时双束飞秒激光在不同延迟时间下在单晶铜表面诱导产生条纹结构的 SEM 图，入射总通量为 F = 0.385 J/cm^2

在偏振夹角θ= 70° 情况下，双束飞秒激光诱导产生条纹结构倾斜角随时间延迟的演化过程如图 6.12（a）所示，式（6.2）的理论拟合曲线如实线所示。该演化曲线同样包含周期性振荡（Δt≤11.2 ps）和单调衰减（Δt＞11.2 ps）两个特征时间区间。条纹结构倾斜角随时间延迟的周期性振荡特征细节如图 6.12（a）中右上角的插图所示。由图可知，条纹结构倾斜角度的初始振荡幅度约为 14°，且随时间延迟的增加而减小。图 6.11（b）给出了条纹结构倾斜角振荡过程的实验和拟合数据的傅里叶频谱图，其中峰值显示条纹结构倾斜角的平均振荡频率为 f = 0.56 THz。

为了对比分析不同偏振夹角下的实验结果，图 6.13 分别给出了条纹结构倾斜角的初始振荡幅度和初始振荡频率随偏振夹角变化关系，其中初始振幅和频率为拟合公式（6.2）中振幅和频率的取值。由图可知，当偏振夹角从

θ= 10° 增大至θ= 70° 时，初始振荡幅度从$\Delta\alpha$= 6° 增大至 14°，如图 6.12 中方块所示。此外，当双束飞秒激光的偏振方向相互平行时，实验发现条纹结构倾斜角不随时间延迟变化，即不随时间延迟产生周期性振荡和单调衰减特性。条纹结构倾斜角的初始振荡频率从总体上随偏振夹角的增大而缓慢增长，如图 6.13（a）中圆点所示。

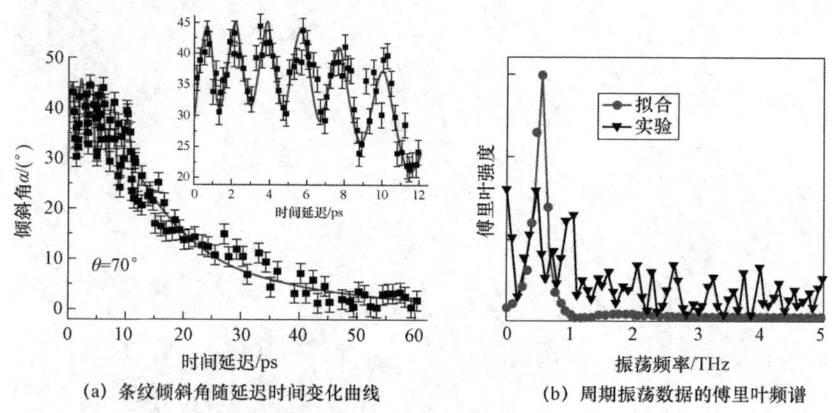

（a）条纹倾斜角随延迟时间变化曲线
（b）周期振荡数据的傅里叶频谱

图 6.12　偏振夹角θ= 70° 的双束飞秒激光诱导产生条纹结构倾斜角随时间延迟的演变

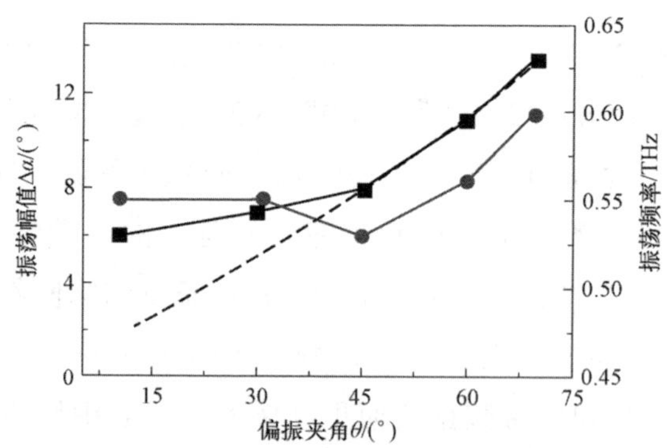

图 6.13　条纹结构倾斜角周期性振荡的初始幅值（圆点）和初始频率（方块）与偏振夹角的依赖关系

6.6　啁啾脉冲宽度对形貌特征演化的影响

上述研究所采用的入射激光脉冲宽度均为 50 fs，而本节研究啁啾脉冲宽度对双束脉冲激光诱导产生条纹结构的影响。在此实验中，激光的不同脉宽通过调节放大器中压缩器光栅对之间的相对距离来获得，啁啾脉冲宽度依次选定为τ= 1 ps 和 10 ps，两束激光的偏振夹角设定为θ= 45°。

6.6.1　啁啾脉冲宽度τ= 1 ps

当脉冲宽度为τ= 1 ps 时，在入射总通量 F = 0.38 J/cm^2 下，通过对双束皮秒激光在不同时间延迟下在单晶铜表面诱导产生条纹结构的SEM图进行统计测量，获得其倾斜角随时间延迟的演化过程，结果如图 6.14（a）所示。图中实线为利用式（6.2）对实验数据的拟合结果。类似于双束飞秒激光的作用结果，在零延迟Δt = 0 ps 时，条纹结构倾斜角α = 22.4°约为双束激光偏振夹角θ = 45° 的一半；在时间延迟Δt＜12 ps 内，条纹结构倾斜角同样出现周期性振荡特性，且在延迟时间Δt＞12 ps 时出现单调衰减特性。条纹结构倾斜角的周期振荡细节如图 6.14（a）右上角插图所示。与双束飞秒激光作用结果不同的是，条纹结构倾斜角振荡的平均频率为f = 0.3 THz，小于脉冲宽度τ= 50 fs 时的振荡频率 f = 0.53 THz；初始幅度只有$\Delta\alpha$ = 5°，小于脉宽τ= 50 fs 时的振荡幅度$\Delta\alpha$ =8°，如图 6.14（b）所示。

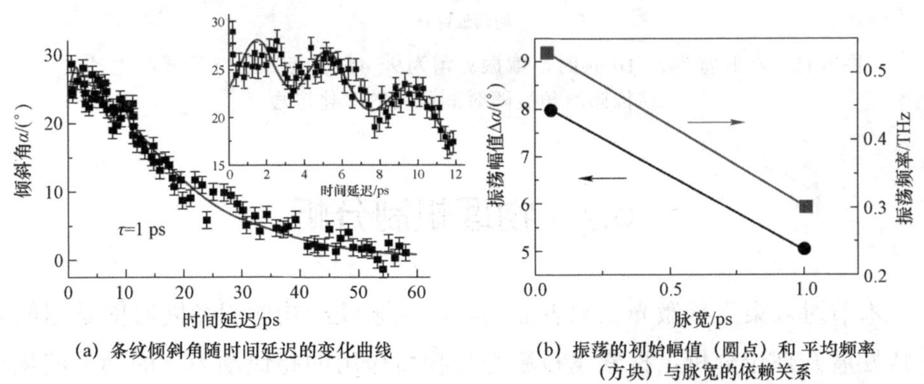

(a) 条纹倾斜角随时间延迟的变化曲线　　(b) 振荡的初始幅值（圆点）和平均频率（方块）与脉宽的依赖关系

图 6.14　在脉宽为τ= 1 ps 时，偏振夹角为θ= 45° 的双束飞秒激光诱导产生条纹结构倾斜角随时间延迟的演变

6.6.2 啁啾脉冲宽度τ= 10 ps

当脉冲宽度增加至τ= 10 ps 时，偏振夹角为θ= 45° 的双束皮秒激光在单晶铜表面诱导产生条纹结构所需的入射总通量将增加至F=0.42 J/cm²。图 6.15（a）为条纹结构偏振角随时间延迟演化过程。由图可知，在零延迟Δt=0 ps 时，条纹结构倾斜角度为α= 23.9°，约为双束激光偏振方向夹角的一半；条纹结构倾斜角在时间延迟Δt=0—40 ps 范围内只表现出了单调衰减特性，而在Δt≤12 ps 范围内未出现类似于脉宽τ= 50 ps 情况下的周期振荡特性。利用式（6.2）中洛伦兹函数$B/(4(\Delta t-t_c)2+w^2)+C$对实验数据进行拟合，结果如图中实线所示。

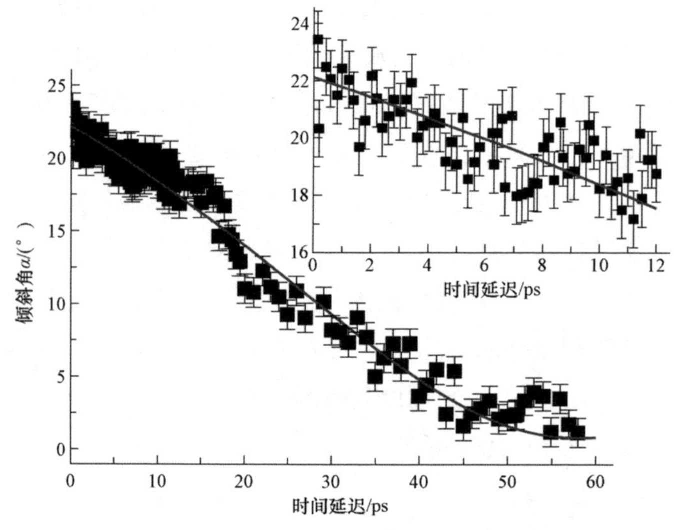

图 6.15　在脉宽为τ= 10 ps 时，偏振夹角为θ= 45° 的双束激光诱导产生条纹结构倾斜角度随时间延迟的演化过程

6.7　物理机制分析

本节对双束飞秒激光在铜表面诱导产生条纹结构倾斜角随时间延迟的演化特性展开理论分析，探索飞秒激光与物质作用的超快动力学的动态演化过程，揭示双束飞秒激光与金属材料相互作用的超快动力学过程中所涉及物理

现象及本质。

6.7.1　零时间延迟下 SPPs 共线激发

在零延迟时，共线传输的双束飞秒激光的脉冲在时空上会产生场叠加效应，从而合成单束飞秒激光。当双束飞秒激光能量相等且偏振方向具有一定夹角时，按照矢量合成法则，合成的单束飞秒激光偏振方向沿双束飞秒激光偏振夹角的平分线方向。合成的单束飞秒激光在铜表面通过激发 SPPs 波并与之发生相互干涉，引起激光能量在铜表面形成空间周期性沉积。飞秒激光能量的周期性沉积在后续的激发材料的超快动力学过程中将引起材料的选择性烧蚀去除，形成永久的一维条纹状周期表面结构。形成的条纹结构排列方向垂直于激发的 SPPs 波矢量方向，垂直于合成的单束飞秒激光的偏振方向，垂直于双束飞秒激光偏振夹角的平分线方向。换而言之，条纹结构倾斜角α等于双束飞秒激光偏振夹角θ的一半，即 $\alpha=\theta/2$，即与图 6.4（b）中的实验结果相一致。

6.7.2　非零时间延迟下 SPPs 非共线激发

当双束飞秒激光之间时间延迟大于其脉宽时，其脉冲在时空上不再产生场叠加现象，而彼此保持相互对立，因此它们与材料相互作用机制不同于在零延迟时的作用机制。当偏振不同且具时间延迟的双束飞秒激光照射铜表面时，超前入射的飞秒激光 S_1 首先在铜表面激发 SPPs 波，并与之干涉造成其能量在铜表面的周期性沉积。铜表面的自由电子吸收周期性分布的激光能量后会诱导产生一个瞬态折射率光栅[22-23]，其倒格矢方向 $\vec{k_g'}$ 平行于飞秒激光 S_1 的偏振方向。从物理的对称性角度来讲，瞬态折射率光栅的形成破坏了铜表面物理特性的对称性或均匀性。当滞后入射的飞秒激光 S_2 照射到该激发态表面时，其偏振方向与材料表面已存在的瞬态折射率光栅倒格矢 $\vec{k_g'}$ 方向之间形成一个方位角θ，如图 6.16 所示。

飞秒激光 S_2 将在瞬态折射率光栅的散射作用下耦合形成新的 SPPs 波。在此情况下，激发的 SPPs 波矢量 $\vec{k_{sp}}$ 、入射激光波矢量 $\vec{k_i}$ 和瞬态光栅倒格矢 $\vec{k_g'}$ 之间不再是共线关系。它们三者的关系可由一个矢量三角形来描述，即

$\vec{k}_{sp} = \vec{k}_i + \vec{k}'_g$，如图 6.17（a）所示。

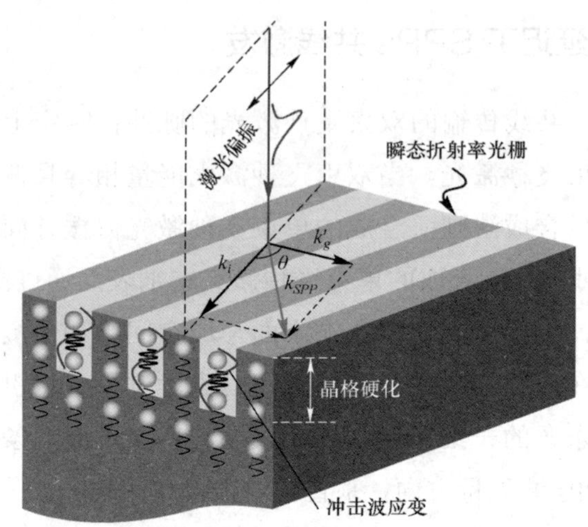

图 6.16　双束飞秒激光与金属表面相互作用的超快动力学现象的示意图

注：超前入射的飞秒激光 S_1 在金属表面激发的超快动力学现象包括激发产生一组瞬态折射率光栅，以及在晶格硬化层内激发产生一维纵向相干声学驻波。这些现象将对滞后入射激光 S_2 激发的 SPPs 波进行调制，最终影响形成的条纹结构的排列方向。图中弹簧代表金属晶格之间的结合力，该作用力在高温高能电子影响下会发生增强效应。

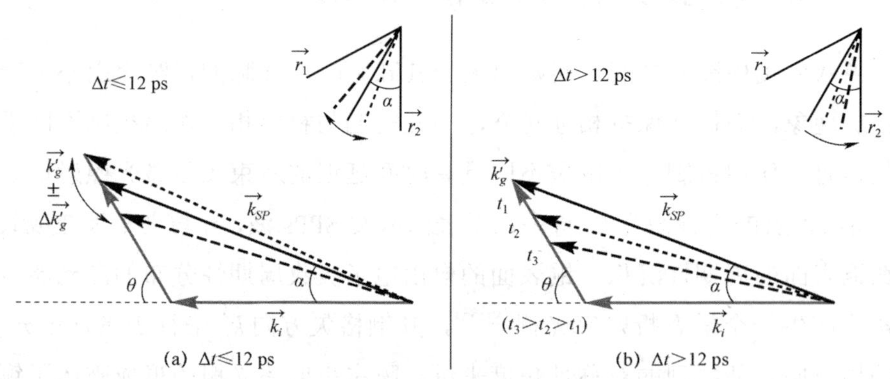

图 6.17　偏振夹角为 θ 的双束飞秒激光在铜表面诱导产生条纹结构结构倾斜角 α 随时间延迟演化的物理机制示意图

注：$\vec{k}'_g$ 代表超前入射飞秒激光 S_1 激发的瞬态折射率光栅的倒格矢，$\Delta\vec{k}'_g(\Delta t)$ 为瞬态折射率光栅倒格矢增量，$\vec{k}_i$ 代表滞后入射飞秒激光 S_2 的波矢量，深灰色实（虚）箭头表示在不同时间延迟下激发的 SPPs 波矢量 $\vec{k}_{sp}$。右上角的插图代表条纹结构排列方向和倾斜角，其中 r_1 和 r_2 分别代表飞秒激光束 S_1 和 S_2 单独作用下诱导产生条纹结构的排列方向，中间实（虚）线代表具有时间延迟的双束飞秒激光诱导产生条纹结构的排列方向。

根据三角形的几何关系，滞后入射飞秒激光 S_2 激发的 SPPs 波矢 $\vec{k}_{sp}$ 的倾斜角可定量表述为：

$$\tan\alpha = \frac{|\vec{k_g'}|\sin\theta}{|\vec{k_i}| + |\vec{k_g'}|\cos\theta} \tag{6.3}$$

由此公式可以判断，在偏振夹角θ为定值时，实验观察到的条纹结构倾斜角α随时间延迟的变化特性仅且只能是由瞬态折射率光栅倒格矢量$\vec{k_g'}$随时间延迟产生变化而引起的。因此，式（6.3）可改写为：

$$\tan(\alpha + \Delta\alpha) = \frac{|\vec{k_g'} \pm \Delta\vec{k_g'}|\sin\theta}{|\vec{k_i}| + |\vec{k_g'} \pm \Delta\vec{k_g'}|\cos\theta} \tag{6.4}$$

在θ为定值时，实验观察到的条纹结构倾斜角随时间延迟周期振荡特性必然起源于瞬态折射率光栅波矢增量$\Delta\vec{k_g'}(\Delta t)$随时间延迟的周期性变化特性。在给定$\Delta\vec{k_g'}(\Delta t)$，条纹结构倾斜角增量$\Delta\alpha$将随偏振夹角$\theta$增加而增大，利用式（6.4）计算获得条纹结构倾斜角振荡幅值$\Delta\alpha$与偏振角度θ的变化关系，如图（6.13）中黑色虚线所示。对比实验数据可知，在大偏振夹角情况下，理论曲线与实验数据相吻合。但随偏振夹角减小，理论曲线与实验数据之间的偏差逐渐增大。这种偏差是由小偏振夹角下实验测量倾斜角的相对误差较大所致。

6.7.3　非热相干声子激发

事实上，瞬态折射率光栅倒格矢增量$\Delta\vec{k_g'}(\Delta t)$随时间延迟的周期振荡特性可理解为瞬态折射率光栅的介电常数$\varepsilon_m(\Delta t)$随时间延迟产生了周期振荡。该周期振荡现象产生原因可解释如下：超前入射的飞秒激光 S_1 在铜表面激发 SPPs 波，两者之间的干涉作用导致激光能量在铜表面形成周期性沉积。材料表面自由电子在吸收空间周期性分布的激光能量后不仅激发产生瞬态折射率光栅，而且产生热化现象，即电子温度在几十飞秒时间内急剧上升几万度。热化后的电子能量分布发生变化，从而引起原子间势能的改变，即势能形变[24]。势能形变会导致晶格的平衡位置发生改变。晶格形变则会诱发产生一列沿材料表面法向方向传播的声学声波（声子）。简单来讲，飞秒激光诱导电子热化会引起势能形变，势能形变则产生一个额外压力，该压力推动晶格偏离原来平衡位置，从而激发一列声学声波。由于在上述过程中激光能量储存在热电子系统中，电子和晶格之间能量传递尚未开始，晶格仍处室温状态，因此声学声波产生过程是一个非热过程。这种由激光诱导热电子驱动的晶格形变压力 σ_{DP} 是电子温度梯度 $\delta T_e(z,t)$ 的函数，即 $\sigma_{DP}=-\gamma_e C_e \delta T_e(z,t)$，其中，$\gamma_e$ 和 C_e 分别为 Gruneisen 系数和电子的比热容。

飞秒脉冲对铜表面的超快加热过程可用双温模型来描述，随时间变化的电子温度 T_e 和晶格温度 T_l 的表达式为[25-26]：

$$C_e \frac{\partial}{\partial t} T_e = \frac{\partial}{\partial x} k_e \frac{\partial}{\partial x} T_e - G_{el}(T_e - T_l) + S(x,t) \tag{6.5}$$

$$C_l \frac{\partial}{\partial t} T_l = G_{el}(T_e - T_l) \tag{6.6}$$

其中，C_e、C_l 代表电子热容和晶格的热容，G_{el} 为电子-晶格耦合系数[27]，k_e 为电子热传导率，$S(x,t)$ 为材料吸收的入射脉冲功率密度。在飞秒脉冲加热电子过程中，电子热容 C_e 和电子热传导率 k_e 均为温度的函数[28]，即 $C_e=\gamma T_e$ 和 $k=K_0 T_e / T_l$，其中γ和 K_0 为常数。吸收入射飞秒脉冲功率密度表达式为 $S(x,t)=(1-R)\alpha I(t)\,\mathrm{e}^{-\alpha x}$，其中，$R$ 代表材料表面的反射率，α 为吸收系数，$I(t)$ 为飞秒脉冲时域光强。表 6.1 列出铜的相关物理参数。

表 6.1　铜的物理参数[29]

参数	数值
G_{el}/（J·m^{-3}·s^{-1}·K^{-1}）	1.0×10^{17}
K_0/（J·m^{-1}·s^{-1}·K^{-1}）	401
C_l/（J·m^{-3}·s^{-1}）	3.5×10^{6}
l/α/m	12.2×10^{-9}
γ/（J·m^{-3}·K^{-2}）	97
R	50%

6.7.4　晶格硬化现象

利用有限差分方法对双温模型进行处理，数值计算获得在通量为 $F=0.175$ J/cm^2 超前入射的飞秒脉冲照射下，铜表面的电子和晶格温度随时间演化曲线，如图 6.18 所示。由图可以清晰地看出，在飞秒脉冲照射后几十飞秒时间范围内，电子温度从 300 K 急剧增加至几万 K。而在此过程中，晶格温度保持室温不变。金属的这种热电子冷晶格的相态是一种新的瞬时物态，

称为热温密态（warm dense state）。在此热温密态下，高温自由电子的非局域化效应削弱了晶体内部势能对原子间吸引力的屏蔽作用，导致金属晶格产生硬化现象[30-32]。晶格的硬化作用引起原子之间吸引作用力增强，使得晶格更加稳固。在铜表面的晶格结构硬化现象必然会引起金属物理性质的改变，如晶格熔化温度升高，弹性恢复力系数变大等。这些物理性质的变化将导致在晶格硬化区域内声速（υ_a）不同于未作用过区域的声速。因此，在铜表面的飞秒激光能量沉积深度范围内形成一个晶格硬化层，其厚度 L 取决于热电子扩散特征深度[33]。在飞秒激光照射下，热电子的扩散深度由电子-电子耦合作用决定，大约为一个光学趋肤深度。在此情况下，在铜样品表面深度方向上，晶格硬化层与未硬化区域之间存在一个物理界面，在该界面上下区域的声学阻抗不匹配。

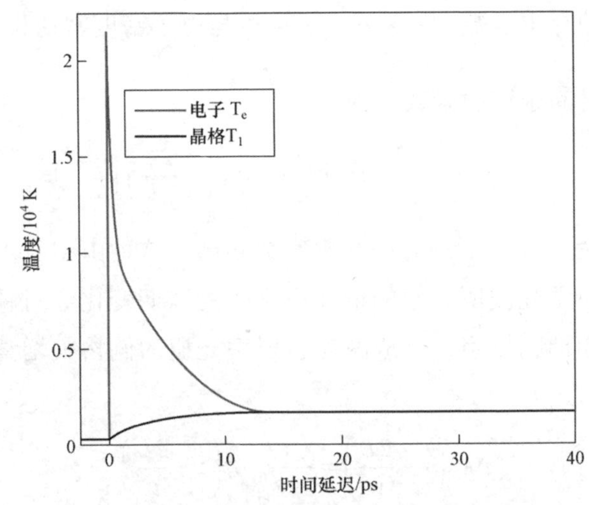

图 6.18　在能量密度为 $F=0.175$ J/cm^2 的飞秒脉冲照射下，数值计算获得的铜表面电子和晶格温度随时间的演化曲线

6.7.5　非共线 SPPs 波矢的周期调制效应

当飞秒脉冲激发的相干声波在晶格硬化层中沿深度方向传播时，会在材料表面和上述物理界面处产生反射，从而形成一维往返传播的声学驻波。在声学驻波往返运动的作用下，晶格硬化层中的晶格开始做相干振荡运动，其振荡频率为 $f=\upsilon_a/2L$，类似于飞秒激光在金属薄膜中激发的周期声学声子信号[34]。实验观

察到的条纹结构倾斜角周期振荡正是声波在金属硬化层中往返运动对材料表面瞬态介电参数形成周期调制所致，如图 6.16 所示。

在晶格硬化层深度方向上声学驻波往返传播会引起晶格密度随时间延迟的周期性起伏，即：

$$\eta\left(t-\frac{2L}{v}\right)=\left[n_l\left(t-\frac{2L}{v}\right)-n_l^0\right]/n_l^0 \tag{6.7}$$

其中，$n_l(t-2L/v)$ 和 n_l^0 分别为非平衡态和平衡态的晶格密度[35]。在金属中，电子和离子只在一个德拜半径 $r_{\text{Debye}}=10^{-3}$ nm 内发生静态分离。因此，电子密度分布始终与晶格密度保持一致，即：

$$n_e\left(t-\frac{2L}{v}\right)=n_l\left(t-\frac{2L}{v}\right) \tag{6.8}$$

由于金属的介电常数 $\varepsilon'\approx-\omega_p^2/\omega^2\propto n_e$ 与电子密度密切相关。因此，铜的介电常数变为时间延迟的函数，即：

$$\varepsilon_m\left(t-\frac{2L}{v}\right)=\varepsilon_m^0\left[1+n_l\left(t-\frac{2L}{v}\right)\right] \tag{6.9}$$

其中，ε_m^0 为铜在平衡态时的介电常数实部。这种由超前入射飞秒激光 S_1 激发往返传播声学驻波所引起的铜介电常数的周期变化会对瞬态折射率光栅倒格矢形成周期调制作用，造成瞬态折射率光栅的倒格矢增量随时间延迟周期变化，其表达式为：

$$\Delta k_g\left(t-\frac{2L}{v}\right)=\frac{k_i}{2|\varepsilon_m^0|}\eta\left(t-\frac{2L}{v}\right) \tag{6.10}$$

因此，在超前入射的飞秒激光 S_1 诱导的随时间延迟周期变化的瞬态折射率光栅作用下，滞后入射的飞秒激光 S_2 非共线激发的 SPPs 波矢量方向将随时间延迟产生周期性变化，如图 6.17（a）所示。

采用偏振夹角为 $\theta=45°$ 情况下条纹结构倾斜角周期振荡的平均频率 $f=0.53$ THz，采用 800 nm 光波在铜表面的趋附深度 $L=12$ nm 为晶格硬化层厚度，计算得到在晶格硬化层中声波的传播速度为 $\upsilon_a=13.3$ km/s，大约为铜材料中正常声速（4.66 km/s）的 2.7 倍。在文献［36］的报道中，在飞秒脉冲激发铁材料中的声速是室温下声速的 4 倍。由此判断在本实验中在飞秒脉冲激

发的铜材料中声速成倍增加的实验结果是合理的。可以预见，金属材料中激发态热电子温度越高，其声波传播速度越大。在本实验中，随偏振角度增加，单晶铜表面诱导产生条纹结构所需的入射通量增加，此时入射飞秒脉冲激发铜材料表面的热电子温度随之增高，晶格硬化层中声速随之增大，条纹结构倾斜角振荡周期随之减小，振动频率随之增加，如图 6.13（a）中的圆点所示。

此外，随双束飞秒激光的时间延迟增加，热电子能量在电子-声子耦合作用下将逐渐传递给晶格[37]。在此能量传递过程中，电子温度逐渐降低，与电子温度有关的晶格硬化程度随之减弱，晶格硬化层中的声速随之减慢。与此同时，电子扩散作用将电子能量在空间上向更深的区域延伸，导致晶格硬化层变厚。因此，热电子能量随时间延迟的不断传递和扩散导致声波在晶格硬化层中往返时间增大，导致条纹结构倾斜角的振荡频率减小，这与实验观测结果相一致。

6.7.6　非共线 SPPs 波矢单调调制

铜材料表面的热电子与冷晶格的能量传输过程在时间上大约持续 12 ps，两者最终达到热平衡状态，即温度相同，如图 6.18 所示。当电子和晶格达到热平衡态时，电子温度降为几百 K，热电子的非局域化效应随之消失，其对晶体内部势能对原子间吸引力的屏蔽作用消失，晶格硬化层也随之变软消失，晶格硬化层与未作用区域物理界面随之消失，往返传播的声波随之不复存在。因此，晶格密度的周期性起伏随之消失，滞后入射激光 S_2 非共线激发的 SPPs 波矢量不再受到周期性调制，双束激光诱导条纹结构倾斜角的振荡特性随之消失。这正是条纹倾斜角周期振荡特性在$\Delta t = 12$ ps 时消失的原因。

当时间延迟大于电子-晶格能量传递的弛豫时间时，即$\Delta t > 12$ ps，随时间延迟继续增加，电子和晶格的热扩散将支配瞬态折射率光栅的演化过程，其倒格矢 $\vec{k}_g'$ 的幅值随之逐渐减小。瞬态折射率光栅波矢的减小导致滞后入射的飞秒激光 S_2 非共线激发的 SPPs 波矢量方向 $\vec{k}_{sp}$ 单调地趋近于 $\vec{k}_i$ 的方向，也即单调地趋近于滞后入射的飞秒激光线性偏振方向，如图 6.17（b）所示。这正是双束飞秒激光诱导产生光栅结构倾斜角在时间延迟$\Delta t = 12 \sim 40$ ps 范围内单调减小的原因。当时间延迟$\Delta t > 40$ ps 时，超前入射的脉冲激光 S_1 激发的瞬态

折射率光栅对滞后入射的飞秒激光 S_2 激发的 SPPs 的散射作用消失，其作用相当于预加热金属表面，双束飞秒激光诱导产生条纹结构主要由滞后入射的飞秒激光 S_2 起主导作用，因此条纹结构沿水平方向排列不再随时间延迟而变化。

6.7.7 啁啾脉宽对晶格硬化现象的影响

当入射激光脉宽展宽至皮秒量级时，铜表面电子在吸收激光能量后，其温度上升速度变缓，热化后的电子温度相对较低，使得铜表面的晶格硬化程度较低。激光脉宽越大，热电子温度越低，晶格硬化程度越弱。在晶格硬化层中声波的传播速度相对于飞秒脉冲激发情况明显地减小。图 6.19 分别给出在飞秒脉冲和皮秒脉冲照射下铜表面的硬化层中晶格密度涨落和声波在硬化层边界处反射率随时间延迟的变化曲线。

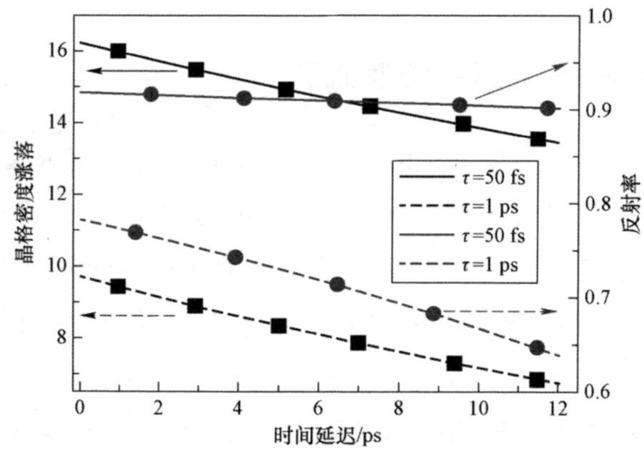

图 6.19 金属晶格硬化层中晶格密度涨落（方块线）和声波在晶格硬化层边界处反射率（圆点线）在时间延迟$\Delta t \leqslant 12$ ps 范围内的变化曲线

注：实线代表入射激光脉冲宽度τ= 50 fs 的情况；虚线代表入射激光脉冲宽度τ= 1 ps 的情况

在超短脉冲照射下，晶格结构势能形变所导致的晶格密度涨落η，以及声波在硬化层界面处由于阻抗不匹配产生的反射率 R 的计算过程如下：

由式（6.3）可推得瞬态折射光栅倒格矢增量$\Delta \vec{k}_g'(\Delta t)$为光栅结构倾斜角$\alpha$的函数，其表达式为：

$$\Delta k_g = \frac{k_i}{\sin\theta / \tan\alpha - \cos\theta} - k_g \tag{6.11}$$

根据条纹结构倾角周期振荡变化，即条纹结构倾斜角的增量$\Delta\alpha$，可求得

瞬态折射率光栅倒格矢增量$\Delta\vec{k}_g'(\Delta t)$。而由式（6.10）可知晶格密度涨落$\eta$为瞬态折射率光栅倒格矢变化量$\Delta\vec{k}_g'(\Delta t)$的函数，即：

$$\eta\left(t-\frac{2L}{v}\right)=\frac{2|\varepsilon_m^0|}{k_i}\Delta k_g\left(t-\frac{2L}{v}\right) \tag{6.12}$$

声波阻抗 Z 为晶格密度ρ和声速υ_a的乘积。在飞秒脉冲作用前晶格初始密度为ρ_0，飞秒脉冲作用后引起晶格硬化的密度为$\rho=\rho_0(1+\eta)$。声波在晶格硬化层与非硬化层界面处的反射率为：

$$R=\frac{(Z_2-Z_1)^2}{(Z_2+Z_1)^2} \tag{6.13}$$

其中，Z_1 和 Z_2 分别为声波在未发生晶格硬化区域和晶格硬化层内的阻抗。

由图 6.19 可知，由于飞秒脉冲诱导势能形变强，引发的晶格密度起伏幅度大，在晶格硬化层边界处声波阻抗不匹配程度高，因此造成声波反射率高（大约 90%）。在热电子-晶格能量传递过程中，即时间延迟$\Delta t \leqslant 12$ ps 范围内，声波在晶格硬化层边界一直保持较高的反射率。当脉宽展宽至τ= 1 ps 时，电子在吸收入射脉冲能量后热化温度降低。这种温度相对较低的热电子一方面诱导产生的势能形变减小，引起晶格硬化层中晶格密度涨落幅度减小；另一方面引起晶格硬化程度降低，导致声波在硬化层中传播速度较小。这两方面因素导致声波在晶格硬化层边界处的反射率降低至 70%。声波的低反射率造成晶格硬化层中往返声波的振幅减小，导致瞬态折射率光栅倒格矢增量$\Delta\vec{k}_g'(\Delta t)$变化幅度减小、导致对滞后入射皮秒激光 S_2 非共线激发 SPPs 波矢$\vec{k}_{sp}$的调制幅度减小，最终造成条纹结构倾斜角的周期振荡幅度减小至$\Delta\alpha=6°$，如图 6.13 圆点所示。与此同时，晶格硬化层中声速减小，造成声波在晶格硬化层中往返一次所需的时间增加，导致条纹结构倾斜角的振荡频率降低至 0.3 THz，如图 6.14（b）中方块所示。相应地，在脉宽为τ= 1 ps 脉冲激发下，计算获得声波在晶格硬化层中的传播速度为 v = 6 km/s，稍大于室温下铜材料中的声速。当脉宽展宽至τ= 10 ps 及以上时，电子在吸收入射脉冲能量后的热化温度变得更低，导致晶格硬化现象无法产生，激光因诱导势能形变而激发的声波无法形成往返运动，未能对瞬态折射率光栅增量$\Delta\vec{k}_g'(\Delta t)$进行周期调制，未能对滞后入射脉冲 S_2 非共线激发的 SPPs 波矢形成周期性调制作用，因

此条纹结构倾斜角周期振荡不复存在，取而代之的是随时间延迟单调减小的变化趋势，如图 6.15 所示。

6.8 总 结

本章主要研究了具有不同线偏振方向且通量相等的双束飞秒激光在单晶铜表面诱导产生一维亚波长周期条纹结构的形貌特征及其随时间延迟的演化过程。在零延迟时，双束飞秒激光诱导产生条纹结构的倾斜角约为其偏振方向夹角的一半。增加双束飞秒激光之间的时间延迟，条纹结构倾斜角在$\Delta t = 0$～12 ps 范围内呈现出周期振荡现象；当Δt＞12 ps 时，条纹结构倾斜角表现出单调衰减特性；当Δt＞40 ps 时，条纹结构倾斜角保持不变。实验研究发现条纹结构倾斜角周期振荡的幅值和频率受双束飞秒激光的偏振夹角以及脉冲宽度的影响。理论分析表明，条纹结构倾斜角振荡现象的物理机制为：超前入射飞秒激光首先在铜表面激发产生瞬态折射率光栅、声学声子和晶格硬化现象，三者联合作用对滞后入射飞秒激光非共线激发 SPPs 波形成周期性调制作用，最终导致诱导形成的条纹结构排列方向周期性变化。条纹结构倾斜角单调衰减现象的物理机制为：在大时间延迟下，晶格硬化现象消失，周期调制作用不复存在，超前入射飞秒激光激发的瞬态折射率光栅在晶格能量扩散作用下逐渐变弱，其对滞后入射飞秒激光非共线激发 SPPs 波的散射作用逐渐变弱并最终消失，使得条纹结构倾斜角逐渐减小直至不变。本章研究结果不仅加深了对飞秒激光与金属相互作用的超快动力学过程的认识，而且有利于提升飞秒激光对金属材料的微纳加工和制造。

6.9 参考文献

[1] POTTER E D, HEREK J L, PEDERSEN S, et al. Femtosecond laser control of a chemical reaction[J]. Nature, 1992(355): 66-68.

[2] WOLF M. Femtosecond dynamics of electronic excitations at metal surfaces[J]. Surface Science, 1997(343): 377.

[3] SUN C K, VALLÉE F, ACIOLI L, et al. Femtosecond investigation of electron

thermalization in gold[J]. Physical Review B, 1993(48): 12365.

[4] FATTI N D, BOUFFANAIS R, VALLÉE F, et al. Nonequilibrium electron interactions in metal films[J]. Physical Review Letters, 1998(81): 922.

[5] HASE M, ISHIOKA K, DEMSAR J, et al. Ultrafast dynamics of coherent optical phonons and nonequilibrium electrons in transition metals[J]. Physical Review B, 2005(71): 184301.

[6] MISOCHKO O V, HASE M, ISHIOKA K, et al. Observation of an amplitude collapse and revival of chirped coherent phonons in bismuth[J]. Physical Review Letters, 2004(92): 197401.

[7] WRIGHT O B, KAWASHIMA K. Coherent phonon detection from ultrafast surface vibrations[J]. Physical Review Letters, 1992(69): 1668.

[8] STOLOW A, BRAGG A E, NEUMARK D M. Femtosecond time-resolved photoelectron spectroscopy[J]. Chemical Reviews, 2004(104): 1719.

[9] EXTER M van, LAGENDIJK A. Ultrashort surface-plasmon and phonon dynamics[J]. Physical Review Letters, 1988(60): 49.

[10] WANG J, GUO C. Electron Heating on femtosecond laser-induced coherent acoustic phonons in noble metals[J]. Physical Review B, 2007(75): 184304.

[11] TEMNOV V, NELSON K, ARMELLES G, et al. Femtosecond surface plasmon interferometry[J]. Optics Express, 2009(17): 8423.

[12] REIF J, VARLAMOVA O, COSTACHE F. Femtosecond laser induced nanostructure formation: self-organization control parameters[J]. Applied Physics A, 2008(92): 1019-1024.

[13] BOROWIEC A, HAUGEN H K. Subwavelength ripple formation on the surfaces of compound semiconductors irradiated with femtosecond laser pulses[J]. Applied Physics Letters, 2003(82): 4462.

[14] XUE L, YANG J, YANG Y, et al. Creation of periodic subwavelength ripples on tungsten surface by ultra-short laser pulses[J]. Applied Physics A, 2012(109): 357.

[15] VOROBYEV A, MAKIN V, GUO C. Periodic ordering of random surface nanostructures induced by femtosecond laser pulses on metals[J]. Journal of

Applied Physics, 2007(101): 34903.

[16] VOROBYEV A Y, GUO C. Direct femtosecond laser surface nano/microstructuring and its applications[J]. Laser Photonics Reviews, 2013(7): 385.

[17] QIAO H, YANG J, WANG F, et al. Femtosecond laser direct writing of large-area two-dimensional metallic photonic crystal structures on tungsten surfaces[J]. Optics Express, 2015(23): 26617-26627.

[18] MIYAJI G, MIYAZAKI K. Origin of periodicity in nanostructuring on thin film surfaces ablated with femtosecond laser pulses[J]. Optics Express, 2008(16): 16265-16271.

[19] BONSE J, ROSENFELD A, KRÜGER J. On the role of surface plasmon polaritons in the formation of laser-induced periodic surface structures upon irradiation of silicon by femtosecond-laser pulses[J]. Journal of Applied Physics, 2009(106): 104910.

[20] HOHM S, ROSENFELD A, KRUGER J, et al. Femtosecond diffraction dynamics of laser-induced periodic surface structures on fused silica[J]. Applied Physics Letters, 2013(102): 54102.

[21] ZHOU K, JIA X, JIA T, et al. The influences of surface plasmons and thermal effects on femtosecond laser-induced subwavelength periodic ripples on Au film by pump-probe imaging[J]. Journal of Applied Physics, 2017, 121(10): 104301.

[22] HOHM S, ROSENFELD A, KRUGER J, et al. Femtosecond diffraction dynamics of laser-induced periodic surface structures on fused silica[J]. Applied. Physics Letters, 2013, 102(5): 54102.

[23] CONG J, YANG J J, ZHAO B, et al. Fabricating subwavelength dot-matrix surface structures of Molybdenum by transient correlated actions of two-color femtosecond laser beams[J]. Optics Express, 2015 23(4): 5357-5367.

[24] RUELLO P, GUSEV V E. Physical mechanisms of coherent acoustic phonons generation by ultrafast laser action[J]. Ultrasonics, 2015(56): 21-35.

[25] ELSAYED-ALI H E, NORRIS T B, PESSOT M A, et al. Time-resolved

observation of electron-phonon relaxation in copper[J]. Physical Review Letters, 1987, 58(12): 1212-1215.

[26] KAGANOV M I, LIFSHITZ I M, TANTAROV I V. Relaxation between electrons and the crystalline lattice[J]. Soviet Physics Jetp-Ussr, 1957, 4(2): 173-178.

[27] WANG X Y, RIFFE D M, LEE Y S, et al. Time-resolved electron-temperature measurement in a highly excited gold target using femtosecond thermionic emission[J]. Physical Review B, 1994, 50(11): 8016-8019.

[28] CORKUM P B, BRUNEL F, SHERMAN N K, et al. Thermal response of metals to ultrafast-pulse laser excitation[J]. Physical Review Letters, 1988, 61(25): 2886-1889.

[29] CHRISTENSEN B H, VESTENTOFT K, BALLING P. Short-pulse ablation rates and the two-temperature model[J]. Applied Surface Science, 2007, 253(15): 6347-6352.

[30] ERNSTORFER R, HARB M, HEBEISEN C T. The formation of warm dense matter: experimental evidence for electronic bond hardening in gold[J]. Science, 2009, 323(5917): 1033-1037.

[31] RECOULES V, CLEROUIN J, ZERAH G, et al. Effect of intense laser irradiation on the lattice stability of semiconductors and metals[J]. Physical Review Letters, 2006, 96(5): 55503.

[32] CHO B I, ENGELHORN K, CORREA A A, et al. Electronic structure of warm dense copper studied by ultrafast X-ray absorption spectroscopy[J]. Physical Review Letters, 2011, 106(16): 167601.

[33] YANG J, LIU W, ZHU X. A study of ultrafast electron diffusion kinetics in ultrashort-pulse laser ablation of metals[J]. Chinese Physics, 2007, 16(7): 2003-2008.

[34] NAKAMURA N, OGI H, HIRAO M. Stable elasticity of epitaxial Cu thin films on Si[J]. Physical Review B, 2008, 77(24): 245416.

[35] TEMNOV V, KLIEBER C, NELSON K, et al. Femtosecond nonlinear ultrasonics in gold probed with ultrashort surface plasmons[J]. Nature

Communications, 2013(4): 1468.

[36] HIRAYAMA Y, ATANASOV P A, OBARA M, et al. Femtosecond laser ablation of crystalline iron: experimental investigation and molecular dynamics simulation[J]. Japnese Journal of Applied Physics, 2006(45): 792.

[37] KABEER F C, GRIGORYAN N S, ZIJLSTRA E S, et al. Transient phonon vacuum squeezing due to femtosecond-laser-induced bond hardening[J]. Physical Review B, 2014, 90(10): 104303.

第7章

双束延时飞秒激光在钼表面调控制备高规整多类型亚波长周期表面结构

7.1 引 言

纳米结构化材料表面能够改变原有的物化特性并赋予新的物化特性，拓展材料的功能化应用范围[1-5]。目前成熟的商业化纳米结构制备技术主要有光子、离子和电子等刻蚀技术。但这些刻蚀技术存在操作环境苛刻、过程复杂、设备昂贵和效率低等缺点[6-7]。飞秒激光诱导周期表面结构（fs-LIPSSs）作为一种新的纳米结构刻蚀技术，具有成本低、操作简单、无掩模和一步成型等优点，且适用于多种材料的高精度纳米结构制备。fs-LIPSSs 周期和结构精度可突破衍射极限达到亚波长（$\lambda>\Lambda>\lambda/2$）甚至深亚波长（$\Lambda<\lambda/2$）量级，其功能化应用已在多个领域广泛报道，如表面着色、润湿改性、摩擦改性、光吸收增强、增强生物相容性和光学双折射[8-12]等。fs-LIPSSs 形成机制仍在不断的争论中，但主要集中在两种观点：一是飞秒激光与其在材料表面激发的表面电磁波之间的干涉理论；二是飞秒激光激发材料表面熔融层热流体动力学运动的自组织理论[13]。但可以确信的是，fs-LIPSSs 形成是一个极其漫长的超快动力学过程，其中包含一系列超快物态过程[14-16]，例如：电子热化、热电子与冷晶格的能量传递、材料熔化流体动力学、材料表面冷却和凝固等。这些超快物态均会影响激光能量在材料表面的周期性吸收和烧蚀去除，从而使 fs-LIPSSs 形成过程变得异常复杂。可以想象，在飞秒激光激发材料瞬间非平衡态过程中加入多脉冲共同作用，它们在材料表面的能量沉积在时空上必然产生叠加和相互调制作用，这将成为一种新的调控 fs-LIPSSs 形成及其形貌

特征的有效途径。

目前，单束飞秒激光诱导周期表面结构技术的发展主要面临三个缺点：一是大面积制备效率低；二是结构空间排列不规则；三是形貌单一缺乏多样性。第一个缺点主要是由飞秒激光束经物镜或透镜的紧密聚焦而引起的。第二个缺点是由于实验获得的周期表面结构易发生弯曲、分叉和分裂现象从而破坏空间排布的规则性而引起的。第三个缺点主要是由单束飞秒激光偏振态单一性引起的。这些缺点严重制约 fs-LIPSSs 在多功能表面光子器件领域的广泛应用。为解决第一个缺点，Das 等人利用柱面透镜对飞秒激光束进行聚焦，聚焦后的线形光斑扩展激光单次扫描制备周期表面结构的区域面积，但其获得的周期表面结构的均匀性和规则性仍然较差[17]。fs-LIPSSs 形貌特征与材料性质和激光加工参数密切相关。研究发现飞秒激光在钨、钼、钛、镍和不锈钢等硬质金属表面比在金、银、铜和铝等软质金属表面更容易制备获得高规整性周期表面结构。这是因为两类金属的电-声耦合系数、热电子扩散系数和熔点等物理性质存在巨大的差异[14,18-19]。研究人员使用高重复率红外飞秒激光（MHz，＞1 μm），或在真空环境下或通过使用不同的加工策略引入不同物理机制在金属薄膜表面获得了一维高规整周期表面结构，如特定的扫描方向[20]、激发衰减长度较短的表面电磁波[21]，激光诱导金属氧化反应[22]以及避免材料氧化反应和空气等离子体的热干扰[23]等。最近，研究人员开始利用时间整形飞秒激光脉冲在激发材料超快非平衡态下调控制备高规整多形貌的周期表面结构[24-34]。例如，Giannuzzi 课题组和杨课题组分别使用双/三/多束时间延迟飞秒激光在金属和半导体表面制备获得大面积高规整一维周期条纹结构[24-26]。通过适当选择时间延迟、能量配比和偏振组合，双束飞秒激光可在金属和半导体材料表面诱导产生多种类型二维周期表面结构，如纳米方形和点状阵列结构、纳米三角形阵列结构和纺锤状矩形阵列结构等[27-34]。在上述研究中，时间整形飞秒激光脉冲表现出多维度灵活调控制备周期表面结构的优势，但目前针对高效率制备高精度超规整多形貌二维周期表面结构研究相对很少，并且人们对二维周期结构的形成机理以及不同类型结构之间的转化关系仍缺乏全面的认识。

本章将利用正交偏振且具有时间延迟的双束蓝色飞秒激光（400 nm，1 kHz）经柱面镜聚焦，在硬质金属钼表面开展大面积高规整多类型周期表面

结构高效率制备的研究工作，利用不同手段表征实验获得高规整多类型周期表面结构的形貌特征，探明不同类型周期表面结构形成以及相互转化的实验条件，借助数值模拟方法深入探讨不同类型周期表面结构形成的物理机制，研究大面积高规整周期表面结构的光学和物理特性，探索在各个领域的潜在应用。

7.2　实验方法

图 7.1 为双束偏振垂直且有一定时间延迟的飞秒激光在金属表面均匀大面积灵活制备纳米周期表面结构的实验装置示意图。光源为商业化蓝宝石飞秒激光放大器（HP Spitfire 50，Spectra Physics），其输出为中心波长 $\lambda=800$ nm，脉宽 $\tau=50$ fs，重复频率 $r=1$ kHz 的线性偏振脉冲序列。该红外脉冲序列经过倍频晶体（β-BBO）后转化为中心波长为 $\lambda=400$ nm 的蓝色飞秒激光脉冲。通过在 β-BBO 晶体之后放置光谱带通滤波器，将倍频光束中的基频成分滤掉。通过在光路中设置钒酸钇（YVO_4）双折射晶体，将蓝色飞秒激光的每一脉冲在时域上分裂成两个共线传输且线性偏振正交的子脉冲。由于双折射晶体 YVO_4 厚度为 1.6 mm，由此可推算两个子脉冲之间的时间延迟为 1.5 ps[35]。通过旋转双折射晶体光轴与入射蓝色飞秒激光偏振方向之间方位角可以调控两个时间延迟子脉冲之间的能量配比。为了提升飞秒激光诱导周期表面结构的制备效率，本实验采用了焦距为 $f=50$ mm 柱面透镜对双束时间延迟蓝色飞秒激光进行聚焦，并垂直入射到样品表面。柱透镜仅对蓝色飞秒激光束在一个方向或维度上产生汇聚作用，聚焦光斑的空间能量分布呈线形光斑轮廓。由于高峰值功率，聚焦飞秒激光束在焦点位置易产生空气电离现象。为了避免空气电离对制备周期表面结构的干扰，样品表面放置在距离焦点前 250 μm 的位置。图 7.1(b)为利用 WinCamD(LCM，DataRay)软件测得的聚焦激光光斑在样品表面的强度分布，该线形光斑在峰值强度 $1/e^2$ 位置处的尺寸大小约为 35 μm×6 mm，该值远大于经物镜和球透镜紧聚焦的圆形光斑尺寸。整个光路中激光脉冲能量通过半波片与格兰-泰勒棱镜的组合进行灵活调控。

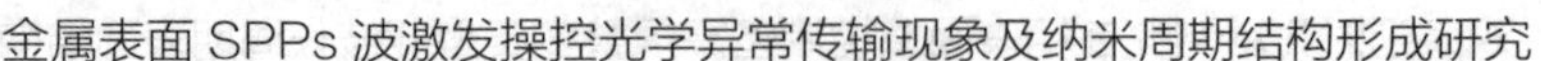

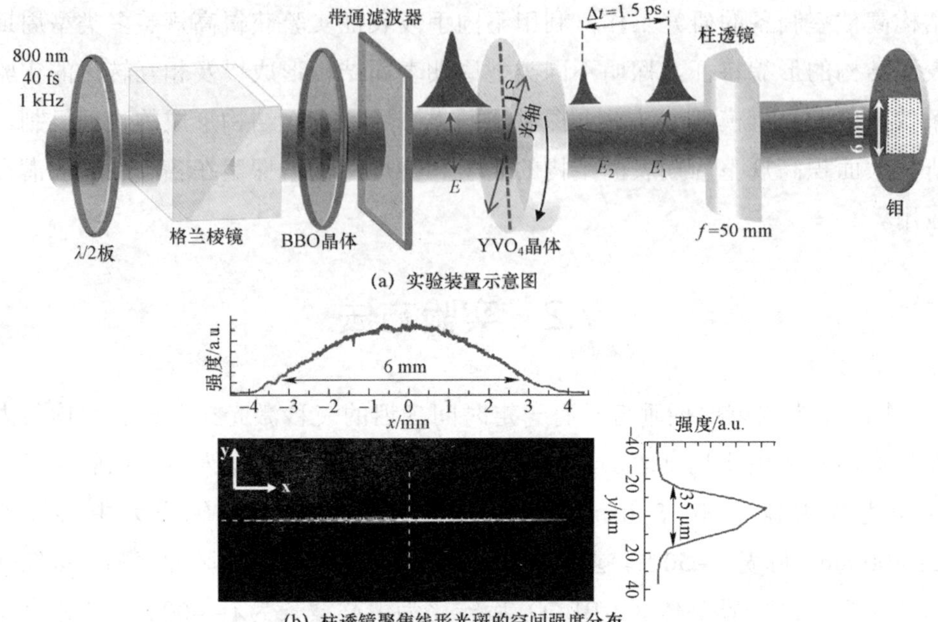

图 7.1 具有时间延迟且偏振垂直的双束蓝色飞秒激光在金属表面均匀大面积灵活制备纳米周期表面结构的实验装置

注：双束时间延迟飞秒激光由双折射晶体 YVO_4 产生，其正交偏振方向分别由 E_1 和 E_2 表示。

实验样品采用机械抛光的高纯度（>99.98%）钼块，安放在由计算机控制的三维电动平移（XMS-100，Newport）上。钼为难熔金属，具有高弹性模量、低热膨胀系数和热导率等物理特性，在太阳能电池、微电子和航空、核聚变堆和气体激光器的光学元件等领域具有广泛的应用。另外，由于电-声耦合系数大、电子扩散系数小以及熔点高等物理特性[14,18-19]，钼材料成为制备高规整纳米周期表面结构的理想材料，而纳米结构化钼材料必将提升其应用性能[36-38]。在实验过程中，聚焦后的线形飞秒激光束沿其光斑短轴方向以 $v=0.01$ mm/s 的速度扫描样品表面，在激光光斑区域内脉冲重叠数目约为 $N=2\,500$。样品表面的激光通量通过公式 $F=8E_0/(\pi\phi_1\phi_2)$ 计算获得[13]，其 E_0 为单脉冲能量，ϕ_1 和 ϕ_2 分别为线形光斑在短轴和长轴方向上的尺寸大小。在实验前后，样品放置在丙酮溶液中超声清洗一小时来清除表面的杂质和污渍。激光扫描区域的表面形貌特征利用高清扫描电子显微镜（SEM，HITACI，S-4800）进行表征。

材料烧蚀阈值是 LIPSSs 形成的一个重要参数。已有文献研究表明，钼材料烧蚀阈值随激光波长、重叠脉冲数和脉宽等激光参数变化[39-40]。在本章实

验中，当经圆柱聚焦双光束飞秒激光以 $v=0.01$ mm/s 的速度扫描钼表面时，实验测得钼烧蚀阈通量值与双束激光脉冲通量比密切相关，其值在 $F_{th}=0.057\sim0.071$ J/cm^2 范围内变化。

7.3　结构形貌及表征

在实验之前，表 7.1 总结了已有文献报道的飞秒激光在钼表面诱导产生的各种类型的周期表面结构[21,27,41-45]。在线偏振单束飞秒激光照射下，钼材料表面通常会形成一维周期条纹结构，其排列方向垂直于激光偏振方向。通过改变激光加工参数，激光诱导条纹结构的周期尺寸可从亚波长尺寸减小至深亚波长量级[41-43]。偶尔，在单束飞秒激光诱导形成一维周期条纹结构的局部区域可观察到零星分布的二维三角形和菱形结构，并且在不同区域内三角形和菱形结构形貌差异很大[44]。利用单束线性偏振飞秒激光在两个偏振垂直方向上依次扫描钼表面，可获得二维方形纳米柱阵列结构[43]。但利用单束飞秒激光诱导产生的一维和二维周期表面结构均出现了弯曲、劈裂、中断等缺陷，导致结构空间排列缺乏规则性和均匀性。研究发现，飞秒激光在钼薄膜材料表面极易获得高规整性一维周期条纹结构[21]。研究人员利用双色时间延迟飞秒激光器在块状钼材料表面制备获得了二维椭圆状纳米阵列结构[18]。本章将采用偏振垂直且具有一定时间延迟的双束蓝色飞秒激光通过柱透镜聚焦在钼材料表面开展大面积高规整、高精度、多形貌周期表面结构高效率制备的研究工作。

表 7.1　飞秒激光在钼表面诱导产生的各类型周期表面结构

材料	光束性质	激光参数	加工环境	周期	形貌特征	规整性	参考文献
块状	单束	800 nm，160 fs，10 Hz	空气	0.81λ	条纹	差	[41]
块状	单束	1 045 nm，700 fs，100 kHz	乙烷	0.2λ	条纹	差	[42]
块状	单束	800/400 nm，110 fs，1 kHz	空气 水	0.66λ， 0.42λ	条纹，纳米柱	差	[43]
块状	单束	1 030 nm，400 fs，400 kHz	空气	0.74λ	三角形，菱形	差	[44]
薄膜	单束	1 030 nm，213 fs，600 kHz，	空气	0.82λ	条纹	好	[21]
块状	双色双束	800 nm and 400 nm，50 fs，1 kHz，$\Delta t=100$ ps	空气	0.75λ	椭圆	差	[27]
块状	单色双束	400 nm，40 fs，1 kHz，$\Delta t=1.5$ ps	空气	$0.65\lambda\sim0.85\lambda$	条纹，三角形，点阵	好	本章

7.3.1 一维纳米周期条纹结构

实验首先研究了单束蓝色飞秒激光在钼表面诱导形成周期表面结构的情况。当双折射晶体的方位角为$\alpha=0°$ 时，蓝色飞秒激光脉冲透过双折射 YVO_4 晶体后在时域上未产生分裂现象，仍然为单束飞秒激光。图 7.2 为单束蓝色飞秒激光诱导形成的表面结构形貌特征的 SEM 图。由图可观察到，激光照射区域形成了一维周期条纹结构，其空间排列方向与蓝色飞秒激光线性偏振方向垂直，且伴随有明显的弯曲、分裂和中断现象，与文献中在其他材料表面观察的实验结果相似[41-43]。从高分辨率的 SEM 图中测得激光诱导周期条纹结构的空间周期和刻槽的宽度分别约为$\Lambda=220$ nm 和 $w=60$ nm。利用二维快速傅里叶变换（two-dimensional fast fourier tranform，2D-FFT）方法计算获得图 7.2（a）中周期条纹结构的空间频率图像，如图 7.2（b）所示。在图 7.2（b）中，弥散的频率点表明周期条纹结构的空间周期具有显著的不均匀性，换而言之，空间排列具有明显的不规则性。图 7.2（c）给出了沿图 7.2（b）中间白色长虚线提取的空间频率数据曲线。由图可知，频率主峰周围弥散分布着严重的背景噪声。测得相邻空间频率主峰之间的间隔约为$f=4.52\ \mu m^{-1}$，该值约等于周期条纹结构周期$\Lambda=220$ nm 的倒数。根据文献[21]，周期条纹结构空间排列的规整性可由其空间取向角的色散值$\delta\theta$来定量描述，其定义为空间结构取向角分布曲线峰的半高全宽值，该值越小表明周期条纹结构的规整性越高，反之亦然。通过计算获得图 7.2（a）中周期条纹结构的空间取向角分布曲线峰的色散角为$\delta\theta=14°$，如图 7.2（d）所示。该结果表明单束飞秒激光诱导产生的周期条纹结构的空间排列不规则并且结构质量较差。

当双折射晶体的方位角沿顺时针方向旋转至$\alpha=30°$ 时，单束蓝色飞秒激光脉冲在经过双折射晶体之后分裂为共线传播的具有固定时间延迟且偏振正交的双束蓝色飞秒激光，双束飞秒激光之间的能量（通量比）比为$F_1:F_2=3:1$。图 7.3（a）为双束蓝色飞秒激光在钼表面诱导产生的周期表面结构，其中，激光脉冲 E_1 在时域上领先于激光脉冲 E_2 到达样品表面。由图可知，双束蓝色飞秒激光同样诱导产生了周期条纹结构。但与单束蓝色飞秒激光作用结果相比，结构规整性和均匀性得到了显著的提升。换而言之，组成周期条纹结构

的刻槽阵列在宽度为 7 mm 的整个线形聚焦光斑范围整齐排列，未出现弯曲和中断缺陷。此外，周期条纹结构的取向垂直于大能量脉冲 E_1 的偏振方向。由周期条纹结构的高分辨率 SEM 图像可观察到，组成周期条纹结构的金属脊呈现出前所未有的笔直且光滑的轮廓，而未出现弯曲和分裂现象。实验测量条纹结构的空间周期约为$\Lambda = 250$ nm，刻槽宽度为 $w = 100$ nm。由于周期条纹结构的脊宽度仅为 145 nm，因此在某种程度上也可看作是周期金属纳米线阵列结构。

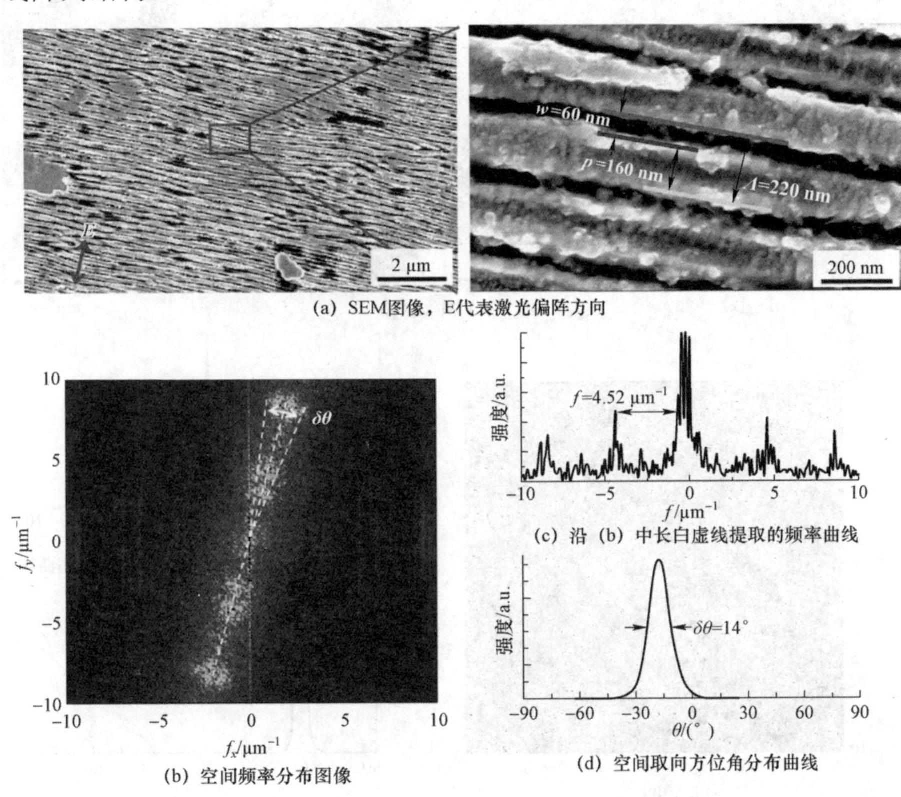

(a) SEM图像，E代表激光偏阵方向

(b) 空间频率分布图像

(c) 沿 (b) 中长白虚线提取的频率曲线

(d) 空间取向方位角分布曲线

图 7.2　单束蓝色飞秒激光在通量 $F = 0.178$ J/cm^2 下在钼表面诱导产生的不规则一维周期条纹结构

图 7.3（b）为利用 2D-FFT 方法获得图 7.3（a）中高规整周期条纹结构的空间频率图像。与单束蓝色飞秒激光的作用结果相比，双束蓝色飞秒激光诱导产生的周期条纹结构的空间频率点具有较小的特征尺寸，并呈现出离散清晰轮廓，且无明显的弥散的彗星云连接。图 7.3（c）为沿图 7.3（b）中间白色长虚线提取的空间频率数据曲线，其中，窄带空间频率峰及可忽略的背景

噪声均表明周期条纹结构的空间排列具有良好规整性和均匀性。在图中测得相邻峰的频率间隔为 $f = 3.96\ \mu m^{-1}$，其倒数为 252 nm，与在 SEM 图像中测量的结构周期保持一致。图 7.3（e）为计算获得该高规整周期条纹结构的空间取向角分布曲线，其峰的色散角为 $\delta\theta = 6°$，远小于单束激光诱导条纹结构空间取向的色散角 $\delta\theta = 14°$。该结果从另一角度证明双束飞秒激光诱导产生的周期条纹结构的空间排列规整性和均匀性得到了显著改善。

(a) SEM图像

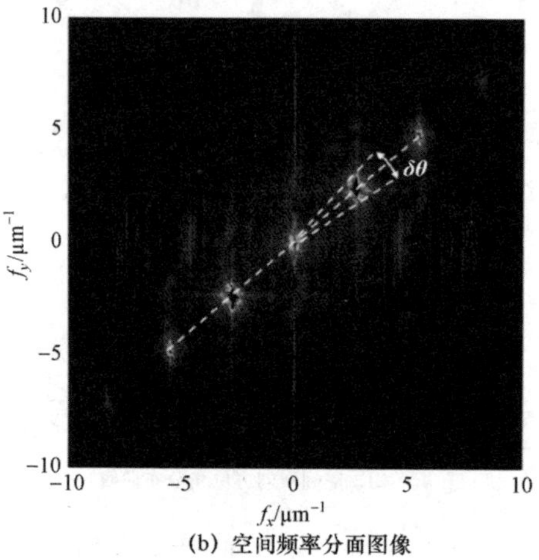

(b) 空间频率分面图像

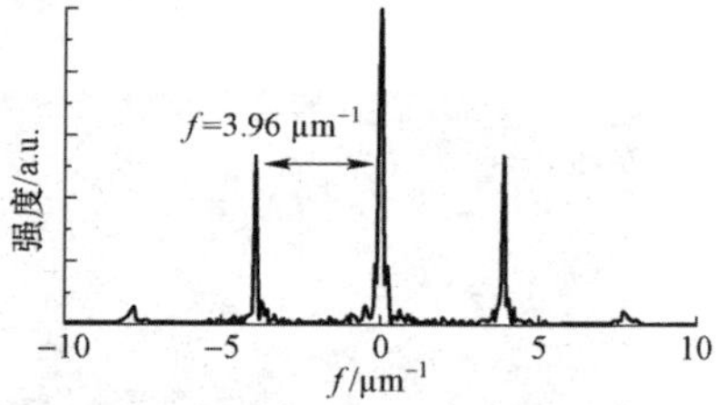

(c) 沿（b）中间白色长虚线提取的频率曲线

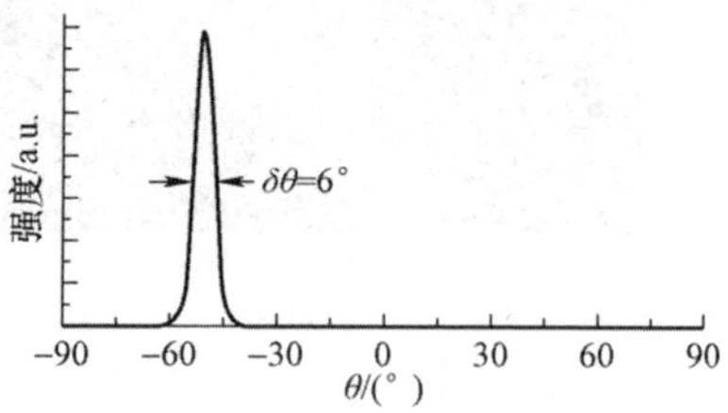

(d) 空间取向方位角分布曲线

图 7.3　具有时间延迟且偏振正交的双束蓝色飞秒激光在钼表面诱导的高规整一维周期条纹结构

注：双束激光总通量为 $F = 0.178\ J/cm^2$，通量比为 $F_1 : F_2 = 3 : 1$

当双折射晶体的方位角为 $\alpha = 60°$ 时，双束飞秒激光之间的能量比为 $F_1 : F_2 = 1 : 3$，双束飞秒激光诱导产生的周期条纹结构如图 7.4 所示。由图可知，实验获得的周期条纹结构在空间排列上同样呈现出卓越的均匀性和规则性。

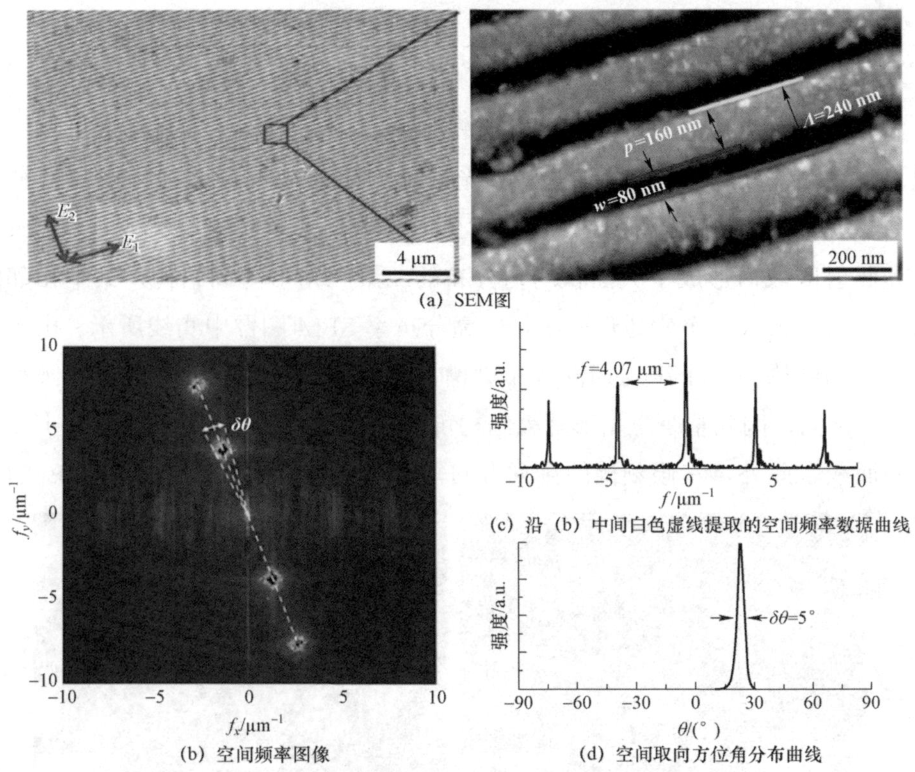

图 7.4　具有时间延迟且偏振正交的双束蓝色飞秒激光在钼表面诱导的高规整一维周期条纹结构

注：双束激光总通量为 $F=0.178$ J/cm²，通量比为 $F_1:F_2=1:3$

但该条纹结构的空间排列方向垂直于具有较大通量的延迟入射激光脉冲 E_2 的线性偏振方向。类似于图 7.3（a）的观察结果，图 7.4（a）中获得的高规则周期条纹结构同样均匀地分布在整个线形光斑照射区域。由高分辨率 SEM 图测得条纹结构的空间周期约为$\Lambda=240$ nm，刻槽宽度约为 $w=80$ nm。图 7.4（b）为计算获得的该高规整周期条纹结构的空间频率分布图，其中高清离散的空间频率点连成一条直线，其排列方向与条纹结构的排列方向相互垂直。图 7.4（c）为沿图 7.4（b）中间白色长虚线提取的空间频率数据曲线，图中测得相邻峰的频率间隔为$f=4.07$ μm^{-1}，其倒数约为 245 nm，与 SEM 图中测量的结构周期相一致。另外，计算获得此条纹结构的空间取向角分布曲线峰的色散角减小至$\delta\theta=5°$。无论是清晰无背景噪声的空间频率点还是极小的空间取向色散角均证明该条纹结构的空间排列具有卓越的规整性和均匀性。

7.3.2 二维纳米三角形阵列结构

当双折射晶体的方位角顺时针旋转到$\alpha = 37°$时，双束飞秒激光脉冲之间通量比为$F_1∶F_2 = 1.7$，双束飞秒激光诱导产生的周期表面结构形貌特征如图 7.5 所示。与图 7.2 和图 7.3 中观察到的一维周期条纹结构不相同，此时在激光照射区域内形成了大面积均匀分布的二维三角形阵列结构，其中相邻的六个三角形组成一个六边形图案，如高分辨率 SEM 图像中实线所示。由于三角形阵列结构在三个组周期性排布刻槽，其空间取向分别为左倾、右倾和水平三个方向，因此整个三角形阵列结构可看作三组一维光栅结构在空间上交叉互锁而成。此外，左倾刻槽的排列方向垂直于具有较高能量激光脉冲 E_1 的线

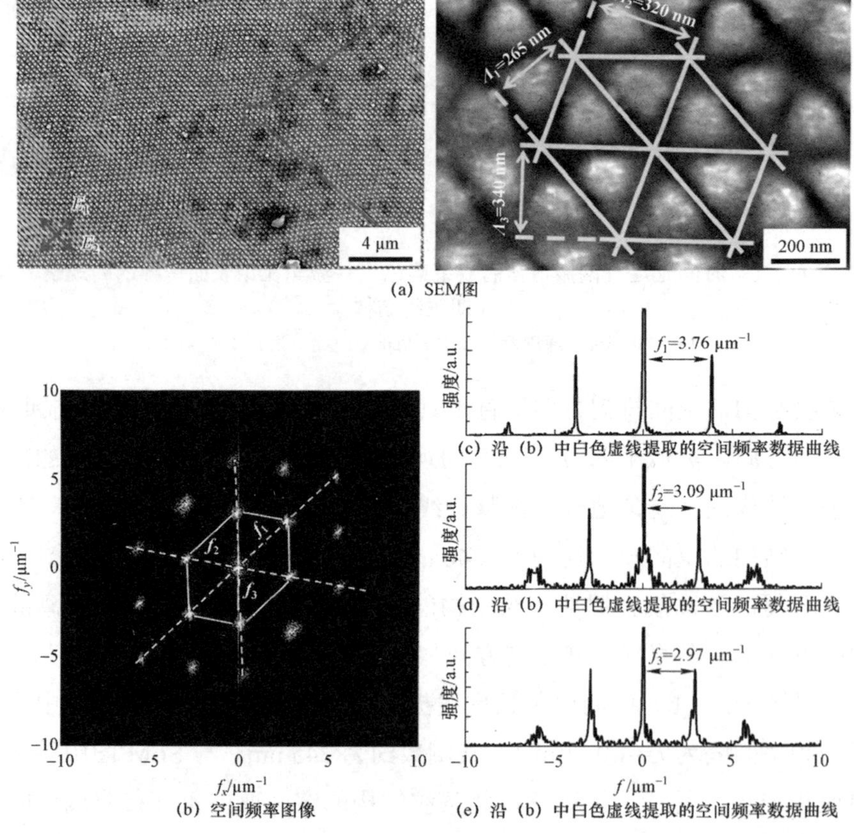

图 7.5 具有时间延迟且偏振正交的双束蓝色飞秒激光在钼表面诱导的高规整二维纳米三角形阵列结构

注：双束激光总通量为$F = 0.182\ \text{J/cm}^2$，通量比为$F_1∶F_2 = 1.7∶1$

偏振方向，而其他两组刻槽的排列方向既不平行也不垂直于双束飞秒激光脉冲的线偏振方向。实验测量左倾、右倾和水平方向的三组周期条纹结构的空间周期分别为$\Lambda_1 = 265$ nm、$\Lambda_2 = 320$ nm 和$\Lambda_3 = 340$ nm，其刻槽宽度依次分别为$w_1 = 70$ nm、$w_2 = 60$ nm 和 $w_3 = 60$ nm。实验测得单个纳米三角形单元的三个边长均为$l = 200$ nm。双束飞秒激光诱导的纳米三角形结构阵列的空间排布在亚平方毫米甚至平方毫米范围内具有优异的均匀性和规整性以及高质量的结构单元。

图 7.5（b）为利用 2D-FFT 方法计算获得的二维纳米三角形结构阵列的空间频率分布图，其中清晰离散的空间频率点同样呈六角形阵列排列。图 7.5（c）～图 7.5（e）绘制了沿图 7.5（b）中沿三条白虚线上提取的空间频率数据曲线，其中尖锐的空间频率峰证明二维纳米三角形结构阵列在空域中排布具有极好的均匀性和规整性。在三个不同方向上，相邻峰之间的频率间隔依次为$f_1 = 3.76$ μm^{-1}、$f_2 = 3.09$ μm^{-1}和$f_3 = 2.97$ μm^{-1}，其倒数分别为 268 nm、320 nm 和 338 nm，与 SEM 图中测量的三个方向的结构周期相一致。

7.3.3　二维纳米点阵结构

当双折射晶体的方位角进一步旋转至$\alpha = 45°$ 时，双束飞秒激光脉冲具有相等的能量或通量，即通量比为 $F_1 : F_2 = 1$，其在钼表面诱导产生的大面积均匀分布周期结构形貌转变为二维纳米点阵结构，如图 7.6 所示，其中结构单元按方形阵列排布。类似于纳米三角形阵列结构，纳米点阵结构可看作两组分别垂直于双束飞秒激光偏振方向的一维纳米周期条纹结构在空间上交叉互锁而成。通过实验可观察到，具有高质量结构单元的纳米点阵均匀规则排布的面积可达到亚平方毫米甚至平方毫米范围。实验测量纳米点阵结构在两个周期排列方向上的周期大小分别约为$\Lambda_1 = 260$ nm 和$\Lambda_2 = 290$ nm，其刻槽宽度分别为 $w_1 = 120$ nm 和$w_2 = 150$ nm，而单元结构的直径约为$D = 140$ nm。图 7.6（b）为计算得到的二维纳米点阵结构的空间频率分布图。由图可观察到，离散分布的空间频率点轮廓清晰且无弥散的彗星云背景，并呈现方形阵列排布。图 7.6（c）、图 7.6（d）为沿图 7.6（b）中沿两条白色虚线提取的空间频率数据曲线，窄带频率峰充分说明纳米点结构阵列的空间排列具有优异的均匀性和规整性。从图测得相邻峰之间频率间隔分别为$f_1 = 3.80$ μm^{-1}和$f_2 = 3.46$ μm^{-1}，对应倒数分别为 263 nm 和 289 nm，该结果与 SEM 图中测量的结构周期保持一致。

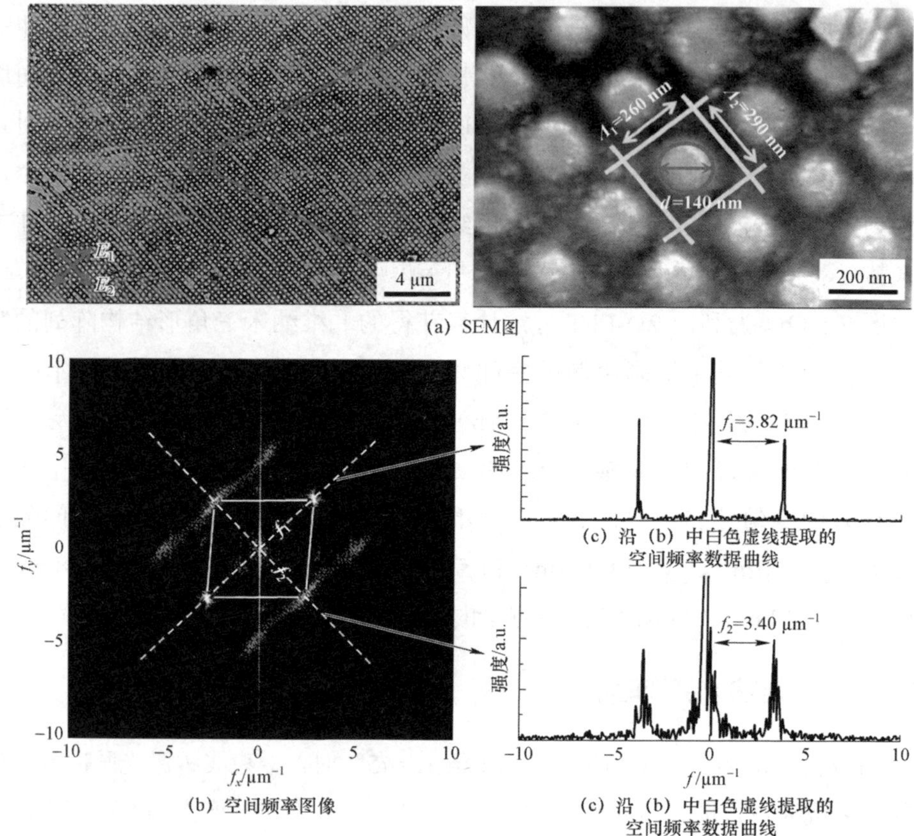

图 7.6　具有时间延迟且偏振正交的双束蓝色飞秒激光在钼表面诱导的大面积高规整二维纳米点阵结构

注：双束激光总通量为 $F=0.182\ \mathrm{J/cm^2}$，通量比为 $F_1:F_2=1:1$

7.4　高规整结构形成的实验条件

本节通过实验研究获得了制备三种类型的高规整周期表面结构所需的实验参数的动态窗口条件。研究发现，高规整周期表面结构制备所需的样品扫描速度为 $v=0.01\sim0.02$ mm/s，样品表面的离焦距离为 $s=200\sim400$ μm。当固定扫描速度为 $v=0.01$ mm/s 且离焦距离为 $s=250$ μm 时，三种高规整周期表面结构形成所需的双束飞秒激光的总通量和通量比的动态窗口条件如图 7.7 所示。由图可知，当双束飞秒激光的通量比设置在 $1:3<F_1:F_2<1:2$ 和 $2:1<F_1:F_2<3:1$ 两个动态区间范围内时，则钼表面形成一维高规整周期条纹

结构；当通量比变化至 $0.5<F_1:F_2<0.8$ 和 $1.25<F_1:F_2<2$ 两个动态区间范围时，则钼表面形成二维高规整纳米三角形阵列结构；当通量比限定在 $0.8<F_1:F_2<1.25$ 动态区间范围内时，则钼表面形成二维高规整纳米点阵结构。值得注意的是，三种高规整周期表面结构形成所需的双束飞秒激光的通量比 $F_1:F_2$ 和 $F_2:F_1$ 具有对称性，这表明三种高规整周期表面结构的形成取决于双束飞秒激光的通量比，而与双束飞秒激光在时域上的入射顺序无关。此外，三种高规整周期表面结构形成所需的通量比区间范围大小与总通量密切相关，总通量越高，通量比区间范围越窄。当双束飞秒激光和总通量和通量比超出上述区间范围时，则钼样品表面形成不规则的周期条纹结构或无定形结构。

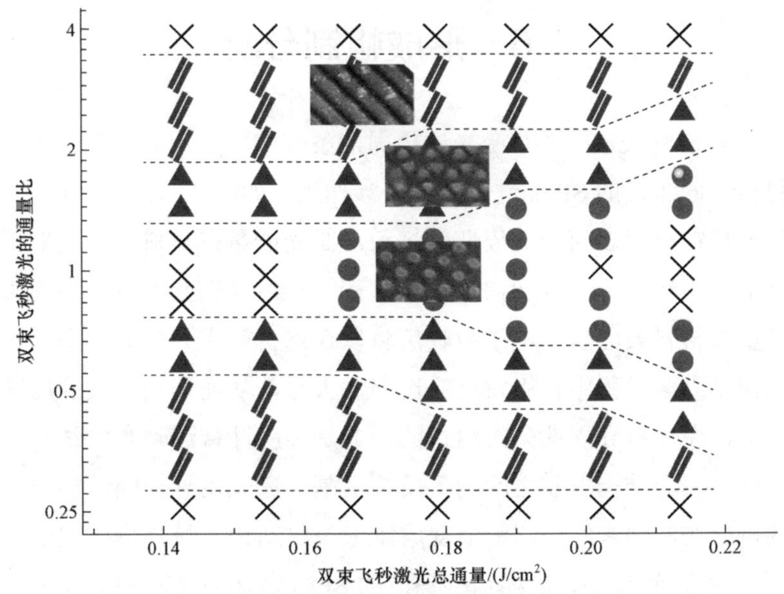

图 7.7　钼表面形成三种高规整周期表面结构所需的双束飞秒激光总通量和通量比的动态窗口条件

注：实验所采用的扫描速度和离焦距离分别为 $v=0.01$ mm/s 和 $s=250$ μm

7.5　EDS 化学成分分析

利用能量色散 X 射线光谱仪对钼表面的飞秒激光未作用区域和纳米结构化区域进行化学元素分析，结果见表 7.2。飞秒激光未作用的原始区域的氧元素含量为 5%，这是由于钼表面在空气中氧化形成三氧化钼（MoO_3）层而引起的[37]。纳米周期表面结构形成区域，由于新的钼氧化物生成，氧元素含量从 5.76%增加到 7.42%，而钼元素含量从 94.24%下降到 92.58%。该结果表明飞秒激光诱导产生纳米周期表面结构的主要成分为钼，且掺杂少量钼的氧化物。

表 7.2　钼表面飞秒激光未作用区域和作用区域的化学成分

元素	原始区域/wt.%	纳米结构化区域/wt.%
Mo	5.76	7.42
O	94.24	92.58

7.6　形成机制分析

已有文献研究表明[45-46]，激光诱导周期条纹结构的形成起源于入射激光场与其在材料表面激发的 SPPs 波之间的干涉作用，如图 7.8（a）所示。干涉条纹调制激光能量在材料表面形成周期性沉积。激光能量在材料表面周期性沉积过程在时域上先后经历一系列超快动力学过程[14-16]。在初始阶段，空间周期分布的激光能量被材料表面自由电子吸收后将以瞬态折射率光栅的形态存在，其在后续的超快动力学过程中将引发材料选择性去除，从而形成永久的周期表面结构。事实上，激光诱导周期条纹结构的形成是多脉冲持续曝光的结果。基于激光脉冲与材料表面结构形貌之间的正反馈机制，激光诱导表面结构的形貌从初始阶段随机分布的纳米结构逐渐演变成雏形条纹结构，最终形成规则的周期条纹结构[1,46]。在此过程中，周期结构辅助的 SPPs 波激发随材料表面结构形貌的演变逐渐从非共振模式转换为共振模式。考虑到 SPPs 波激发在一维周期条纹结构形成过程中起到决定性作用，二维纳米三角形阵列和点阵结构（分别由三组和两组周期条纹结构组成）的形成可归因于材料表面三束和两束具有不同波矢方向的 SPPs 波的激发。由于双束飞秒激光脉冲之间的时间延迟$\Delta t = 1.5$ ps 远小于金属材料中电子-晶格耦合常数（约 10 ps），两个延时脉冲与材料相互作用的超快动力学过程必然在瞬间非平衡态下发生关联耦合作用。本节将基于双脉冲与材料相互作用的动态关联效应建立单束、双束、三束 SPPs 波激发物理模型，揭示三种类型的高规则周期表面结构形成的物理机制。

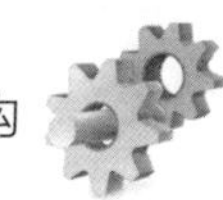

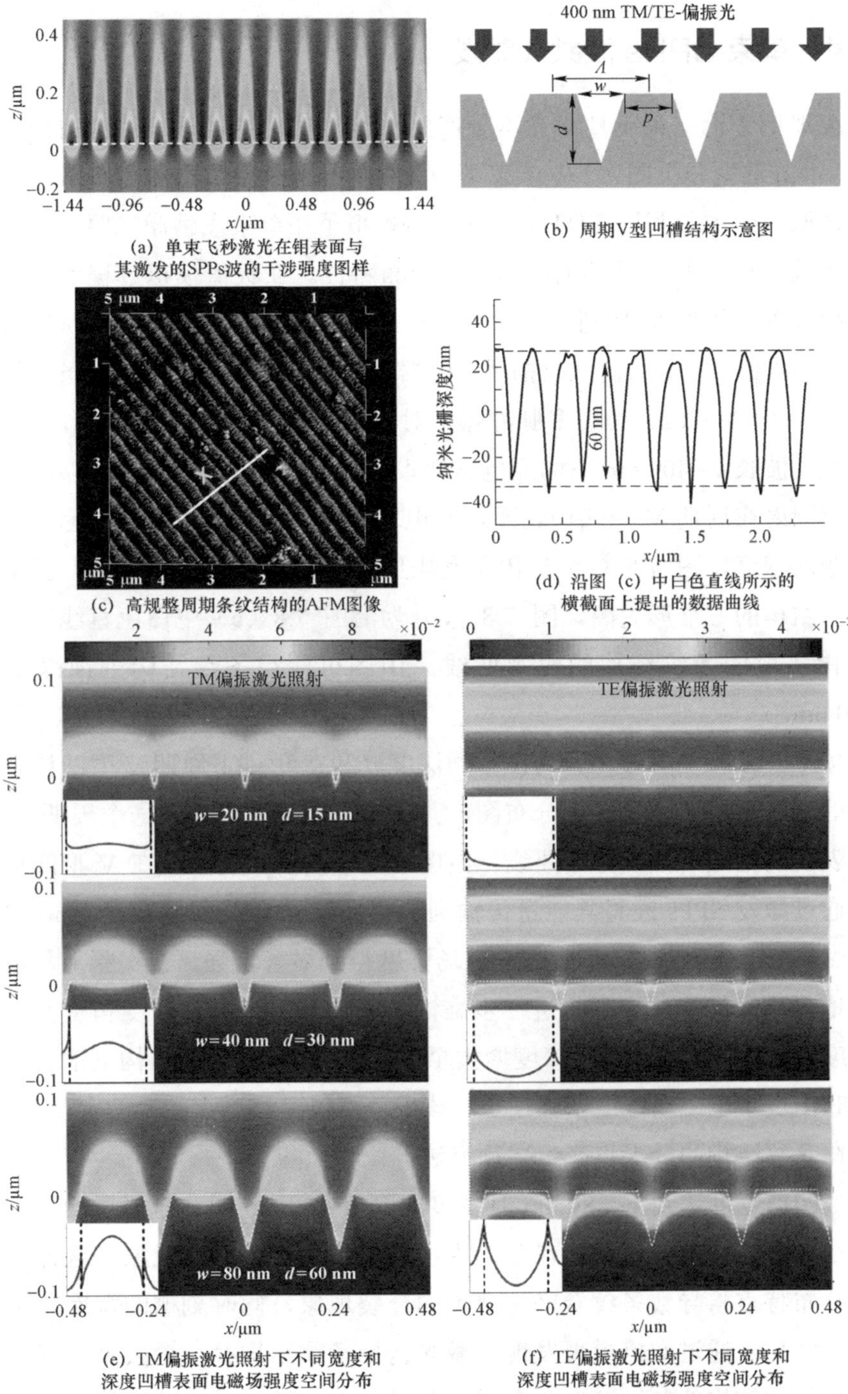
400 nm TM/TE-偏振光
z/μm
x/μm
(a) 单束飞秒激光在钼表面与其激发的SPPs波的干涉强度图样
(b) 周期V型凹槽结构示意图
纳米光栅深度/nm
60 nm
(c) 高规整周期条纹结构的AFM图像
(d) 沿图 (c) 中白色直线所示的横截面上提出的数据曲线
TM偏振激光照射
TE偏振激光照射
w=20 nm　d=15 nm
w=40 nm　d=30 nm
w=80 nm　d=60 nm
(e) TM偏振激光照射下不同宽度和深度凹槽表面电磁场强度空间分布
(f) TE偏振激光照射下不同宽度和深度凹槽表面电磁场强度空间分布

图 7.8　数值模拟在 400 nm 飞秒激光照射下钼表面周期条纹结构形成的物理过程

注：左下角插图为凹槽结构表面的电磁场强度分布曲线

7.6.1 单束 SPPs 波共线激发

在理论分析双束飞秒激光诱导产生一维超规则周期条纹结构的物理机理之前，本节首先分析图 7.2 中单束飞秒激光诱导周期条纹结构出现脊分裂现象的物理原因。本节利用 FDTD 方法数值模拟了在单束飞秒激光照射下形成的雏形条纹结构表面的近场电磁场强度分布特性。在数值模拟过程中，雏形条纹结构设置为周期 V 型刻槽，如图 7.8（b）所示，其形貌特征由宽度 w、周期Λ以及深度 d 三个结构参数描述。根据实验测量结果显示，雏形条纹结构周期固定为Λ= 240 nm。考虑多脉冲曝光对材料表面光学性质的调制作用，钼材料在激光波长λ= 400 nm 下的介电常数设定为$\varepsilon = -1.64+i$。TM 偏振的入射激光垂直照射在周期 V 型凹槽表面，其电场方向垂直于凹槽方向。为了合理设置凹槽的深度，图 7.8（c）给出了利用原子力扫描显微镜（AFM）测量的周期条纹结构的三维形貌图。图 7.8（d）为沿图 7.8（c）中白色直线所示的横截面内提取的条纹结构的轮廓曲线。由图可测得条纹结构刻蚀深度接近 d= 60 nm。

图 7.8（e）、图 7.8（f）为在不同深度 d 和宽度 w 下周期 V 型凹槽表面电磁场的时间平均坡印廷矢量分布图，其中左下角插图给出在一个周期内 V 型凹槽表面的电磁场强度分布曲线。由图可观察到，入射激光在 V 型凹槽结构表面通过激发 SPPs 波将其能量传输到 V 型凹槽内。当凹槽宽度为 w= 20 nm 且深度为 d= 15 nm 时，凹槽内电磁场强度得到显著增强。在实验上，条纹结构刻槽内激光能量的增强将进一步烧蚀刻槽，从而增大其深度和宽度。当凹槽宽度增大至 w= 40 nm 且深度增大至 d= 30 nm 时，条纹结构刻槽底部和脊上同时出现了电磁场强度增强现象，该现象不仅继续增大凹槽的宽度和深度，而且在条纹结构的脊上将产生烧蚀痕迹。

当凹槽宽度达到 w= 80 nm 且宽度达到 d= 60 nm 时，电磁场增强效应只发生在条纹结构的脊上，而在刻槽内电磁场强度产生减弱现象。这种电磁场强度分布特点将导致条纹脊产生严重的分裂现象，同时刻槽的宽度和深度不再继续增加。通过数值模拟发现，激光诱导条纹结构存在最大刻蚀深度和宽度。当条纹结构的刻蚀深度和宽度达到最大值，后续激光脉冲的照射将引发条纹结构脊产生分裂现象，这正是单束飞秒激光诱导条纹结构产生分裂现象

的原因[45-46]。总之，在单束飞秒激光的多脉冲照射过程中，条纹结构脊上产生的电磁场近场增强现象是引起脊分裂的主要原因，而脊分裂现象严重破坏了条纹结构空间排列的规整性和均匀性。因此，如何有效地避免脊分裂现象对于提高条纹结构的空间排列的规整性至关重要。

在通量比为 3∶1 或 1∶3 且具有时间延迟的双束飞秒激光脉冲照射下，具有大通量的激光脉冲通过高效率激发SPPs波将率先在钼表面诱导产生与其偏振方向垂直的一维雏形条纹结构。当具有偏振正交且具有时间延迟的后续飞秒激光脉冲对照射到初期形成的雏形条纹结构表面时，大通量的激光脉冲偏振方向与条纹刻槽方向垂直，具有 TM 偏振特性，而小通量的激光脉冲则具有 TE 偏振特性。根据上述模拟单束飞秒激光照射的结果，TM 偏振的多脉冲照射在条纹结构形成初期将致力于增加条纹结构刻槽的深度和宽度。而在 TE 偏振脉冲照射下，由于缺乏横向电场分量[47]，周期 V 型凹槽结构表面无法激发产生 SPPs 波。因而，TE 偏振脉冲能量无法沉积到亚波长刻槽内，仅沉积在 V 型刻槽结构表面的光学趋附层内，如图 7.8（f）所示。图 7.8（e）、图 7.8（f）中左下插图为 V 型凹槽结构在一个周期单元内在表面的电磁场强度分布曲线。TE 偏振脉冲能够在金属表面诱导产生表面电流，但由于空气 V 型凹槽的存在导致金属表面不连续，则脉冲能量更多聚集在 V 型凹槽的边缘附近[47]。随着 V 型凹槽深度和宽度逐渐增加，这种凹槽边缘局域化电磁场增强效应将更加显著，如图 7.8（f）中左下插图所示。因此，在 TE 偏振与 TM 偏振的激光脉冲分别照射下 V 型凹槽结构表面的电磁场强度空间分布特性存在很大差异。

由于双束飞秒激光脉冲之间的时间延迟$\Delta t = 1.5$ ps 小于金属钼材料的电子-晶格耦合的弛豫时间（约 10 ps），因此双脉冲能量在雏形条纹结构表面的动态沉积过程在时空域上将发生瞬态关联作用。前期研究表明，具有时间延迟的飞秒激光双脉冲能够增强其与电子的能量耦合效率，从而提高对金属材料的烧蚀效率[48]。因此，具有时间延迟的 TE 和 TM 偏振双脉冲在雏形条纹结构表面的能量沉积及其时空关联耦合效应将决定条纹结构形貌特征的演变。具体而言，在激光诱导条纹结构形成初期阶段，由于刻槽的宽度和深度较小，TE 偏振脉冲在刻槽边缘引起的局域化能量沉积增强效果可忽略不计，因此它对条纹结构形成初期的形貌特征演变的贡献可忽略不计。然而，在激光诱导条纹结构形成后期阶段，当刻槽的宽度和深度达到最大值时，TM 偏振脉冲将在条纹结构的脊中心形成局域化能量沉积，而 TE 偏振脉冲在凹槽边缘产生局域化能量沉积。两种局域化能量沉积在空间上互补平衡，两者在时空域上的瞬态关联耦合作用最终在雏形条纹结构表面形成空间均匀能量沉积，不仅能够有效抑制脊分裂现象，而且使条纹结构表面变得更加光滑。总之，在具有时间延迟且偏振垂直的双束飞秒激光照射下，多脉冲对的持续曝光与雏形条纹结构形貌演化之间形成正反馈机制，最终导致高规整周期条纹结构的大面积形成。

7.6.2 三束 SPPs 波非共线激发

图 7.9（a）～图 7.9（c）综合描绘了双束飞秒激光在通量比为 $F_1:F_2=1.7:1$ 下在钼表面激发产生三束非共线 SPPs 波的物理图像，用于解释高规整二维纳米三角形结构阵列形成的物理机制。在该通量比下，在双束飞秒激光脉冲诱导周期表面结构形成初期，大通量激光脉冲无论超前入射还是延时入射到钼表面，都能共线激发 SPPs 波，从而产生一组瞬态折射率光栅（tranisent refraction index grating，$TRIG_1$），其倒格矢为 $|\vec{k}_{TRIG_1}|=2\pi/\Lambda_1$，该 $TRIG_1$ 最终演变成一组取向垂直于其偏振方向的雏形条纹结构。不同于通量比 $F_1:F_2=3:1$ 的情况，在此通量比下，小通量脉冲对周期表面结构形貌形成的贡献不再忽略不计，其与大通量激发的 $TRIG_1$ 或雏形条纹结构的相互耦合作用将决定最终形成的周期表面结构的形貌特征。

当大通量脉冲 E_1 率先照射到钼表面时，延时入射的小通量脉冲 E_2 将与材料表面已存的 $TRIG_1$（由大通量脉冲 E_1 激发）产生相互耦合作用，如图 7.9（a）所示。由于激光脉冲光斑能量具有空间高斯分布特点，超前入射脉冲 E_1 照射会引起钼表面光学趋附层的折射率在光斑区域内产生梯度分布。光学趋附层的折射率在高斯光斑中心梯度最大而在边缘部分梯度最小。该光学趋附层折射率的空间梯度分布特性将调制 $TRIG_1$ 空间分布，如图 7.9（a）、图 7.9（d）中白色阴影区域的轮廓分布所示。当延时脉冲 E_2 垂直照射到梯度变化的 $TRIG_1$ 表面，其在材料表面光学趋附层内的折射光将偏离垂直方向，产生角度为θ的偏折现象，如图 7.9（a）插图所示。在此情况下，偏折光的切向分量通过 $TRIG_1$ 散射作

用在材料表面非共线激发新的两束 SPPs 波（SPP_2，SPP_3）[49]，其波矢量满足相位匹配条件 $\vec{k}_{spp2,3}=n\vec{k}_0\sin\theta\pm\vec{k}_g$，其中 $\pm\vec{k}_g$ 为 $TRIG_1$ 提供的附加波矢量，用于补偿 $n\vec{k}_0\sin\theta$ 与 $\vec{k}_{spp2,3}$ 之间差值。图 7.9（b）给出利用 FDTD 方法模拟获得的两束 SPPs 波的非共线激发过程。在模拟过程中，$TRIG_1$ 的结构参数与图 7.8 中 V 型凹槽结构参数相同。在两束 SPPs 波非共线激发的矢量图中，两束 SPPs 波的传播方向由相对于 $TRIG_1$ 取向的方位角 $\varphi_{2,3}=\pm\cos^{-1}(|n\vec{k}_0\sin\theta|/|\vec{k}_{spp2,3}|)$ 描述。

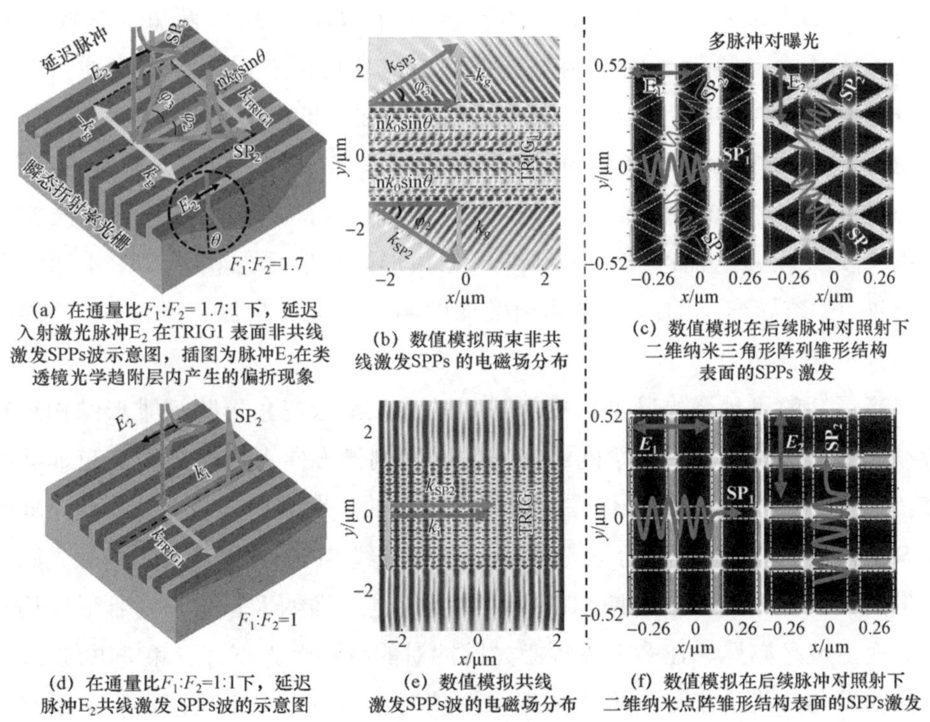

(a) 在通量比 $F_1:F_2$= 1.7:1 下，延迟入射激光脉冲 E_2 在TRIG1 表面非共线激发SPPs波示意图，插图为脉冲 E_2 在类透镜光学趋附层内产生的偏折现象

(b) 数值模拟两束非共线激发SPPs 的电磁场分布

(c) 数值模拟在后续脉冲对照射下二维纳米三角形阵列雏形结构表面的SPPs 激发

(d) 在通量比 $F_1:F_2$=1:1下，延迟脉冲 E_2 共线激发 SPPs波的示意图

(e) 数值模拟共线激发SPPs波的电磁场分布

(f) 数值模拟在后续脉冲对照射下二维纳米点阵雏形结构表面的SPPs激发

图 7.9　偏振正交且具有时间延迟双束飞秒激光诱导产生高规整二维周期表面结构的示意图

注：$TRIG_1$ 为超前入射脉冲 E_1 在材料表面激发的瞬态折射率光栅，如（a）和（b）中白色阴影区域所示，$TRIG_1$ 剖面代表类透镜作用的光学趋附层。

两束非共线激发的 SPPs 波矢 $\vec{k}_{spp2,3}$ 幅值主要取决于钼材料表面的介电常数，因此可假定其保持不变。偏折光波矢的平行分量 $n\vec{k}_0\sin\theta$ 幅值主要与延时激光脉冲 E_2 的通量成正比。随着激光脉冲 E_2 通量的增大，$n\vec{k}_0\sin\theta$ 幅值增大，使得方位角$\varphi_{2,3}$减小，同时，$\vec{k}_g$幅值相对地减小。当$\vec{k}_g$幅值等于$\vec{k}_{TRIG1}$幅值的一半时，三个波矢量$\vec{k}_{spp2}$，$\vec{k}_{spp3}$和$\vec{k}_{TRIG1}$幅值大小近似相等，因此它们构成一个准等边三角形，如图 7.9（a）中三个实箭头所示。此时，两束非共线 SPPs 波可通过 $TRIG_1$ 互相衍射产生，三者的波矢量完全满足相位匹配条件，两束非共线 SPPs 达到共振激发条件，其激发效率达到最高。在这种情况下，两束非共线激发 SPPs 的方位角$\varphi_{2,3}$约为±30°。本章实验验证两束非共线 SPPs 波的共振激发所需的双束飞秒激光脉冲通量比为$1.25<F_1:F_2<2$。当双束飞秒激光通量比超出此范围时，两束非共线 SPPs 波处于非共振激发状态且激发的方位角小于或大于±30°。但由于激发效率低，两束非共线 SPPs 波的激发不会对周期表面结构形貌特征造成任何影响。同样，小通量激光脉冲 E_2 与共振激发的方位角为$\varphi_{2,3}\pm30°$的两束非共线 SPPs 波的干涉作用将诱导产生两组雏形条纹结构，它们的空间取向相对于由激光脉冲 E_1 诱导产生的雏形条纹结构产生了±60°的偏转角。因此，三组雏形条纹结构在空间上交叉互锁从而产生了二维纳米三角形阵列雏形结构，其中小通量激光脉冲 E_2 诱导产生的两组周期刻槽深度明显比大通量激光脉冲 E_1 诱导产生周期刻槽深度浅。

当后续的飞秒激光脉冲对初期形成的二维纳米三角形阵列雏形结构进行持续照射，大通量脉冲 E_1 能够在三组周期刻槽方向上同时激发三束非共线 SPPs 波，而小通量脉冲 E_2 仅在两组深度较浅的周期刻槽方向上激发两束非共线 SPPs，如图 7.9（f）所示。激发的三束非共线 SPPs 波将双束飞秒激光脉冲能量局域化分布到三组周期刻槽内，从而促进二维纳米三角阵列雏形结构不断演变，反之亦然。在多个飞秒激光脉冲对的持续曝光下，三束非共线 SPPs 波的激发与二维纳米三角形阵列结构形貌演化形成一个正反馈机制，最终形成大面积高规整的纳米三角形阵列结构。

另外，当小通量脉冲率先入射到样品表面时，延时入射的大通量脉冲能够擦除小通量脉冲作用痕迹，重新诱导产生与其偏振方向垂直的雏形条纹结构。在后续的飞秒激光脉冲对照射下，先入射的小通量激光脉冲在雏形条纹结构表面发生偏转，随后非共线激发两束 SPPs 波，最终导致另外两组雏形条纹结构的形成。三组雏形条纹结构在空间上交叉互锁形成三角形阵列雏形结构，与三束非共线 SPPs 波的激发形成正反馈机制，并在多个飞秒激光脉冲对

的连续照射下逐渐演化为大面积高规则三角形结构阵列。

7.6.3　双束 SPPs 波共线激发

图 7.9（d）～图 7.9（f）综合描绘了双束飞秒激光在通量比为 F_1∶F_2=1∶1 下在钼表面共线激发两束 SPPs 波的物理图像，用于揭示高规整二维纳米点阵结构的形成机制。在周期表面结构形成初期，先入射的激光脉冲 E_1 通过共线激发 SPP_1 波从而诱导产生一组 $TRIG_1$。激光脉冲 E_1 通量的减小使得 $TRIG_1$ 调制深度减小，同时使得 $TRIG_1$ 梯度折射率剖面变平。当延时激光脉冲 E_2 照射到 $TRIG_1$ 表面时，$TRIG_1$ 对激光脉冲 E_2 散射和偏转作用减弱甚至消失。在此情况下，激光脉冲 E_2 不再受 $TRIG_1$ 影响，能够独立地共线激发 SPP_2 波，并诱导产生另一组 $TRIG_2$，如图 7.9（e）中数值模拟的电磁场强度分布所示。两组相互垂直的 TRIGs 在空间上交叉互锁形成二维纳米雏形立方体阵列结构，如图 7.9（f）所示。随着后续的多个飞秒激光脉冲对照射，二维雏形立方体阵列结构的形貌演化与双束 SPPs 波共线激发相互促进，并且在每个结构单元的角点处发生热熔效应，最终形成大面积高规整的二维纳米点阵结构。

7.7　结构色和减反射应用

为了研究金属表面高规整周期表面结构的光学衍射特性，实验制备了由一维周期条纹结构化的宏观“N”形图案，其几何尺寸为 8 mm×5 mm，在实验制备过程中使用的激光参数如下：双束飞秒激光脉冲总通量为 $F=0.178\ \mathrm{J/cm^2}$，通量比为 F_1∶F_2=3∶1，扫描速度为 $v=0.01$ mm/s，离焦距离为 $s=100$ μm。光学衍射测量实验装置示意图如图 7.10（a）所示，将对结构化钼样品放置在角分度盘上，在白色光源掠入射的情况下，利用光纤光谱仪监测衍射光信号。观察角或衍射角$\Delta\phi$定义为一级衍射光与零级衍射光之间的夹角。由于条纹结构周期远小于可见光波长，因此在实验中只能在大衍射角度下观察到蓝紫光的一级衍射光。图 7.10（b）为在三个观察角$\Delta\phi=160°$、150°、140°下测量到的衍射光谱，其中谱宽为 20 nm 衍射峰说明衍射光具有良好的单色性。图 7.10（c）中圆点表示三个衍射峰的波长，方块为基于衍射理论计算得到的条纹结构周期，其平均值约为$\Lambda=240$ nm，与实验测量结果保持一致。图 7.10（d）为利用数码相机在不同观察角度下拍摄到的两种结构色，即蓝色和青色。该金属表面激光诱导产生的高规整纳米条纹结构表现出的颜色鲜明的结构色在信息显示和紫外光谱领域具有潜在的应用前景。

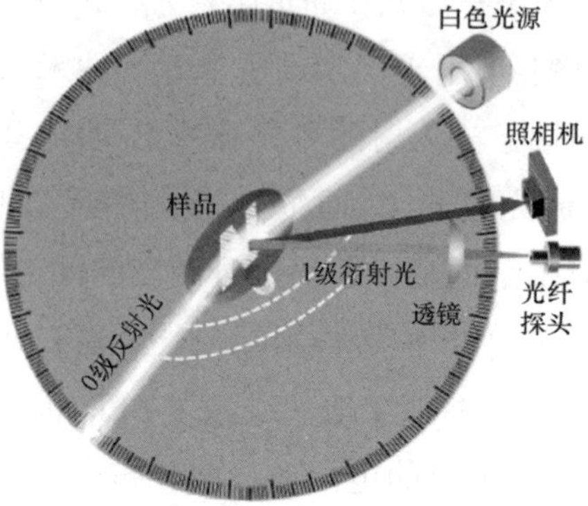

(a) 光学衍射测量装置示意图

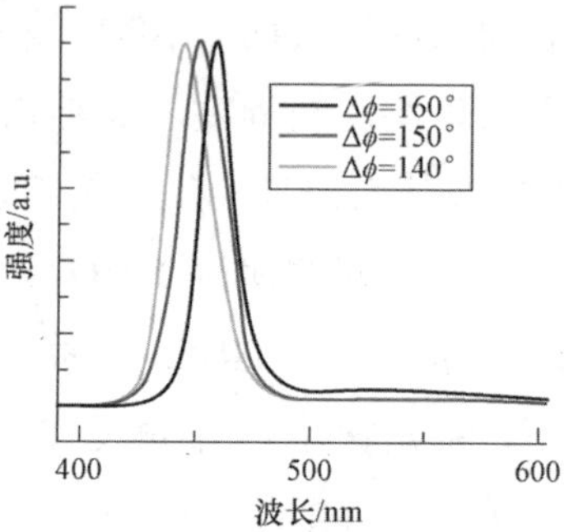

(b) 在不同衍射角Δϕ下观测到的一级衍射光谱

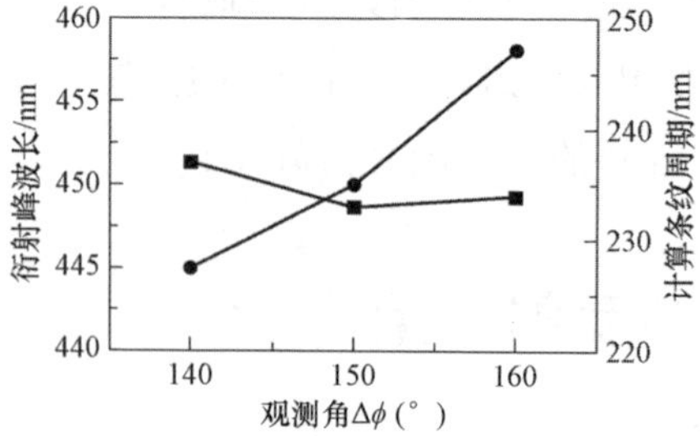

(c) 衍射峰波长和计算获得的条纹结构周期随观察角度的变化曲线

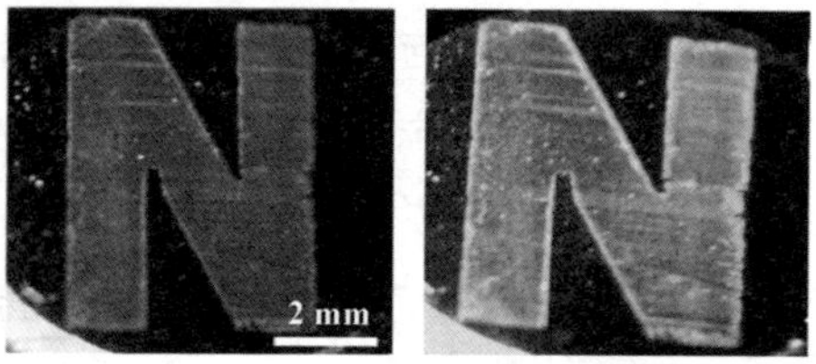

(d) 在不同观测角度下的结构色

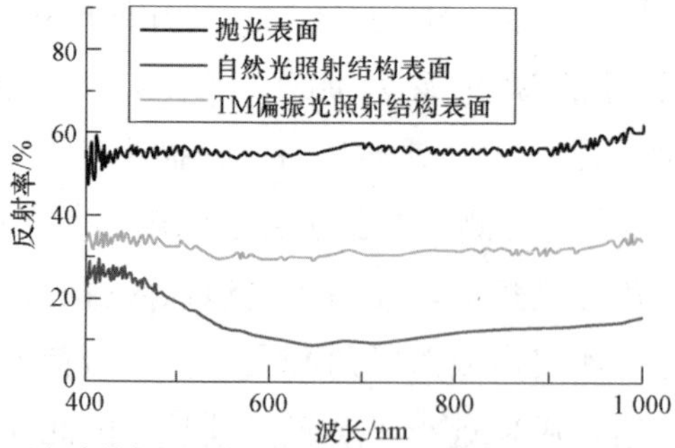

(e) 自然光和TM偏振光在高规整纳米条纹结构表面的反射谱

图 7.10　金属表面高规整纳米条纹结构化的宏观“N”型图案的光学特性

图 7.10（e）为利用光谱仪（ideatomics，ARMS）测得的在可见-近红外波段钼表面高规整纳米条纹结构对正入射的自然光和 TM 偏振光的反射率，

如红线和蓝线所示。作为对比，实验同时测量了抛光钼表面的反射光谱，如黑线所示。由图可以看出，相比于光滑钼表面，纳米条纹结构化表面的反射率总体出现显著的减小。反射率在 530～1 000 nm 波段整体低于 15%，而在 615～735 nm 波段的特定波长位置反射率低于 10%。无论是在自然光还是 TM 偏振光照射下，高规整纳米条纹结构都表现出优异的宽带减反射特性。相比于光滑表面，其反射率分别降低了 25%和 40%。类似于纳米条纹结构，二维纳米三角形阵列结构和纳米点阵结构同样能够对正入射的自然光和偏振光产生宽带减反射效用，并在三个和两个方向上产生相同鲜艳的结构色[50]。此外，氧化的纳米结构化钼表面有利于提升 SPPs 的激发效率，可应用于二次谐波信号的高效激发衬底[51]和表面增强拉曼光谱的衬底[52]。除此之外，纳米结构化钼表面在润湿改性[53]、减摩擦[54]、光电子增强发射[55]、热管控[56]等领域具有重要的应用价值。

7.8　总　结

本章提出了一种利用双束飞秒激光经柱透镜聚焦在钼表面实现大面积高规整多形貌周期表面结构可控性制备的方法，双束飞秒激光脉冲具有固定的时间延迟$\Delta t = 1.5$ ps 且偏振方向垂直。通过合适地选择双束飞秒激光的通量比，实验成功获得三种类型大面积规整周期表面结构，即一维纳米条纹结构、二维纳米三角形阵列和纳米点阵结构。实验获得的三种周期表面结构的最小结构尺寸和空间周期分别为 140 nm 和 240 nm。一维高规整纳米条纹结构在整个光斑照射区域均匀排布，未出现弯曲、分裂和中断等不良现象。计算获得的空间取向色散角$\delta\theta = 5^\circ$ 和清晰离散的空间频率点都充分说明纳米条纹结构具有优异的空间排列规整性和均匀性。二维高规整纳米三角形阵列结构和点阵结构可在面积为亚平方毫米甚至平方毫米范围内均匀规整排布。显微图片结合傅里叶频谱分析表明二维纳米表面周期阵列结构具备高质量的结构单元和出色的空间排列均匀性。

利用 FDTD 数值模拟分析了双束飞秒激光诱导产生高规整周期表面结构的形成机理。将三种类型的周期表面结构的形成归因于在双束飞秒激光脉冲激发材料表面的超快动力学过程中多束 SPPs 的有效激发。此外，实验获得了灵活调控制备高规整周期表面结构所需的扫描速度、离焦距离、双束飞秒激光的总通量和通量比等激光参数动态窗口条件。研究发现，大面积高规整纳米周期表面结构不仅在蓝紫波段展现出良好的结构色，而且在 400～1 000 nm 波段展现出优异的宽带减反射特性。本章研究结果促进了二维纳米周期表面结构的高效规模化制造技术的发展，在光子晶体、纳米等离子体、纳米摩擦学、纳米流体等纳米科学领域具有潜在的应用前景。

7.9 参考文献

[1] BONSE J, HOHM S, KIRNER S V, et al. Laser-induced periodic surface structures-a scientifc evergreen[J]. IEEE Journal Of Selected Topics In Quantum Electronics, 2017(23): 9000615.

[2] STOIAN R, COLOMBIER J. Advances in ultrafast laser structuring of materials at the nanoscale[J]. Nanophotonics, 2020(9): 4665-4688.

[3] XIE H, ZHAO B, CHENG J, et al. Super-regular femtosecond laser nanolithography based on dual-interface plasmons coupling[J]. Nanophotonics, 2021, 10(15): 3831-3842.

[4] LIU Y H, TSENG Y K, CHENG C W. Direct fabrication of rotational femtosecond laser-induced periodic surface structure on a tilted stainless steel surface[J]. Optics and Laser Technology, 2021(134): 106648.

[5] ZOU T, ZHAO B, XIN W, et al. Birefringent response of graphene oxide film structurized via femtosecond laser[J]. Nano Research, 2022(15): 4490-4499.

[6] BLAUNER P G. Focused ion beam fabrication of submicron gold structures[J]. Journal Of Vacuum Science & Technology B, 1989, 7(4): 609.

[7] IMBODEN M, BISHOP D. Top-down nanomanufacturing[J]. Physics Today, 2014, 67(12): 45-50.

[8] MURZIN SP, LIEDL G, POSPICHAL R. Coloration of a copper surface by nanostructuring with femtosecond laser pulses[J]. Optics and Laser Technology, 2019, (119): 105574.

[9] YUAN H C, YOST V E, PAGE M R, et al. Efficient black silicon solar cell

with a density-graded nanoporous surface: optical properties, performance limitations, and design rules[J]. Applied Physics Letters, 2009, 95(12): 123501.

[10] ZORBA V, PERSANO L, PISIGNANO D, et al. Making silicon hydrophobic: wettability control by two-length scale simultaneous patterning with femtosecond laser irradiation[J]. Nanotechnology, 2006, 17(13): 3234-3238.

[11] BONSE J, KOTER R, HARTELT M, et al. Femtosecond laser-induced periodic surface structures on steel and titanium alloy for tribological applications[J]. Applied Physics A, 2014, 117(1): 103-110.

[12] LIU N, SUN Y, WANG H, et al. Femtosecond laser-induced nanostructures on Fe-30Mn surfaces for biomedical applications[J]. Optics and Laser Technology, 2021(139): 106986.

[13] BONSE J, GRAF S. Maxwell meets marangoni—a review of theories on laser-induced periodic surface structures[J]. Laser Photonics Reviews, 2020, 14(10): 2000215.

[14] CHENG K, CAO K, ZHANG Y, et al. Ultrafast dynamics of subwavelength periodic ripples induced by single femtosecond pulse: from noble to common metals[J]. Journal of Physics D: Applied Physics, 2020, 53(28): 285102.

[15] GARCIA-LECHUGA M, PUERTO D, FUENTES-EDFUF Y, et al. Ultrafast moving-spot microscopy: Birth and growth of laser-induced periodic surface structures[J]. ACS Photonics, 2016, 3(10): 1961-1967.

[16] MURPHY R D, TORRALVA B, ADAMS DP, et al. Pump-probe imaging of laser-induced periodic surface structures after ultrafast irradiation of Si[J]. Applied Physics Letters, 2013(103): 141104.

[17] DAS S K, DASARI K, ROSENFELD A, et al. Extended-area nanostructuring of TiO2 with femtosecond laser pulses at 400 nm using a line focus[J]. Nanotechnology, 2010, 21(15): 155302.

[18] WANG J, GUO C. Numerical study of ultrafast dynamics of femtosecond laser-induced periodic surface structure formation on noble metals[J]. Journal of Applied Physics, 2007, 102(5): 53522.

[19] SAKABE S, HASHIDA M, TOKITA S, et al. in: Scaling of grating spacing with femtosecond laser fluence for self-organized periodic structures on metal, Progress in Nonlinear Nano-Optics. Nano-Optics and Nanophotonics[M]. Switzerland: Springer, Cham, 2015.

[20] RUIZ DE LA CRUZ A, LAHOZ R, SIEGEL J, et al. High speed inscription of uniform, large-area laser-induced periodic surface structures in Cr films using a high repetition rate fs laser[J]. Optics Letters, 2014, 39(8): 2491.

[21] GNILITSKYI I, DERRIEN J Y, LEVY Y, et al. High-speed manufacturing of highly regular femtosecond laser-induced periodic surface structures: Physical origin of regularity[J]. Scientific Reports, 2017(7): 8485.

[22] OKTEM B, PAVLOV I, ILDAY S, et al. Nonlinear laser lithography for indefinitely large area nanostructuring with femtosecond pulses[J]. Nature Photonics, 2013(7): 897-901.

[23] WANG F, ZHAO B, LEI Y, et al. Producing anomalous uniform periodic nanostructures on Cr thin films by femtosecond laser irradiation in vacuum[J]. Optics Letters, 2020, 45(6): 1301.

[24] GIANNUZZI G, GAUDIUSO C, FRANCO C D, et al. Large area laser-induced periodic surface structures on steel by bursts of femtosecond pulses with picosecond delays[J]. Optics and Laser in Engineering, 2019(114): 15-21.

[25] ZHAO B, ZHENG X, LEI Y, et al. High-efficiency-and-quality nanostructuring of molybdenum surfaces by orthogonally polarized blue femtosecond lasers[J]. Applied Surface Science, 2022(572): 151371.

[26] HE W, YANG J, GUO C. Controlling periodic ripple microstructure formation on 4H-SiC crystal with three time-delayed femtosecond laser beams of different linear polarizations[J]. Optics Express, 2017, 25(5): 5156-5168.

[27] CONG J, YANG Y, ZHAO B, et al. Fabricating subwavelength dot-matrix surface structures of Molybdenum by transient correlated actions of two-color femtosecond laser beams[J]. Optics Express, 2015, 23(4): 5357-5367.

[28] QIAO H, YANG J, LI J, et al. Formation of Subwavelength Periodic

Triangular Arrays on Tungsten through Double-Pulsed Femtosecond Laser Irradiation[J]. Materials, 2018(11): 2380.

[29] QIAO H, YANG J, WANG F, et al. Femtosecond laser direct writing of large-area two-dimensional metallic photonic crystal structures on tungsten surfaces[J]. Optics Express, 2015(23): 26617-26627.

[30] LIU Q, ZHANG N, YANG J, et al. Direct fabricating large-area nanotriangle structure arrays on tungsten surface by nonlinear lithography of two femtosecond laser beams[J]. Optics Express, 2018, 26(9): 11718-11727.

[31] WANG M, ZHANG N, CHEN S C. Effects of supra-wavelength periodic structures on the formation of 1D/2D periodic nanostructures by femtosecond lasers[J]. Optics and Laser Technology, 2022(151): 108058.

[32] ZHANG N, CHEN S. Formation of nanostructures and optical analogues of massless Dirac particles via femtosecond lasers[J]. Optics Express, 2020, 28(24): 36109-36121.

[33] ZHENG X, ZHAO B, YANG J, et al. Noncollinear excitation of surface plasmons for triangular structure formation on Cr surfaces by femtosecond lasers[J]. Applied Surface Science, 2020(507): 144932.

[34] ZHAO Z, ZHAO B, LEI Y, et al. Laser-induced regular nanostructure chains within microgrooves of Fe-based metallic glass[J]. Applied Surface Science, 2020(529): 147156.

[35] DROMEY B, ZEPF M, LANDREMAN M, et al. Generation of a train of ultrashort pulses from a compact birefringent crystal array[J]. Applied Optics, 2007, 46(22): 5142-5146.

[36] SHARMA A K, SMEDLEY J, TSANG T, et al. Formation of subwavelength grating on molybdenum mirrors using a femtosecond Ti: sapphire laser system operating at 10 Hz[J]. Review of Scientific Instruments, 2011, 82(3): 33113.

[37] KOTSEDI L, MTHUNZI P, NURU Z Y, et al. Femtosecond laser surface structuring of molybdenum thin films[J]. Applied Surface Science, 2015(353): 1334-1341.

[38] VOZNESENSKAYA A, KOCHUEV D, ZHDANOV A. Research on the

tribological properties of periodic micro-and nanostructures on the molybdenum surface obtained as a result of laser action[J]. Materical Today Proceeding, 2019, 19(5): 1-4.

[39] BASHIR S, RAFIQUE M S, NATHALA C S, et al. Femtosecond laser fluence based nanostructuring of W and Mo in ethanol[J]. Physica B, 2017(513)48-57.

[40] HASHIDA M, IKUTA Y, MIYASAKA Y, et al. Simple formula for the interspaces of periodic grating structures self-organized on metal surfaces by femtosecond laser ablation[J]. Applied Physics Letters, 2013(102): 174106.

[41] OKAMURO K, HASHIDA M, MIYASAKA Y, et al. Laser fluence dependence of periodic grating structures formed on metal surfaces under femtosecond laser pulse irradiation[J]. Physical Review B, 2010(82): 165417.

[42] TANAKA Y, YU X, TERAKAWA S, et al. Carbonization of a molybdenum substrate surface and nanoparticles by a one-step method of femtosecond laser ablation in a hexane solution[J]. ACS Omega, 2023, 8(8): 7932-7939.

[43] DAR M H, SAAD N A, SAHOO C, et al. Ultrafast laser-induced reproducible nano-gratings on a molybdenum surface[J]. Laser Physics Letters, 2017(14): 26101.

[44] ZHANG D, LIU R, LI Z. Irregular LIPSS produced on metals by single linearly polarized femtosecond laser[J]. International Journal of Extreme Manufacturing, 2022(4): 15102.

[45] BONSE J, ROSENFELD A, KRÜGER J. On the role of surface plasmon polaritons in the formation of laser-induced periodic surface structures upon irradiation of silicon by femtosecond-laser pulses[J]. Journal of Applied Physics, 2019(106): 104910.

[46] HUANG M, ZHAO F, CHENG Y, et al. Origin of Laser-induced near subwavelength ripples: interference between surface plasmons and incident laser[J]. ACS Nano, 2019, 3(12): 4062-4070.

[47] XIE Y, ZAKHARIAN A R, MOLONEY J V, et al. Transmission of light through slit apertures in metallic films[J]. Optics Express, 2004(12): 6106-6121.

[48] DU G, YANG Q, CHEN F, et al. Ultrafast dynamics of laser thermal excitation in gold film triggered by temporally shaped double pulses[J]. International Journal of Thermal Sciences, 2015(90): 197-202.

[49] ANDREEV A V, NAZAROV M M, PRUDNIKOV I R, et al. Noncollinear excitation of surface electromagnetic waves: Enhancement of nonlinear optical surface response[J]. Physical Review, B, 2004(69): 35403.

[50] LIU W, SUN J, HU J, et al. Transformation from nano-ripples to nano-triangle arrays and their orientation control on titanium surfaces by using orthogonally polarized femtosecond laser double-pulse sequences[J]. Applied Surface Science, 2022(588): 152918.

[51] OGATA Y, GUO C. Nonlinear optics on nano/micro-hierarchical structures on metals: focus on symmetric and pl asmonic effects[J]. Nano Review & Experiment, 2017, 8(1): 1339545.

[52] MESSAOUDI H, DAS S K, LANGE J, et al. Femtosecond-Laser Induced Periodic Surface Structures for Surface Enhanced Raman Spectroscopy of Biomolecules[M]. Switzerland: Springer, Cham, 2015.

[53] LIU R, ZHANG D, LI L. Femtosecond laser induced simultaneous functional nanomaterial synthesis, in situ deposition and hierarchical LIPSS nanostructuring for tunable antireflectance and iridescence applications[J]. Journal of Materials Science & Technology, 2021(89): 179-185.

[54] GIANNUZZI G, GAUDIUSO C, MUNDO R D, et al. Short and long term surface chemistry and wetting behaviour of stainless steel with 1D and 2D periodic structures induced by bursts of femtosecond laser pulses[J]. Applied Surface Science, 2019(494): 1055-1065.

[55] HWANG T Y, VOROBYEV A Y, GUO C. Surface-plasmon-enhanced photoelectron emission from nanostructure-covered periodic grooves on metals[J]. Physical Review B, 2009(79): 85425.

[56] VOROBYEV A Y, MAKIN V S, GUO C. Brighter light sources from black metal: significant increase in emission efficiency of incandescent light sources[J]. Physical Review Letters, 2009(102): 234301.